"十二五"普通高等教育本科国家级规划教材
普通高等教育"十二五"系列教材

无损检测实验

主　编　唐继红
副主编　李　坚　余欣辉
参　编　付跃文　袁丽华
主　审　任吉林　张小海

机械工业出版社

本书是根据高等教育对工科实验课教学的基本要求，吸取国内同类专业教材的优点，在总结多年实验教学经验的基础上编写而成的。

全书共 9 章，包括绪论、射线检测、超声检测、涡流检测、磁粉检测、微波检测、渗透检测、激光全息无损检测、综合设计性实验，共 67 个实验。本书在基本涵盖了无损检测五大常规方法实验的基础上，还包括了在实际工程应用中较多采用的激光检测实验及微波检测实验。本书体系完整，结构合理，充分反映了二十余年来无损检测专业实验课程教学改革的成果和发展趋势，注重实验内容的基础论证性、综合设计性、开放创新性。本书推荐学时为 30~50 学时。

本书可作为普通高等学校和高职高专学校无损检测专业学生的实验教学用书，也可作为在职无损检测技术人员培训考核的参考用书。

图书在版编目（CIP）数据

无损检测实验/唐继红主编. -北京：机械工业出版社，2011.5（2024.1 重印）
普通高等教育“十二五”系列教材
ISBN 978-7-111-33527-6

Ⅰ.①无… Ⅱ.①唐… Ⅲ.①无损检验-实验-高等学校-教材
Ⅳ.①TG115.28-33

中国版本图书馆 CIP 数据核字（2011）第 028423 号

机械工业出版社（北京市百万庄大街 22 号 邮政编码 100037）
策划编辑：刘小慧 责任编辑：刘小慧 徐鲁融 韩 冰 冯 铗
版式设计：张世琴 责任校对：张晓蓉
封面设计：张 静 责任印制：郜 敏
北京富资园科技发展有限公司印刷
2024 年 1 月第 1 版第 7 次印刷
184mm×260mm · 12.75 印张 · 312 千字
标准书号：ISBN 978-7-111-33527-6
定价：36.00 元

电话服务
客服电话：010-88361066
010-88379833
010-68326294
封底无防伪标均为盗版

网络服务
机 工 官 网：www.cmpbook.com
机 工 官 博：weibo.com/cmp1952
金 书 网：www.golden-book.com
机工教育服务网：www.cmpedu.com

前　言

无损检测是一门涉及多学科的工程实践性很强的综合性技术。通过专业课程学习，学生应在掌握基本理论的基础上，熟悉检测工艺和设备，了解检测标准及应用，学会工艺规范设计，并掌握基本的操作技能。

南昌航空大学无损检测专业是1984年经原国家教委批准在国内率先创办的本科专业。学校始终坚持以无损检测为特色，把测控技术与仪器专业（原无损检测专业）建设成为首批省级品牌专业和国家级特色专业。教师始终坚持把“培养具有扎实理论基础和较强工程实践能力的高级无损检测技术专业人才”作为专业的培养目标，并强化实践能力及培养解决工程技术问题能力，尤其重视专业实验技能的培养。

本书是在南昌航空大学无损检测教研室的教师多年来精心编写的各种检测技术实验指导书的基础上，经过多次修改而成的。

本书由唐继红任主编，李坚、余欣辉任副主编。其中，余欣辉编写了第2章，李坚编写了第3章，付跃文参与了第4章4.7、4.8节的编写工作，袁丽华参与了第8章的编写工作，其余章节内容由唐继红编写。本书的出版得到学校有关部门领导的大力支持和帮助。特别感谢一些长期在实验教学中工作过的高春法、唐瑞林、黄昌光、张维、余海根等老师对本书的贡献，在此一并致谢。

任吉林和张小海为本书主审，他们提出了许多宝贵意见和建议，在此表示衷心感谢。本书还得到南昌航空大学教材建设基金的资助。

由于编者水平有限，编写时间仓促，书中难免有疏漏之处，在此恳请广大师生批评指正！

编　者

目　录

第1章 绪 论

无损检测是应用物理、材料科学和电子技术等多门学科互相渗透和结合的一门综合性科学技术，是以不损坏被检测对象的使用性能为前提，应用多种物理原理和化学原理，对各种工程材料、零部件和产品进行有效的检测和测试，借以评价它们的完整性、连续性、安全可靠性及某些物理性能的技术。

无损检测可以对工程材料、零部件和产品进行百分之百的检测，并根据所检测出缺陷的特性，依照常规力学或断裂力学的判据作出评价。所以，无损检测是为了保证材料和产品的质量、性能以及安全可靠性的一种既经济又节约的重要测试技术，已经成为工业生产中实现质量控制、节约原材料、改进工艺和提高劳动生产率所不可缺少的重要技术手段之一。进入21世纪以来，随着现代科学技术的突飞猛进，试验手段和各种先进仪器设备的迅速发展，也进一步促进了无损检测技术的发展。

各种无损检测方法的基本原理几乎涉及现代物理学的各个分支。按照检测机理和检测信息处理方式的不同来分类，无损检测方法主要包括射线检测法（X射线、γ射线、中子射线、质子和电子射线等）、声和超声检测法（声振动、声撞击、超声脉冲反射、超声透射、超声共振、超声频谱、声发射和电磁超声等）、电学和电磁检测法（电阻法、电位法、涡流法、录磁与漏磁法、磁粉法、核磁共振法、微波法、巴克豪森效应和外激电子发射等）、力学和光学检测法（目测法、内窥镜法、荧光法、着色法、脆性涂层法、光弹性覆膜法、激光全息摄影干涉法、泄漏鉴定、应力测试等）、热力学检测法（热电动势法、液晶法、红外线热图等）以及化学分析检测法（电解检测法、激光检测法、离子散射法、俄歇电子分析法和穆斯堡尔谱图法等）等。

目前，在工业生产检验中，应用最广泛的无损检测方法主要有射线检测法、超声检测法、涡流检测法、磁粉检测法和渗透检测法，称为无损检测的五大常规方法。这些传统检测方法的技术成熟，可以有效地取代破坏性试验，在质量控制、工艺改进、提高生产率、安全保障、事故预防等方面发挥了重要作用。

现代科学技术的发展，必将进一步促进无损检测这一综合性学科的蓬勃发展。

1.1 进行无损检测实验的必要性

实验教学是高等工科院校教学与学科建设的关键环节之一，是知识与能力、理论与实践相结合的教学活动，也是学生全面掌握理论知识、培养科学思维、锻炼应用技能、孕育创新意识和历练坚强意志的重要环节。根据高等学校工科工程专业对学生的要求，无损检测专业对学生的工程素质、实践能力提出了更高更严格的要求。分析实验教学目标和专业教学要求，找出现行实验教学内容和人才培养方案中存在的问题，优化实验教学安排，构建目标定位准确的实验教学框架，是实验教学不可缺少的重要内容。

1.2 科学实验教学的目标

实验教学的目的是帮助学生了解实验教学的意义及其在专业人才培养计划中的地位，了解实验教学的规章制度，掌握常用设备的操作方法，熟悉实验过程，掌握数据处理和误差分析方法，培养良好的习惯和敬业精神。

不同项目的实验教学，一方面加强理论联系实际，另一方面培养学生的操作能力和解决问题的能力，促进学生发现问题、分析问题、解决问题的基本素质的形成。在培养学生动手能力和创新能力的同时，引导他们养成科学求真的态度、严谨周密的作风和团结协作的精神。

在教学中，注重学生的理论知识学习，关注学生的人文素质提高；同时，锻炼学生的实践能力，培养学生的创新意识。

1.3 教学内容与教学安排的整合与优化

实验以课程为核心，实验学时分散在相应的课程总学时里。所有实验教学全部附设在相应的课程中。

在专业课实验教学中，学生的专业概念、专业素质和工程素养的形成恰恰依赖于专业基础课、专业限选课和专业任选课。通常，在第一阶段开设一些验证性实验，让学生进入实验室自己动手，得出实验结论；在第二阶段，学生通过实验预习准备和亲自动手，可以反复多次操作，直至能熟练掌握操作技能；在第三阶段，根据所学的知识，学生可以“创造性”地得出实验数据并完成实验报告。综合性实验、创新性实验在其他教学实践环节中难以得到体现。专业实验课教学可以充分反映学生自主完成的综合性实验、创新性实验成果。

1.4 无损检测实验的任务

无损检测实验课的任务是以掌握整体优化的知识结构为基础，着重培养学生的专业概念、专业素质和工程素养，锻炼学生的工程实践能力和创新素质。关键问题是整体方案的探索与形成。其具体工作包括：研究实验教学在无损检测专业人才培养及学生创新能力形成中的作用和地位，搭建科学的实验教学框架，制订特色鲜明的人才培养方案，构建创新的实验教学体系 ，保证实验教学发展。探索循序渐进、特色鲜明的实验教学框架体系，构建理论创新、实践突出、分工明确的实验教学管理制度。

无损检测实验课的目标是培养学生的创新精神和实践能力，倡导学生变被动接受式学习为主动探究式学习，培养学生的独立性和自主性，逐步形成适合自己的学习方法。

总体思想和目标确立之后，以本专业学生的动手能力和实践技能的基本要求为基础，分析从业要求与学校教学之间的联系和差距。然后，分析现行人才培养方案中实验教学内容及安排，立足培养学生的工程意识和可持续发展能力，整合教学部分，优化课时分配，探索结构合理、循序渐进、特色鲜明的实验教学框架，努力使教学目标与社会需求一致。

1.5　无损检测实验的基本概况

1. 实验的概念

实验是对已经学习过的专业知识进行重复、加深和运用的过程。用实践的形式来巩固知识、理解知识和综合运用知识，把在专业理论课中学习过的知识点，通过可以操作的实践过程，再现到实践之中。在无损检测实验中，超声检测、磁粉检测、涡流检测的实验过程有一定的相似性，而射线检测、渗透检测和激光全息无损检测的实验过程则有其不同点，其中射线检测实验要有特定的防护实验机房，防止射线侵袭损伤人体；渗透检测实验要有污水处理设施，防止有害物质进入人体；激光全息无损检测要有激光平台和暗室等，对实验条件有一定的特殊要求。

2. 实验的作用

1）通过实践性教学，学生能够直接感受到专业的操作过程，并在知识的运用过程中深入理解专业理论和过程。

2）学生通过感性认识接触实际问题，从而便于接受理论知识。

3）学生通过知识的重复来加深对专业知识的理解。

4）学生通过知识的综合与运用来体会专业知识的意义。

3. 实验室建设

实验室建设是投入比较大的项目，对专业教学意义重大。所以，必须在实验室建设中把握以下原则，才有可能使得实验室能够经得起时间和教学的考验。

（1）实践性原则　无损检测是实践性很强的学科，许多理论和经验都仍需在实践中继续检验。所以，无论是从专业教学还是从理论检验和总结的需要出发，都需要重视实践性原则。即便是模拟的认知性教学，其内容和指导思想也必须源于实践，并对教学有意义。

（2）全面性原则　以传授知识、训练方法、探索可能为目标的教学活动，应该比较全面地将现有无损检测五大常规实验形式作为教学内容展示给学生，使学生在全面了解已有实验的基础上进行思考和学习。所以，构建专业实验室，使之成为教学活动的有机组成部分，能更好地支持教学，达到教学目标。

运用专业知识在实验室中进行观察、了解、参与、实践、评价、总结等教学活动，学生可加深对专业技术知识应用的理解，并达到熟练掌握程度。

（3）实验层次体系　以专业素质和工程素养的形成为出发点，将知识结构、专业技能和综合素质作为方案的总体功能；以工程为背景，以功能实现为目标，将专业基础课、专业限选课和专业任选课的实验教学和其他实践环节综合起来，构建实验教学模块和体系。

1）基础论证型实验。此类实验可以达到的教学目标是：直接感受到学科相关的社会应用过程，直观理解学科相关原理和应用过程，帮助学生分析、理解学科相关知识并应用于社会实践中。

2）应用操作型实验。此类实验着眼于知识和运用，将与专业有关的知识有意识地进行运用。此类实验是局部性的设计实验。

3）创新设计型实验。实验教学是实现创新人才培养目标的重要教学环节，对于培养学生创新能力、实践能力和创新精神有着不可替代的作用。学生能够自主创建用于应用的实验，能够设计各种类型的工艺流程卡，能够设计应用平台，能够通过实践提高适应社会的综合素质，能够培养在实践中发现问题、提炼问题、概括问题、解决问题的意识和能力。

4）开放型实验。开放型实验突出开放和创新，把多个知识点高度融合于应用领域，使学生能够从不同角度、不同侧面寻求解决问题的方案。开放型实验教学把学生推到实验的主体位置。在开放型实验教学过程中，教师虽要作出具体的实验日程安排，但只向学生提出实验任务和要求，而对实验原理、步骤等都不予交代；学生需自己选定实验课题，选择仪器设备，制订实验步骤，处理和分析实验数据。这样，学生在实验教学过程中有了较大的空间，可以运用自己掌握的知识和技能充分地发挥自己的聪明才智，既提高了学习兴趣，同时又锻炼了独立思考问题、解决问题的能力。

1.6 无损检测实验报告的撰写

实验报告是在实验基础上撰写而成的。写实验报告时，要有实验过程的各种原始资料，以便从中筛选出可说明实验课题的论据。实验报告必须客观地反映实验的全过程，结论要根据实验材料的整理、实验数据的统计而得出，绝不允许学生根据个人好恶和需要，主观臆断妄下结论。实验报告的撰写应注意结构上的逻辑性、推理上的严密性和语言上的精炼准确性。没有实验，就无从谈起实验报告。对于综合设计性实验，其研究的问题比较深，实验花费时间长，所以价值比较大，因而其实验报告的要求相对较高。

实验报告的内容包括：实验题目、实验目的、实验日期和实验者、实验仪器和设备、实验方法和步骤、实验数据记录、实验结论和分析、实验结果评价和讨论、参考文献与附录。

1. 实验题目

实验题目包括本次实验的题目及内容。

2. 实验目的

简要说明实验课题的来源、背景、实验进展情况及实际意义，即本次实验所要达到的目标或目的是什么。

3. 实验日期和实验者

在实验名称下面注明实验日期和实验者名字。

4. 实验仪器和设备

写出主要的仪器和设备，应分类罗列，不能遗漏。此项内容可以促使学生去思考仪器的用法和用途，从而有助于理解实验的原理和特点。

5. 实验方法和步骤

根据具体的实验目的和原理来设计实验，写出主要的操作步骤，这是实验报告中比较重要的部分。此项内容可以使学生了解实验的全过程，明确每一步的目的，理解实验的设计原理，掌握实验的核心部分，培养科学的思维方法。在此项内容中还应写出实验的注意事项，以保证实验的顺利进行。

6. 实验数据记录

正确如实地记录实验现象或数据。为表述准确应使用专业术语，尽量避免口语的出现。这是实验报告的主体部分，在记录中，应要求学生即使得到的结果不理想，也不能随意修改，可以通过分析和讨论找出原因和解决的办法，养成实事求是和严谨的科学态度。数据要严格核实，要注意图表的正确格式，要用统计检验来描述实验。

7. 实验结论和分析

对于所进行的操作和得到的相关现象，运用已知的知识去分析和解释，进而得出结论。这是实验联系理论的关键所在，有助于学生将感性认识上升到理性认识，进一步理解和掌握已知的理论知识。

8. 实验结果评价和讨论

这部分的主要内容是用实验效果来回答实验目的中提出的问题，对实验效果进行分析、评价。

以上1~7项是学生接受、认识和理解知识的过程；而此项内容则是回顾、反思、总结和拓展知识的过程，是实验的升华，应给予足够的重视。在此项中，学生可以在教师的引导下自由发挥，如“你对本次实验的结果是否满意？为什么？如果不满意，你认为是什么原因造成的？如何改进？”，或“为达到实验目的，实验的设计可以如何改进？这样改进的优点是什么？”，或“你认为本实验的关键是什么？”等问题。这些都是学生感兴趣的地方，既能反映他们掌握知识的情况，又能培养他们分析和解决问题的能力，更重要的是培养他们敢于思考、敢于创新的勇气和能力。因此，从培养学生思维能力的角度来说，此项内容应是实验报告的重点和难点。

9. 参考文献与附录

在实验报告中参考和引用别人的材料和论述时，应注明出处、作者、文献标题、书名或刊名、卷期、页码，出版社及日期等。参考文献与附录是很重要的实验资料，便于以后查找时进行核对。

第2章 射线检测

射线检测（Radiographic Testing，RT）是工业无损检测的一个重要专业门类，主要应用于探测试件内部的宏观缺陷。当射线照射在被检工件上时，会与被检物质发生相互作用，在因吸收和散射而使其强度减弱后，剩余的射线被记录在信息器材上，经过适当的处理使之转化为可视信息以供检测判断。

当被透照物体的局部存在缺陷，且构成缺陷的物质的衰减系数不同于物体本身时，该缺陷区域的透过射线强度就会与周围的完好部位产生差异。这种差异在信息器材上被记录处理后，相应部位就会出现黑度上的不同，而这种不同被定义为对比度。根据对比度构成的不同形状的影像，评片人员可以判断缺陷情况并评价物体质量。其原理如图2-1所示，缺陷在射线透照方向上的尺寸为ΔT，对比度由射线强度I_2与I_1经过处理后得出。

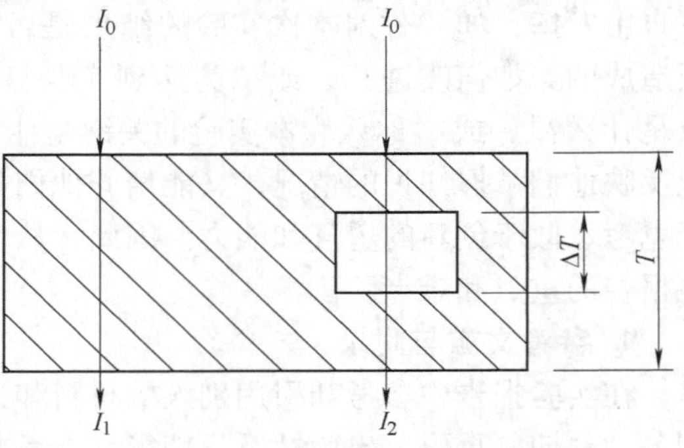

图2-1 射线检测原理图

射线照相法在锅炉压力容器等的制造检验和在用设备及材料检验中得到广泛的应用。其检测对象是各种熔化焊接的对接接头，也能检查各种铸锻件及复合材料，在特殊情况下也可用于检测其他一些特殊结构试件。它具有结果清晰直观，便于长期保存的优点，且分辨率极高，对于缺陷的性质、数量、尺寸及位置也能够进行准确的判断。

射线检测法几乎适用于所有材料，尤其在金属材料上的使用能得到良好的效果；不过射线照相法检测成本较高，检测速度较慢，同时射线对人体有较强的危害，使用时应注意采取防护措施。

本教材选择了六个具有代表性的实验和一个综合性实验，有助于对射线照相法形成一个系统的概念。

2.1 X射线胶片特性曲线的制作

X射线胶片是目前射线探伤最常用的一种信息记录器材。与一般的感光胶片不同，X射线胶片在片基的两面均涂有感光乳剂层，这样得以提高它的感光速度。X射线胶片由片基、结合层、感光乳剂层和保护层组成。了解它的感光特性有助于射线照相时选择恰当的透照参数，从而便于判断被检物体的真实情况，减少误判的可能。

【实验目的】

1）掌握X射线胶片特性分析的基本方法。

2）作出柯达AA400和国产天津—Ⅲ型胶片的特性曲线。

【实验设备与器材】

1）一块1mm厚的黄铜板作为滤波板，并紧贴于射线管套窗口。

2）数显黑度计一台，精度为±0.02D。

3）自动曝光器或秒表一支。

4）100mm×250mm×5mm铅板一块，按图2-2所示加工成铅光栏。

5）直径ϕ40mm、厚5mm的铅盖十块。

6）X射线机一台。

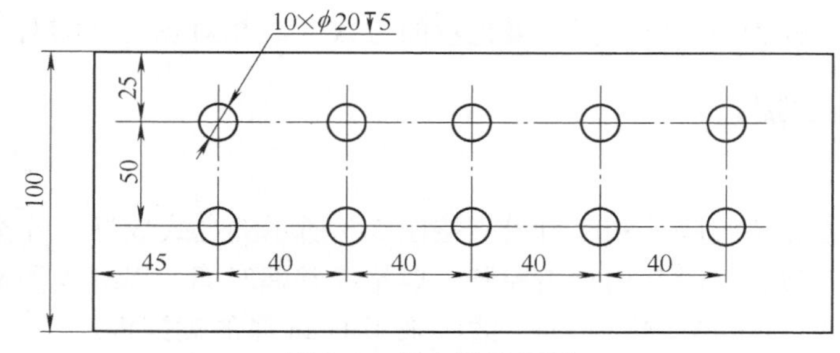

图2-2 铅光栏示意图

【实验原理】

1）X射线胶片是探测X射线的存在、分析X射线强度的最原始最基本的工具。分析和了解胶片的特性是正确使用胶片的必要前提，对胶片特性的了解是通过胶片特性曲线的制作与分析来实现的。

2）胶片经X射线照射后，感光乳剂发生光化学作用，经显影、定影等暗室处理后，底片产生一定的黑度，即光学密度，记为D。D可表达为

$$D = \lg \frac{1}{T} \tag{2-1}$$

式中，T为透射率，即一束强度为L_0的光量通过底片后，光量减少至L时的比值，可表示为

$$T = \frac{L}{L_0} \tag{2-2}$$

由此，式（2-1）可写为

$$D = \lg \frac{L_0}{L} \tag{2-3}$$

本实验中底片D的数值可通过数显黑度计测量而得。

3）黑度D是X射线强度I、波长λ、曝光时间t及显影因素γ等的函数。即

$$D = f(I, \lambda, t, \gamma) \tag{2-4}$$

当波长与显影因素一定时，D是I、t的函数。即

$$D = KItP \tag{2-5}$$

式中P是与λ和γ相关的函数。当λ和γ一定时，P为定值。若D值不太大时，$P=0.98 \sim 1$，故式（2-5）可近似为

$$D = KIt \tag{2-6}$$

式中，K 为比例常数；I 是射线强度。

因为射线强度与管电流 i 成正比，所以

$$D = K'it = K'E \tag{2-7}$$

这里 $E = it$ 是 X 射线机的近似曝光量。

4）黑度 D 与近似曝光量 E 之间的关系实际是相当复杂的，式（2-7）所表达的线性关系只是在特殊部分的近似表示。F. Hunter 和 V. C. Driffield 经过对胶片特性的深入研究，提出了用实验曲线表示胶片特性的理论，并对曲线的各部分（即胶片的各种特性）作了原则性阐述。他们提出的特性曲线称为 H-D 曲线，此曲线表达比公式表达更确切。

H-D 曲线的纵坐标为 D，横坐标为曝光量的对数（或相对曝光量的对数）$\lg H$。

【实验方法与步骤】

1. 手动曝光实验

将带有圆孔的铅光栏、胶片和底衬铅板按图 2-3 所示的方式放好，并按表 2-1 中的数据依次拿去孔盖，逐一曝光。时间用秒表控制，要精确掌握时间，以减少测量误差。

曝光条件：100kV，5mA，焦距 1m，滤波采用 1mm 厚的黄铜板。

2. 自动曝光实验

1）将包装好的胶片固定在自动曝光器上，将自动曝光时间间隔设定为 5s。

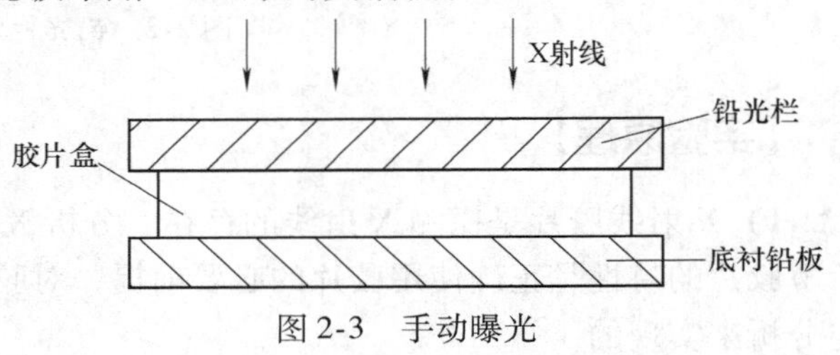

图 2-3　手动曝光

2）在 100kV、5mA、焦距 1m 和 1mm 厚的黄铜板滤波的条件下打开自动曝光器开关，间隔 5s 自动曝光 14 次，停机后更换一次胶片，并用 10s 间隔再曝光 14 次。这两张胶片的曝光参数见表 2-2。

手动曝光实验和自动曝光实验只需选做其中一项。

表 2-1　手动曝光实验

序　号	曝光时间 t/s	曝光量 H/mA·s	曝光量对数 $\lg H$	底片净黑度 D
1	5			
2	20			
3	40			
4	60			
5	80			
6	100			
7	120			
8	140			
9	160			
10	180			

表 2-2　自动曝光实验

	曝光时间 t/s	曝光量 H/mA · s	曝光量对数(lg$H$)	底片净黑度 D
第一张胶片	5			
	10			
	15			
	20			
	25			
	30			
	35			
	40			
	45			
	50			
	55			
	60			
	65			
	70			
第二张胶片	70			
	80			
	90			
	100			
	110			
	120			
	130			
	140			
	150			
	160			
	170			
	180			
	190			
	200			

3. 暗室处理

切曝光胶片时，在同一张胶片上切下一小块作为不参与曝光的胶片，其与曝光后的底片同时进行暗室处理。

1）显影。采用胶片说明书推荐的显影配方，采用新液，显影温度为（20 ± 2）℃，显影过程中应不断搅动，显影时间按配方要求。

2）停影。显影之后，胶片应立即浸入停影液中浸泡 30 ~ 60s，温度条件和步骤与配方要求相同。

3）定影。停影后的胶片应立即浸入胶片说明书中推荐的定影液中，温度为 20℃ 左右，定影时间为15min，定影开始时要不断搅动。

4）水洗。胶片定影后在20℃流水中冲洗30min以上。

5）晾干。用烘烤箱将冲洗后的胶片烘干或自然晾干。

4. 底片黑度测定

1）按黑度计说明书的标准操作，进行底片黑度测定。分别测量曝光底片和未曝光底片的黑度为 D_1 和 D_2，则底片的净黑度 D 为

$$D = D_1 - D_2 \tag{2-8}$$

其中，D_2包含了片基黑度和感光乳剂膜的灰雾黑度。

2）净黑度也可按以下方法测量：以未曝光的底片来校准黑度计的零点，此时测出的曝光底片的黑度即为净黑度 D。

3）将测得的 D 值分别填入表2-1和表2-2中。

5. 绘制胶片特性曲线

在坐标纸上以净黑度 D 值为纵坐标，相应的曝光量对数 $\lg H$ 为横坐标，用表2-1和表2-2中的数据在坐标纸上标出相应的点，并连成曲线，即为所测胶片的特性曲线。

【实验数据分析与处理】

1）按所求得曲线，计算出该胶片正常曝光范围内的对比度、梯度和感光度。

2）讨论特性曲线各段所代表的含义。

【实验报告要求】

1）简述胶片的感光特性和特性曲线制作原理。

2）分析黄铜滤波板的作用。

3）列出实验和计算的数据、图表，并作简要分析。

4）实验体会（认识、疑问、新的见解等）。

【实验思考题】

1. 在胶片特性曲线中，两个连接特定黑度的点形成一条直线，此直线的斜率是什么？

2. 宽容度不同的两种X射线胶片，在正常曝光区透照同一带缺陷工件，哪种较为适用？

3. 银盐粒度对胶片的感光速度有什么影响？

4. 在曝光时，为什么将X射线胶片夹于两铅箔之间能增加底片的黑度？

5. 在已经曝光的X射线胶片中，若已被显影的银粒分布不匀会造成什么影响？

2.2 X射线管基本参数测定

X射线机是进行X射线检测的必备仪器，而X射线管又是X射线机中最重要的部件。对于X射线管基本参数的了解和掌握，能够避免检测人员出现不必要的错误操作，提高检测效率。

【实验目的】

1）掌握X射线管基本参数的测量方法。

2）测出X射线管焦点的形状和大小、焦点至管套窗口距离及射线束辐射角、曝光场内射线强度分布规律。

【实验设备与器材】

1）X射线机一台。

2）针孔板，有钨合金或铅板两种。

针孔板按图2-4及表2-3要求加工。

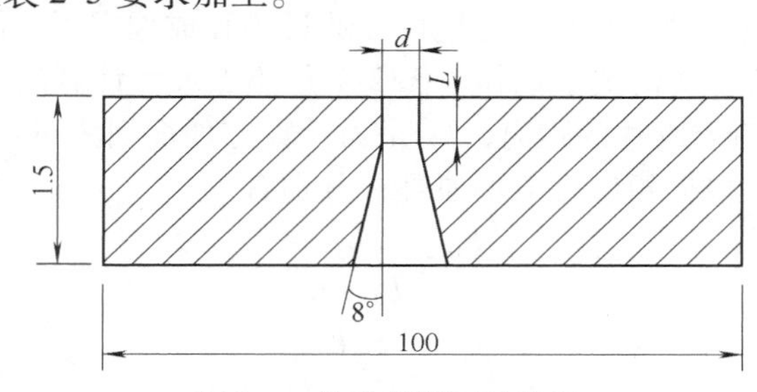

图2-4　针孔板剖面示意图

表2-3　针孔板加工要求（表中L对应图2-7）

焦点公称尺寸 F/mm	针孔直径 d/mm		孔深 L/mm	放大倍数 L_2/L_1	L_1 /mm
	公称值	公差			
$0.3 \leqslant F < 1.2$	0.030	±0.005	0.075±0.01	3	≥100
$1.2 \leqslant F \leqslant 2.5$	0.075	±0.005	0.35±0.1	2	≥100
$2.5 < F$	0.100	±0.005	0.50±0.1	1	≥100

3）内径约为150mm的薄壁钢管两根。

4）1mm厚的黄铜滤波板一块。

5）游标卡尺、长直尺、绘图仪器及X射线胶片等。

【实验原理】

1. 焦点至管套窗口距离及射线束辐射角的测量原理

图2-5是有效焦点与辐射角形成的示意图。如果在窗口下，与射线束垂直且距离窗口为L_2和L_1+L_2的两个平面上放两张射线胶片，那么曝光后在胶片上将产生直径不同的两个圆。在与胶片平面垂直且过圆心的平面上将产生图2-5中的投影。显然X射线在两张底片上的曝光场直径分别为D_1和D_2，若有效焦点的尺寸是已知的，其值

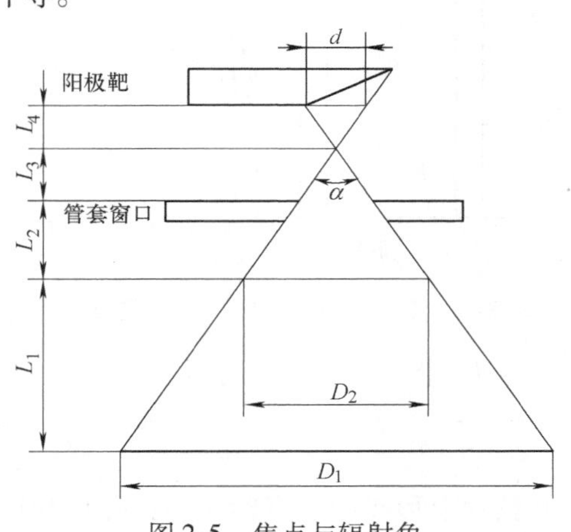

图2-5　焦点与辐射角

为 d，则有

$$L = L_3 + L_4 = \frac{L_1(D_2 + d)}{D_1 - D_2} - L_2 \tag{2-9}$$

$$\alpha = 2\arctan\frac{D_1 - D_2}{2L_1} \tag{2-10}$$

式中，L 是焦点至管套窗口的距离；α 是射线束的辐射角。

L_1、L_2、D_1、D_2 可分别由测量得到，d 可从说明书中查得。

2. 焦点形状和尺寸的测定原理

阴极灯丝发射的电子在电场作用下射向阳极靶而激发 X 射线，因此，阳极靶面上焦点位置是一个射线源，或者说相当于一个光源。根据光学原理，任何一个光源都可以通过小孔成像。因此，X 射线管焦点的形状和尺寸也可以通过小孔成像求得。图 2-6 是焦点测定原理图。针孔板按图 2-4 和表 2-3 的要求制作。图 2-7 是焦点尺寸计算的几何关系图。L_1 为焦点至窗口的距离，L_2 为窗口至胶片的距离，L_3 是为计算方便而引入的参量，F_0 为胶片上成像尺寸，F 则为焦点尺寸。根据相似三角形原理，分别有

$$\begin{gathered}\frac{F_0}{d} = \frac{L_3}{L_3 - L_2}\\ L_3 = \frac{F_0 L_2}{F_0 - d}\\ \frac{F_0}{L_3} = \frac{F}{L_1 + L_2 - L_3}\end{gathered} \tag{2-11}$$

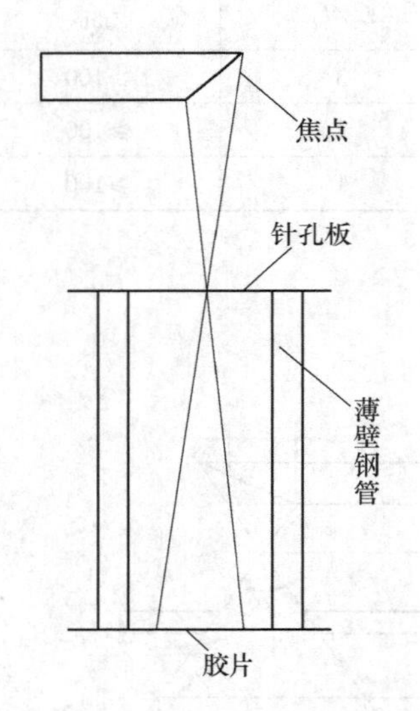

图 2-6　焦点测定原理图

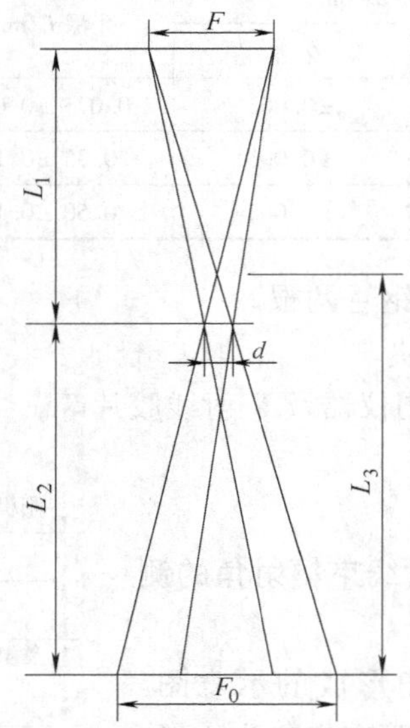

图 2-7　焦点尺寸计算几何关系图

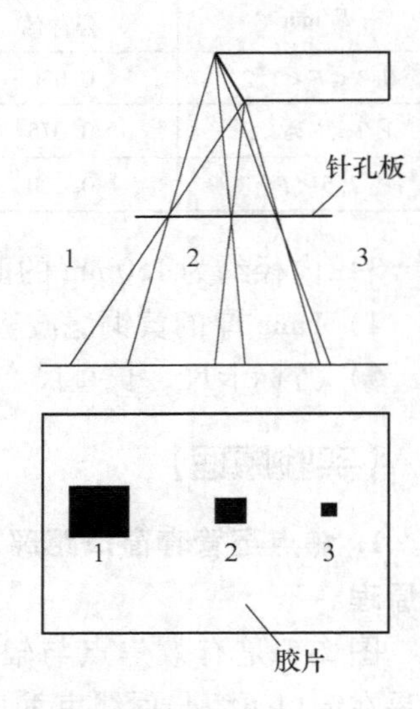

图 2-8　有效焦点

将 L_3 带入，经简化可得

$$F = \frac{L_1}{L_2}F_0 - \left(1 + \frac{L_1}{L_2}\right)d \tag{2-12}$$

胶片上形成的焦点影像与针孔板和针孔的位置有很大关系。如图 2-8 所示，假定针孔的直径很小，则在计算中可忽略不计，那么式（2-12）便可改写为

$$F = \frac{L_1}{L_2} F_0 \tag{2-13}$$

当针孔板放于焦点与胶片距离的1/2处（$L_1 = L_2$）时，胶片上形成的像的尺寸就是有效焦点的尺寸。

从图2-8中可以明显看出，有效焦点的形状与尺寸完全取决于投影位置。人们通常所说的有效焦点是胶片上的垂直投影，即位置2的投影，位置1的投影比位置2的大，而位置3的投影比位置2的小。

3. 曝光场内辐射强度分布规律测定原理

假定从射线管内辐射的X射线在空间的分布是均匀的（实际上是不均匀的），它只随距离而变，那么在曝光场内任何一点的强度可作如下分析（图2-9）：

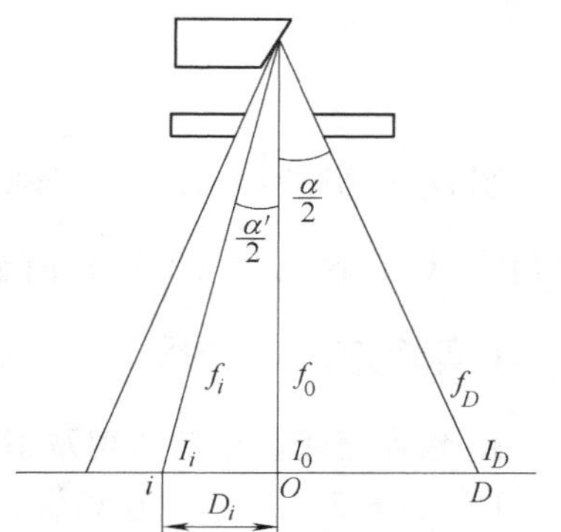

图2-9 曝光场内强度分布

1）曝光场的中心点 O 的强度为 I_0，则

$$I_0 = \frac{kizU^2}{f_0^2} \tag{2-14}$$

式中，k 为常数；i 为管电流；z 为靶材料的原子序数；U 为管电压（kV）；f_0为焦点至曝光场中心 O 的距离。

2）在曝光场边缘 D 点的强度为 I_D，则

$$I_D = \frac{kizU^2}{f_D^2}$$

因为

$$\frac{f_0}{f_D} = \cos\frac{\alpha}{2}$$

所以

$$f_D = \frac{f_0}{\cos\frac{\alpha}{2}}$$

$$I_D = \frac{kizU^2}{f_0^2}\cos^2\frac{\alpha}{2} = I_0\cos^2\frac{\alpha}{2} \tag{2-15}$$

根据X射线管制造标准的有关规定，在曝光场内X射线分布的相对强度 ΔI 不得大于20%。即

$$\Delta I = \frac{I_{\max} - I_{\min}}{I_{\max}} \times 100\% = \frac{I_0 - I_D}{I_0} \times 100\% \tag{2-16}$$

式（2-15）、式（2-16）可以进一步改写为

$$\Delta I = \frac{I_0 - I_D}{I_0} = 1 - \cos^2\frac{\alpha}{2} \tag{2-17}$$

例如某X射线管，测得辐射角为40°，那么其相对强度为

$$\Delta I = 1 - \cos^2 20° = 1 - (0.9397)^2 = 1 - 0.8830 = 0.1170$$

相对强度为11.7%，符合制造要求。

3）如图2-9所示，曝光场内任何一点 i 处的强度为 I_i，则有

$$I_i = \frac{kizU^2}{f_i^2} \quad 和 \quad I_0 = \frac{kizU^2}{f_0^2}$$

所以
$$\frac{I_i}{I_0}=\frac{f_0^2}{f_i^2}=\frac{f_0^2}{f_0^2+D_i^2} \tag{2-18}$$

若 $f_0=1000\text{mm}$，$D_i=363.97\text{mm}$，那么按式（2-18）则有

$$\frac{I_i}{I_0}=\frac{1000^2}{1000^2+(363.97)^2}=88.30\%$$

即
$$\Delta I=\frac{I_0-I_i}{I_0}=11.70\%$$

当 $D_i=363.97\text{mm}$，$f_0=1000\text{mm}$ 时，其曝光场半辐射角 $\frac{\alpha'}{2}=\arctan\frac{363.97}{1000}=20°$，此时辐射角为40°，这与式（2-17）所举的例子完全对应。

【实验方法与步骤】

1. 焦点至管套窗口距离及射线束辐射角的测定

1）如图2-5所示，在离管套窗口距离为 L_2 和 L_1+L_2 的两个平面位置上平行放置两张胶片（L_1、L_2 的选择要根据胶片面积而定，不要取得太大），并在上面一张胶片的中心位置放一铅字标记。

2）用大约70kV、5mA、30s的条件进行曝光。

3）进行暗室处理。

4）在底片上分别量取 D_1 和 D_2 的值，则可由式（2-9）、式（2-10）计算 L 值和 α 值。

2. 焦点形状和尺寸的测定

1）实验如图2-6所示布置，L_1 和 L_2 值可按表2-3原则自行决定。

2）在屏蔽其他区域的前提下，用100kV、5mA、3min的条件进行曝光。

3）进行暗室处理。

4）在底片上测量焦点成像的尺寸。圆焦点在底片呈圆形或椭圆形影像，圆形影像测其直径，椭圆形影像测其长轴和短轴；线焦点在底片上呈方形、长方形或平行四边形影像，分别测量其长和宽。

测量尺寸时，应以底片最大黑度降低50%构成的边界为准。

5）根据测量所得的焦点影像尺寸，按式（2-12）计算焦点的尺寸。

3. 曝光场内相对强度分布测定

1）按图2-9所示原则，取 $f_0=1000\text{mm}$，找出曝光场的中心点 O，然后以 O 为圆心，分别以120mm、240mm、340mm和400mm为半径画圆，并过圆心画两条相互垂直的直线。与圆相交各点分别编号为1～16，圆心为0号，注意使一条直线与X射线管的纵轴平行。在17个测试点分别放一张30mm×30mm的小胶片，并放上铅字标记。

2）按第2.1节制作胶片特性曲线的曝光条件对胶片曝光（100kV、5mA、焦距1m、1mm厚的黄铜滤波板），曝光时间取60s。

3）上述17张胶片一次曝光，同时进行暗室处理，干燥后用黑度计分别测其黑度。

4）在胶片特性曲线上分别查出各黑度对应的曝光量值，并填入表2-4。

5）对17张胶片来说，一次曝光，其曝光量并未改变，黑度变化所反映的射线强度的改变主要是焦距变化引起的，但无论是焦距变化还是曝光量变化，如果引起强度改变的值相

同，那么两种变化应当是“等效”的，所以这里用曝光量的改变来描述实际上是由焦距的改变而引起的强度的变化。

6）在平面图上标出各点的相对强度值，并解释其规律。

【实验报告要求】

1）简述所测 X 射线管的主要参数。

2）分析上述三个测定的实验结果与理论分析的差距，并解释其原因。

3）略谈对本实验的体会和新的设想。

表 2-4 实验测量值

序号	底片黑度 D	曝光量等效值 /mA·s	相对 0 号点的曝光量百分比	点的位置（以电子撞击阳极体方向为“上”）
				上（下、左、右）到 0 号点的距离
0				
1				
2				
3				
4				
5				
6				
7				
8				
9				
10				
11				
12				
13				
14				
15				
16				

【实验思考题】

1. 常用 X 射线机产生的 X 射线是单色的吗？
2. 当 X 射线管中的电子撞击靶而产生辐射时，大部分能量转换为什么？
3. 试描述 X 射线机产生 X 射线的过程。
4. 在 X 射线机的窗口放置黄铜板的目的是什么？
5. 在实际应用中能够设计出更简便的实验方法吗？

2.3 X 射线机曝光曲线制作

在射线探伤实际工作中，通常根据工件的材质与厚度来选取射线能量、曝光量等工艺参数，这就要求制作一种表示工件与工艺规范之间相关性的曲线图，即曝光曲线。X 射线机的曝光曲线是进行 X 射线照相探伤与研究的基本工具之一，它可以给检测人员带来很多便利。

【实验目的】

1）掌握常用曝光曲线的制作方法。

2）制作某一型号（在实验中具体确定）X 射线机的曝光曲线。

【实验设备与器材】

1）X 射线机一台。

2）标准阶梯试块一套。

3）黑度计一台（精度高于 $\pm 0.05D$）。

4）铅箔增感屏若干（厚度为 0.02 ~ 0.03mm）。

5）普通坐标纸和半对数坐标纸各一张。

【实验原理】

1. 曝光曲线

曝光曲线是射线检测的工具。一台 X 射线机在不同的工艺条件下有不同的曝光曲线，因此已经制成的曝光曲线应当经常校准才能保持其精确性。

2. 曝光量-厚度曝光曲线

此种曝光曲线在半对数坐标纸上近似为一条直线，这是因为

$$I = I_0 e^{-\mu d} \tag{2-19}$$

通过推论可得

$$\lg I_0 t = \mu d + C \tag{2-20}$$

即在电压不变的情况下，d 与 $\lg I_0 t$ 呈直线关系。在实验中用阶梯试块实现不同厚度 d 的透照，在同一焦距和管电压下用不同的曝光量曝光可得一组底片。通过这组底片，确定在一定黑度时不同厚度 d 所对应的曝光量 $I_0 t$，将各实验点标注于半对数坐标纸上，便可得一条曝光曲线，每一管电压对应一条曝光曲线。

3. 管电压-厚度曝光曲线

通过数学分析可以知道，管电压与厚度之间不存在简单的线性关系，因而得到的不是直线而是一条曲线。但从实验中可以看出这条曲线的曲率不大，在某些区域内可以近似看做直线。在实验中用阶梯试块实现不同厚度 d 的透照，在同一焦距和曝光量下用不同的管电压曝光，可得一组底片。通过这组底片，确定在一定的黑度时不同厚度 d 所对应的管电压，将各实验点标注于普通坐标纸上，便可得一条曝光曲线，每一曝光量对应一条曝光曲线。

【实验方法与步骤】

1. 管电压-厚度曝光曲线（钢铁材料）

管电压与材料厚度曝光曲线是最常用的一种曲线。实验时，应按如下步骤进行：

1）按钢铁阶梯试块大小准备好七张胶片，胶片采用 0.02 ~ 0.03mm 的铅箔增感，并用黑纸包好。

2）按表2-5所给定的条件进行曝光。

3）将曝光后的胶片进行暗室处理。

4）暗室处理后的底片用黑度计测量每一厚度对应的黑度值，并填入表2-5中。

5）根据表2-5的数据，作出不同管电压时材料厚度与黑度的关系曲线，纵坐标为黑度D，横坐标为材料厚度d。

6）在$D=2.0$处，作横坐标的平行线，与每条D-d曲线相交，并读取交点处的管电压和厚度值填入表2-6。

7）根据表2-6的数据，在普通坐标纸上绘制管电压与材料厚度的曝光曲线，纵坐标为U，横坐标为d。

表2-5　实验数据

机型	透照规范			焦距：		i：	t：	
管电压U	底片黑度测量值							
	d							
	D							
	d							
	D							
	d							
	D							
	d							
	D							
	d							
	D							
	d							
	D							
	d							
	D							

表2-6　实验数据（$D=2.0$）

厚度d/mm							
管电压U/kV							

2. 曝光量-厚度曝光曲线（钢铁材料）

1）按钢铁阶梯试块的大小准备好七张胶片，采用0.02～0.03mm铅箔增感，并用黑纸包好。

2）按表2-7所给定的条件逐次曝光。

3）将曝光后的胶片进行暗室处理。

4）暗室处理后的底片用黑度计测量每一厚度对应的黑度值，并填入表2-7中。

5）根据表2-7的数据，作出不同曝光量it时材料厚度与黑度的关系曲线，纵坐标为黑度D，横坐标为材料厚度d。

6）在 $D=2.0$ 处，作横坐标的平行线，与每条 D-d 曲线相交，并读取交点处的曝光量和厚度值填入表2-8中。

7）根据表2-8的数据，在半对数坐标纸上绘制 it（或 $\lg it$）与 d 的曝光曲线，纵坐标为 it（或 $\lg it$），横坐标为 d。

【实验数据分析与处理】

1）表2-8得到一组离散数据，由于 d 与 $\lg I_0 t$ 之间存在线性关系（因为 I_0 与 i 之间存在线性关系，所以 d 与 $\lg it$ 之间也存在线性关系），因此这些点可以连成一条直线。但是在实验过程中，由于各种因素的影响而产生误差，这些点都可能偏离直线。如何利用实验所取得的数据求出直线方程，是数据处理的主要任务。求解直线方程的方法很多，比较精确的方法有应用最小二乘法寻求一个回归直线方程。即

$$y = bx + a \tag{2-21}$$

这里只介绍一元回归方程，求出式（2-21）中的系数 a 和 b，就可得到回归直线方程。

设有一组实验数据，自变量为 x，应变量为 y，在求回归方程时，首先按表2-8将 x_i 和 y_i 的值填入表2-9，并计算出 $x_i y_i$、x_i^2 以及它们的和，然后按式（2-22）和式（2-23）计算系数 b 和 a。

$$b = \frac{n\sum x_i y_i - \sum x_i \sum y_i}{n\sum x_i^2 - (\sum x_i)^2} \tag{2-22}$$

$$a = \frac{\sum y_i \sum {x_i}^2 - \sum x_i \sum x_i y_i}{n\sum {x_i}^2 - (\sum x_i)^2} \tag{2-23}$$

根据求得的 b 和 a 值可得一条直线，这条直线称为 y 对 x 的回归直线；式（2-21）称为 y 对 x 的回归方程，b 为回归系数，a 为一常数。这个回归方程所代表的直线，是平面 Oxy 上一切直线中与已知观测值最靠近的一条。

曝光量-厚度曝光曲线的 $\lg it$ 与 d 之间的线性关系可从式（2-20）看出，因此可用一元回归法求此直线方程。

2）在实际工作中，由散点图得到的不一定是直线，经常为曲线。因此，如何选择恰当类型的曲线去拟合各散点，便需要认真地加以分析。通常要对实验数据进行曲线拟合的处理，这是一个系统的过程，但如果各离散实验点分布趋近于在一直线附近，则也可用上面的方法进行拟合。

【实验报告要求】

1）简述两种曝光曲线的作用。

2）列出实验数据，作出曝光曲线，并作简要分析。

3）用一元回归方程拟合曝光量-厚度曝光曲线，求出方程，作出直线并与连点法所得直线进行比较。

4）管电压-厚度曝光曲线能否用一元回归法拟合？为什么？

5）实验体会（认识、疑问、新的见解等）。

表 2-7 实验数据

机型		透照规范		焦距：		U：	
ixt		底片黑度测量值					
	d						
	D						
	d						
	D						
	d						
	D						
	d						
	D						
	d						
	D						
	d						
	D						
	d						
	D						

表 2-8 实验数据（$D=2.0$）

厚度 d/mm							
曝光量/mA · min							
lgit							

表 2-9 实验数据（根据表 2-8）

实 验 点	$x_i(d_i)$	$y_i(\lg it)_i$	x_iy_i	x_i^2
1				
2				
3				
4				
5				
6				
7				
Σ				

【实验思考题】

1. X 射线曝光曲线制作时，误差主要来自于哪些因素？

2. 根据所作曝光曲线，若透照不等厚工件应如何操作？

3. 根据所作曝光曲线，若要透照超出曝光曲线范围的低厚度工件时，要想达到标准黑度应如何操作？

4. 改变曝光参数对曝光曲线有什么影响?

5. 常见曝光曲线与本次实验所作曝光曲线有什么区别?

2.4 规范对检测灵敏度和对比度的影响

实际应用中，射线照相影像质量的高低是由灵敏度决定的。所谓灵敏度，若从定性来说，是指发现和识别细小影像的难易程度。而对比度则是判断工件是否存在异质区域的基础，所以，对比度越大，影像就越容易被观察和识别。当工艺规范变化时，上述两者自然也会发生变化，掌握这个变化规律将有利于检测人员更进一步地认识与理解射线照相法的原理和应用过程。

【实验目的】

1）通过实验认识主要的检测规范（管电压、曝光量和焦距）改变时对灵敏度和黑度比（即对比度）的影响。

2）掌握自行设计和操作实验的基本方法，培养和锻炼独立工作能力。

3）培养和提高撰写技术论文的能力。

【实验设备与器材】

1）X射线机一台。

2）厚度为5mm的50mm×100mm的钢板一块，厚度为1mm的30mm×50mm钢板一块。

3）铁金属丝不等径像质计（即透度计）一套。

4）胶片和铅增感屏若干。

5）黑度计一台。

6）观片灯一台。

【实验原理】

1）黑度比和灵敏度检测原理如图2-10所示。在5mm厚的钢板上放一块1mm厚的钢板和一块透度计。X射线穿过的最厚厚度为6mm，最薄厚度为5mm，底片上这两处的黑度分别记为$D_{厚}$和$D_{薄}$。在底片上同时显出一组金属丝的图像，用以鉴定检测的灵敏度。

黑度比与灵敏度的计算公式分别为

$$黑度比=\frac{D_{薄}}{D_{厚}} \tag{2-24}$$

$$灵敏度=\frac{d}{T}\times 100\% \tag{2-25}$$

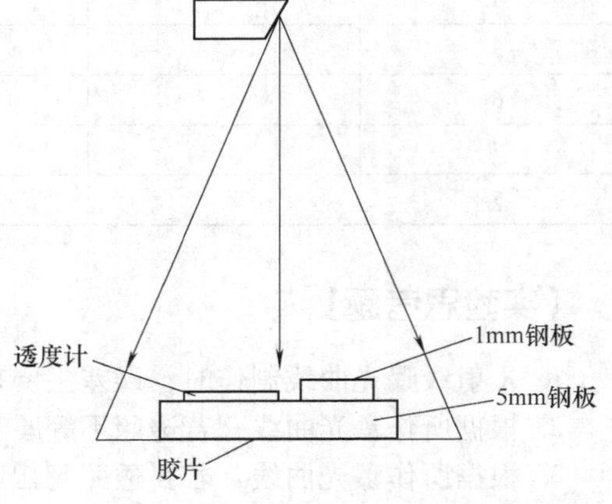

图2-10 黑度比和灵敏度检测原理图

式中，$D_{薄}$是在5mm厚度处测量的黑度值；$D_{厚}$是在6mm厚度处测量的黑度值；d是在底片上发现的最细金属丝直径（mm）；T是X射线在透度计处透过的总厚度（mm）。

2）在其他规范条件不变的情况下，分别改变管电压、曝光量和焦距，观察其黑度比和灵敏度的变化规律。

【实验方法与步骤】

1）认真复习有关灵敏度、黑度比、几何不清晰度的基本概念以及影响它们的各种因素。认真阅读文献资料，并注意技术论文的结构、撰写方法。

2）在复习有关理论和阅读文献资料的基础上，制订实验方案。实验方案应包括工艺规范（填入表2-10）和实验操作程序。

3）曝光透照。

4）暗室处理。

5）底片判断（黑度测量和金属丝辨认）。

6）计算和绘制图表曲线，撰写实验报告。

表2-10 实验数据

	管电压/kV	管电流/mA	曝光时间/min	焦距/mm	$D_{薄}$	$D_{厚}$	黑度比	最小金属丝直径/mm	灵敏度（%）
管电压影响									
曝光量影响									
焦距影响									

【实验报告要求】

1）利用实验结果撰写一篇技术论文（报告），论述工艺规范对射线检测灵敏度的影响，以及为提高射线检测灵敏度，在制订规范时应注意的问题。

2）报告要求论点明确，论据充分，文字简明扼要。

【实验思考题】

1. 当焦距增加一倍时，达到标准黑度要求的曝光时间需增加几倍？为什么？

2. 什么是主因对比度？什么是胶片对比度？它们与射线检测对比度的关系如何？

3. 可否认为像质计灵敏度就等于缺陷灵敏度？

4. 在底片黑度、像质计灵敏度都符合要求的情况下，是否意味着所有内部缺陷均会被检测出来？

5. 分别透照不同厚度的工件时，如何在对比度与检测灵敏度之间进行选择调配？

2.5 射线照相对缺陷深度和位置的测定

实际工作中，射线照相可以判断内部缺陷的深度及其所处的位置，这样不仅便于对工件的返工维修，而且有利于工件加工工艺的改进与提高。通过本次实验操作，可以有效地掌握缺陷深度位置的基础测定方法，为之后更进一步的学习研究作好准备。

【实验目的】

1）学会用射线曝光法确定缺陷本身的深度尺寸。

2）学会用射线曝光法确定缺陷的具体埋藏深度。

【实验设备与器材】

1）钢制人工缺陷样件，形状和尺寸如图2-11所示，缺陷孔径1mm，孔深20mm。

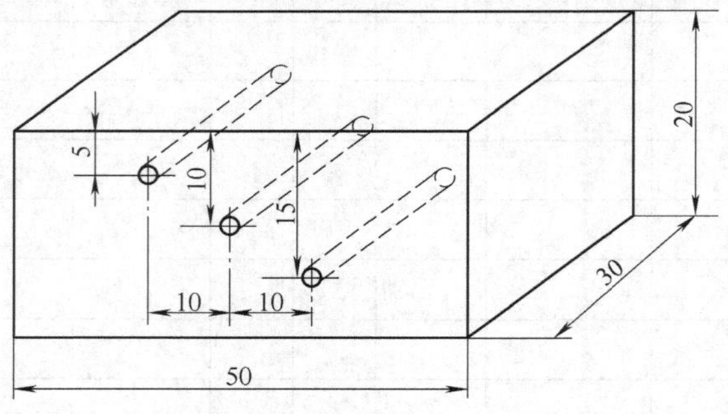

图2-11　人工缺陷样件

2）截取长为1mm、直径为1mm的圆柱形铅丝一段，称为铅标。

3）在平面开槽的钢制阶梯试块一块，形状和尺寸如图2-12所示。

4）观片灯与测量工具一套。

5）精度为±0.05D的黑度计一台。

6）坐标纸若干。

7）胶片及铅增感屏若干。

【实验原理】

1. 缺陷本身的深度尺寸的测定

结合曝光曲线及其制作方法，用图2-12所示的工件，可以作出不同基本厚度时的底片

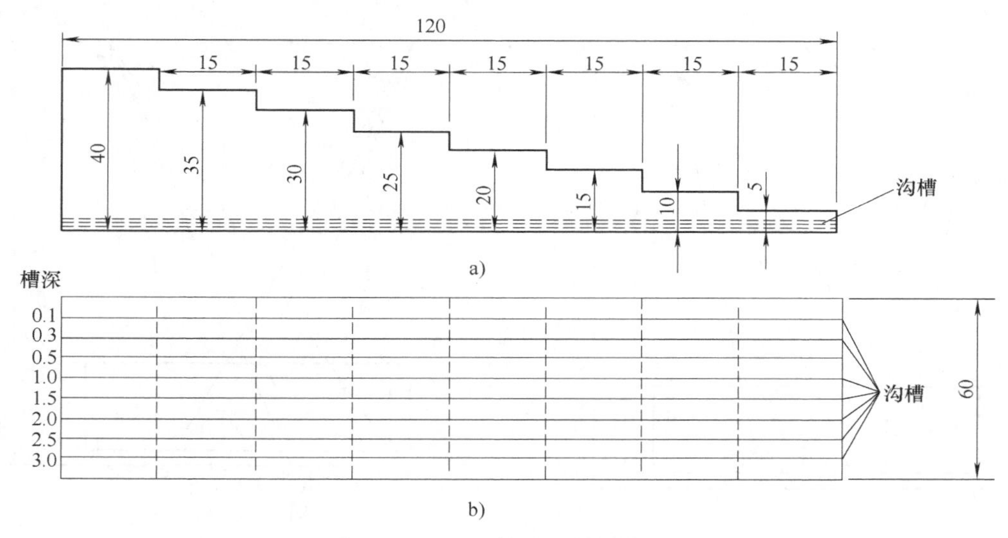

图 2-12 平面开槽的钢制阶梯试块

a）侧视图 b）仰视图

黑度差 ΔD 与其所对应的缺陷本身深度尺寸的关系图，如图 2-13 所示。

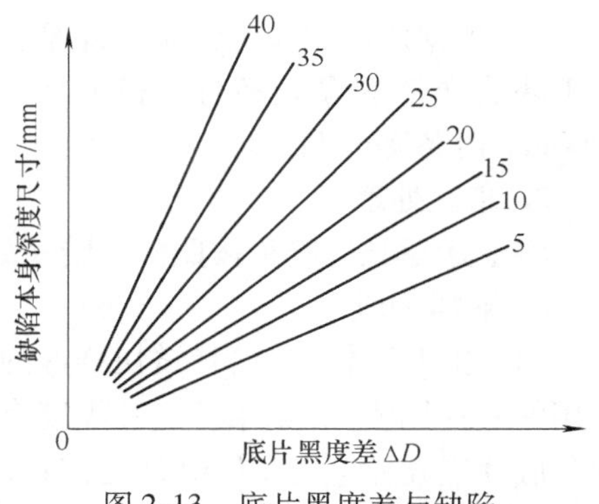

图 2-13 底片黑度差与缺陷深度尺寸关系图

所作曲线的准确性可以用有缺陷的零件进行验证，不过此法主要用于形状规整的空心缺陷，过于不规则的缺陷并不适用。如果为确定带有夹杂物的缺陷本身尺寸，应按照夹杂物的实际密度配制膏状物填入图 2-12 所示的阶梯试块沟槽内，重新绘制类似图 2-13 的图形。

2. 缺陷埋藏深度的测定

如图 2-14 和图 2-15 所示，分别利用双重曝光法和简易双重曝光法量取底片上的投影距离，再结合几何知识，可以较为精确地测量缺陷的埋藏深度。

其中简易双重曝光法适用于焦距较大，且被透零件厚度不是很大的情况。它的操作和计算较为方便，但它的理论根据是把 X 射线束假想为平行线，这样会给测量结果带来误差。

【实验方法与步骤】

1. 曝光

1）根据之前制作的钢制工件厚度与管电压关系的曝光曲线，分别选取 5mm、10mm、15mm、20mm、25mm、30mm、35mm、40mm 等厚度所对应的管电压填入表 2-11 中，其他曝光条件按照曝光曲线的要求固定不变。用图 2-12 所示的阶梯试块按照表 2-11 的条件进行曝光。做此实验需要曝光条件准确，保证各基本厚度处底片黑度一致，X 射线束中心线应尽量与阶梯试块垂直。

2）根据之前制作的钢制工件厚度与管电压关系的曝光曲线，查出透照如图 2-11 所示的人工缺陷样件的曝光条件，按照图 2-14 所示相对位置进行两次曝光。

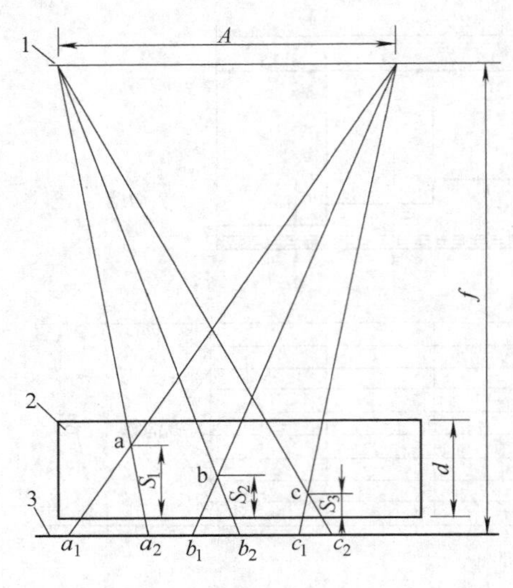

图 2-14　双重曝光法

1—焦点　2—人工缺陷样件　3—胶片

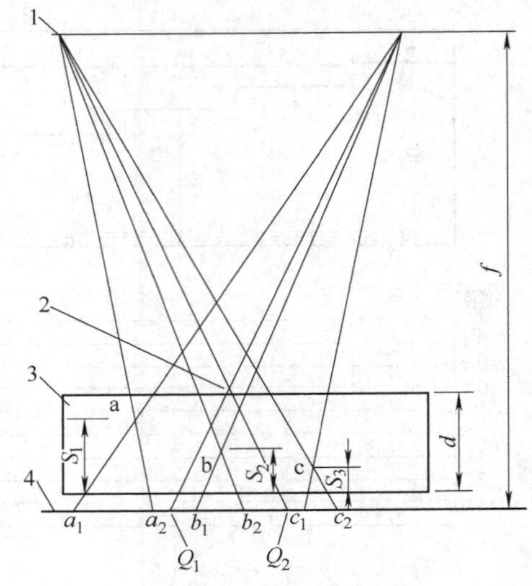

图 2-15　简易双重曝光法

1—焦点　2—铅标　3—人工缺陷样件　4—胶片

3）根据之前制作的钢制工件厚度与管电压关系的曝光曲线，查出透照如图 2-11 所示的人工缺陷样件的曝光条件，按照图 2-15 所示相对位置，在焦距（f）分别为 1000mm 和 2000mm 时各曝光两次。

2. 暗室处理

将上述曝光的胶片按照标准暗室处理过程，同时一次进行暗室处理，晾干后待测。

3. 数据测取

1）用黑度计测量阶梯试块样件的底片，基本厚度处的黑度应在 2.0 左右（即平时工作常用的底片黑度），如果各底片黑度有较大的差异，应调整曝光条件再次曝光，重新测取后的各底片黑度差应在 $\pm 0.05D$ 之间；之后测量沟槽中的黑度，并计算其与底片黑度的差值 ΔD，将数据填入表 2-11 中。

2）在按照图 2-14 曝光的底片上，测出孔洞 a、b、c 在底片上的投影距离，即 a_1a_2、b_1b_2、c_1c_2，将数据填入表 2-12 中。

3）在按照图 2-15 曝光的底片上，测出孔洞 a、b、c 在底片上的投影距离，即 a_1a_2、b_1b_2、c_1c_2，以及铅标的投影距离 Q_1Q_2，将数据填入表 2-13 中。

【实验数据分析与处理】

1）按照表 2-11 中的数据，在坐标纸上进行描点处理，再将 8 点连线。

2）按照表 2-12 中的数据，分别按下列公式计算出孔洞 a、b、c 的埋藏深度 S_1、S_2、S_3。

$$S_1 = f\frac{a_1a_2}{A + a_1a_2} \qquad S_2 = f\frac{b_1b_2}{A + b_1b_2} \qquad S_3 = f\frac{c_1c_2}{A + c_1c_2}$$

将三个理论数据填入表 2-12 中，再计算其与实际埋藏深度的相对误差，同样填入表 2-12 中。

3）按照表 2-13 中的数据，分别按下列公式计算出孔洞 a、b、c 的埋藏深度 S_1、S_2、S_3。

$$S_1 \approx \frac{da_1a_2}{Q_1Q_2} \qquad S_2 \approx \frac{db_1b_2}{Q_1Q_2} \qquad S_3 \approx \frac{dc_1c_2}{Q_1Q_2}$$

式中，d 为工件厚度（mm）。

因为两个焦距都进行了曝光，所以共有两组数据，将这些理论数据都填入表 2-13 中，再分别计算其与实际埋藏深度的相对误差，同样填入表 2-13 中。

【实验报告要求】

1）列出实验和计算的过程及数据，并作简要分析。

2）分析实验结果，阐述理论与实际的不同。

3）对实验的认识、疑问和体会。

表 2-11 实验数据

材料厚度/mm	管电压/kV	基本厚度处黑度 D	黑度差 ΔD = 沟槽黑度 − 基本厚度处黑度							
			0.1	0.3	0.5	1.0	1.5	2.0	2.5	3.0
5										
10										
15										
20										
25										
30										
35										
40										

表 2-12 实验数据

管电压 = kV		管电流 = mA		曝光时间 = min	
A = mm	f = mm	埋藏深度	理论值	实际值	相对误差(%)
a_1a_2	mm	S_1			
b_1b_2	mm	S_2			
c_1c_2	mm	S_3			

表 2-13 实验数据

管电压 = kV		管电流 = mA		曝光时间 = min	
Q_1Q_2 = mm	f=1000mm	埋藏深度	理论值	实际值	相对误差(%)
a_1a_2	mm	S_1			
b_1b_2	mm	S_2			
c_1c_2	mm	S_3			
Q_1Q_2 = mm	f=2000mm	埋藏深度	理论值	实际值	相对误差(%)
a_1a_2	mm	S_1			
b_1b_2	mm	S_2			
c_1c_2	mm	S_3			

【实验思考题】

1. 如果缺陷本身是不规则的，对实验结果是否会产生影响?
2. 改变焦点尺寸对实验结果是否会产生影响?
3. 散射线对结果会产生什么影响？它来自哪里？有哪些控制方法?
4. 为什么胶片要紧贴工件摆放？主要目的是什么?
5. 若工件缺陷为裂纹，它有几个自身特征参数？其中哪几个是射线照相的关键参数?

2.6 常规X射线照相与工业CT扫描的对比

随着科技的进步，使用射线检测工件内部的新方法越来越多，而工业CT扫描成像技术是目前应用较为成熟的方式之一。通过本次实验，可以对工业CT成像形成基本概念，也利于以后采用多样化的方式对射线检测进行深入研究。

【实验目的】

1）了解工业CT扫描的工作原理，掌握工业CT扫描的应用。
2）将常规X射线照相结果与工业CT扫描结果进行比较。

【实验设备与器材】

1）工业CT机一台。
2）X射线机一台。
3）厚度为10mm钢制有缺陷和无缺陷焊板各一块。
4）厚度为2mm钢制有缺陷和无缺陷小型铸件各一块。
5）铁金属丝不等径像质计一套。
6）观片灯一台。
7）胶片及增感屏若干。

【实验原理】

常规X射线照相原理与工业CT扫描原理在基本过程中是一样的。它们都是利用射线穿透物体的过程中因为被吸收和散射而导致衰减的特性，再通过把这种衰减信息转化为可视信息来对工件内部情况进行检测判断。不过，在具体方式方法上两者之间有所区别。

常规X射线照相方式是用宽束X射线直接透照工件，采用胶片作为信息器材，经暗室处理将胶片接收到的信息转化为可供观察的底片。而工业CT扫描是用经过高度准直的窄束X射线对工件分层进行扫描，X射线管与探测器作为同步转动的整体，分别位于工件两侧的相对位置。检查中，X射线束从各个方向对被探查的断面进行扫描，位于另一侧的探测器接收透过断面的X射线，然后将这些X射线信息转变为电信号，再由模数转换器转换为数字信号输入计算机进行处理，最后就成为一幅X-CT图像。

两者中工业CT扫描准确率较高。常规X射线检测由于全厚度重叠投影的存在，无法分清各层结构；而工业CT层析扫描，则可以发现平面内任何方向分布的缺陷。但是工业CT

完整扫描一个工件比常规射线检测需要的时间长，目前在效率方面有待提高。

【实验方法与步骤】

1. 常规曝光与 CT 扫描

1）按照 X 射线机的曝光曲线所查，分别对厚度为 10mm 的钢制有缺陷和无缺陷焊板进行曝光，再对厚度为 2mm 的钢制有缺陷和无缺陷小型铸件分别按照曝光曲线参数进行曝光。

2）将厚度为 10mm 的钢制有缺陷和无缺陷焊板以及厚度为 2mm 的钢制有缺陷和无缺陷小型铸件分别固定放置在 CT 扫描台上，再依照工业 CT 使用程序对其依次进行扫描成像。

2. 暗室处理

将上述常规 X 射线曝光的胶片按照标准暗室处理过程，同时一次进行暗室处理，晾干后待测。

3. 数据测取

1）将拍得有缺陷工件的底片上能够看到的最小缺陷的尺寸记录在表 2-14 中，再将有缺陷与无缺陷的底片上的灵敏度记录在表 2-14 中。

2）将工业 CT 扫描出来有缺陷工件的图像上所观察到的最小缺陷的尺寸记录在表 2-14 中，再将有缺陷与无缺陷的图像上的灵敏度记录在表 2-14 中。

【实验报告要求】

1）对实验的过程及数据作简要分析。

2）分析实验结果。

3）对实验的认识、疑问和体会。

表 2-14　实验数据

检测方式	工件种类	最小缺陷尺寸	灵敏度(%)	
常规 X 射线照相	10mm 厚焊板		有缺陷焊板	
			无缺陷焊板	
	2mm 厚铸件		有缺陷铸件	
			无缺陷铸件	
工业 CT 扫描	10mm 厚焊板		有缺陷焊板	
			无缺陷焊板	
	2mm 厚铸件		有缺陷铸件	
			无缺陷铸件	

【实验思考题】

1. 工业 CT 扫描工件时，应注意哪些要点？
2. 常规 X 射线透照方式存在的影响因素，在工业 CT 扫描成像时是否也存在？
3. 工业 CT 扫描与常规 X 射线透照方式中哪种更易检出小缺陷？
4. 工业 CT 扫描不等厚工件时，怎样操作才能达到标准要求？
5. 比较现阶段工业 CT 扫描与常规 X 射线透照方式的优缺点。

第3章　超声检测

超声检测（Ultrasonic Testing）是无损检测技术五大常规方法中重要的方法之一。超声波检测是指使超声波与工件相互作用，就反射、透射和散射的波进行研究，对工件进行宏观缺陷检测、几何特性测量、组织结构和力学性能变化的检测和表征，并进而对其特定应用性进行评价的技术。

超声波探伤就是超声波在弹性介质中传播，在界面上产生反射、折射等特性来探测材料内部或表面缺陷的探伤方法。图3-1所示为超声探伤仪探伤波形的示意图。

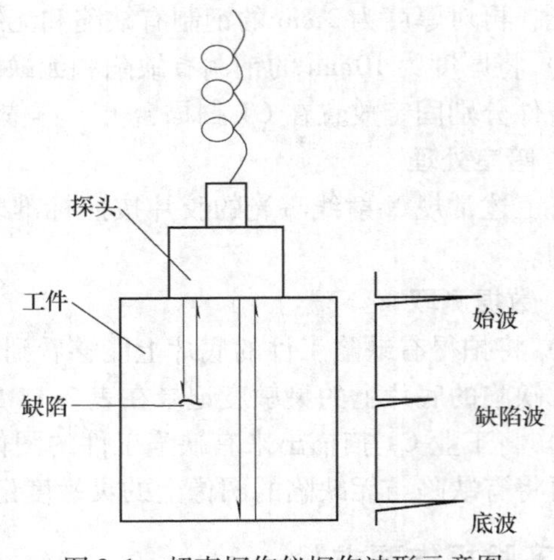

图3-1　超声探伤仪探伤波形示意图

3.1　音频信号频谱分析

音频信号是声波信号的一种，它具有声波信号的特性。通过分析音频信号，就可以了解声波信号的一些特性，从而对声波信号的一些特性有所认识。

【实验目的】

1）掌握音频信号频谱测试方法。

2）对已知电声信号进行傅里叶级数计算，并与测量值进行比较。

3）掌握一些仪器的使用方法。

【实验设备与器材】

1） 函数信号发生器。

2） 传声放大器。

3） 带通滤波器。

4） 示波器。

5） 频率计。

【实验原理】

一个以 T 为周期的函数 $f_T(t)$，如果在 $\left[-\frac{T}{2},\ \frac{T}{2}\right]$ 区间内满足获利克雷（Dirichlet）边界

条件，则在$\left[-\frac{T}{2}, \frac{T}{2}\right]$上就可展开成傅里叶级数。在$f_T(t)$的连续点处，级数和的三角形式为

$$f_T(t) = \frac{a_0}{2} + \sum_{n=1}^{\infty}(a_n \cos n\omega t + b_n \sin n\omega t)$$

其中

$$\omega = \frac{2\pi}{T}$$

$$a_0 = \frac{2}{T}\int_{-\frac{T}{2}}^{\frac{T}{2}} f_T(t)\,\mathrm{d}t$$

$$a_n = \frac{2}{T}\int_{-\frac{T}{2}}^{\frac{T}{2}} f_T(t)\cos n\omega t\,\mathrm{d}t \ (n = 1,2,3\cdots)$$

$$b_n = \frac{2}{T}\int_{-\frac{T}{2}}^{\frac{T}{2}} f_T(t)\sin n\omega t\,\mathrm{d}t \ (n = 1,2,3\cdots)$$

对于以T为周期的非正弦函数$f_T(t)$，它的第n次谐波$\omega_n = n\omega = \frac{2\pi n}{T}$，有

$$a_n \cos\omega_n t + b_n \sin\omega_n t = A_n \sin(\omega_n t + \varphi_n)$$

其振幅$A_n = \sqrt{a_n^2 + b_n^2}$ ($n = 0, 1, 2\cdots$)，它描述了各次谐波的振幅随频率变化的分布情况。所谓频谱图，就是频率和振幅的关系图。

例如图3-2所示的周期性方波，在一个周期内的表达式为

$$f_T(t) = \begin{cases} 0 & -\frac{T}{2} \leqslant t < -\frac{T}{4} \\ E & -\frac{T}{4} \leqslant t < \frac{T}{4} \\ 0 & \frac{T}{4} \leqslant t < \frac{T}{2} \end{cases}$$

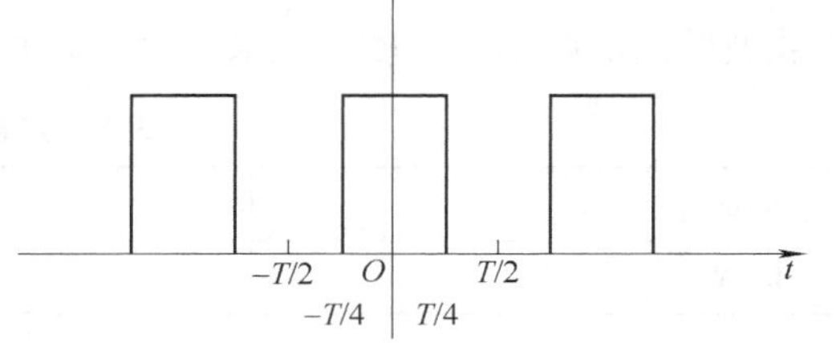

图3-2 周期性方波示意图

可以求得

$$A_n = \frac{2E}{n\pi}\left|\sin\frac{n\pi}{2}\right|, f_n = \frac{n}{T}$$

$$\begin{cases} A_1 = \frac{2E}{\pi}, A_3 = \frac{2E}{3\pi}, A_5 = \frac{2E}{5\pi}\cdots \\ A_2 = A_4 = A_6 = \cdots = 0 \end{cases}$$

从而可以画出它的频谱图。

测量原理是根据非正弦周期函数含有许多频谱成分，通过带通滤波器把单一的频率成分取出来，不断记录各种频率成分，就可画出这个信号的频谱图。

实验原理示意图如图3-3所示。

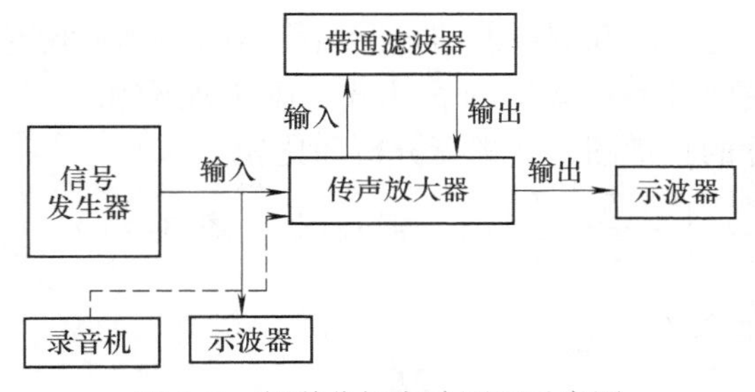

图3-3 频谱分析实验原理示意图

通常，声信号都可转换成电信号，比如录音机内放出的音乐声，其输出就是由不同频率和幅度的电信号组成的。

所以研究声信号一般可以通过对电信号的研究来实现。

【实验方法与步骤】

1. 示范对录音机放出的声信号进行频谱分析

2. 对 100Hz 的方波信号进行频谱记录

1）按图 3-3 所示接好线路，检查无误后，方可启动电源。

① 信号发生器。“波形选择”置于方波挡，频率调节到 100Hz，调节“幅度调节”旋钮使电压峰值为 4V（注：应从示波器上看频率和电压峰值）。

② 传声放大器。传声放大器的输入端接信号发生器的输出端，传声放大器的“量程选择”置于“10V”挡，“输入选择”置于“直接”挡，“滤波器”置于“外接”挡，“电表选择”置于“峰值”挡。另外应注意，电压表的读数和“量程倍乘”的倍数有关，这里的电压表读数只作参考用。

③ 带通滤波器。其输入端接传声放大器的“外接滤波器输出”端，其输出端接传声放大器的“外接滤波器输入”端，“频率范围”置于“I”挡，“倍频程”置于“1/3 倍频程”挡。

2）通过调节带通滤波器的选频器的选频旋钮，在示波器上可以看到输出的波形，当输出波形为正弦波时，读出它的频率和幅度。从傅里叶级数可知，只有在信号频率的基频和倍频处才可能有正弦波输出（不一定全有），所以就可在 100 ~ 1000Hz 的范围内读出所有存在正弦波输出的频率和幅度，记录在表 3-1 中。

表 3-1　方波信号的频谱数据

f/Hz												
A/mV												

3）对 100Hz 的锯齿波信号进行频谱记录。

4）改变信号发生器的输出波形为锯齿波，其他同前，将读数记录在表 3-2 中。

表 3-2　锯齿波信号的频谱数据

f/Hz												
A/mV												

【实验报告要求】

对方波和锯齿波信号测出所需的频率和幅度，同时通过傅里叶级数计算方波和锯齿波信号谐波频率和幅度的表达式。画出理论和实际的频谱图，并进行分析和比较。

在 $\left[-\frac{T}{2}, \frac{T}{2}\right]$ 内，锯齿波（图 3-4）表达式为

$$f(t)=\frac{2E}{T}t$$

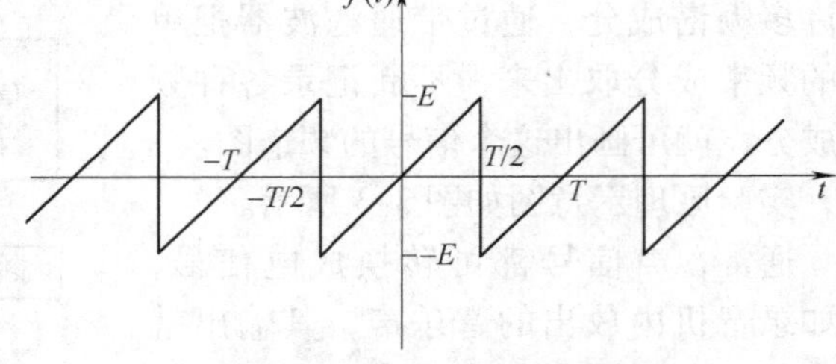

图 3-4　周期性锯齿波示意图

【实验思考题】

1. 声信号的频谱有何特点?
2. 方波与锯齿波的频谱有何不同?

3.2 声级测量

【实验目的】

1）了解声级、计数网络等的概念。
2）学会使用声级计测量声级的方法。

【实验设备与器材】

1）信号发生器。
2）扬声器。
3）毫伏表。
4）声级计。

【实验原理】

（1）分贝　分贝（dB）是表示声音强度的单位之一。一般声音强度都是以微巴（μbar）或毫巴（mbar）来表示的（$1\text{bar}=10^5\text{Pa}$），但声级计中使用dB为单位是因为人的听觉对声音的感觉范围很广，最小能感觉的声音强度和最大能承受的声音强度可相差5×10^6倍，这样大的范围用同一压力单位（微巴或毫巴）来表示就很不方便，为此用对数的形式来表示。以0.0002μbar作为0dB，其计算公式为

$$\Delta=20\lg\frac{\rho}{0.0002}\text{dB}$$

其中，ρ是被测量声压的大小（单位是μbar），这样，5×10^6倍即可用134dB表示。

一般常见环境的声级大小参考如下：

深夜安静的卧室：　20～30dB
典型的办公室：　50～60dB
一般谈话：　60～70dB
公共汽车上：　80～90dB
织布车间：　100～105dB
飞机场：　130～140dB

（2）计数网络　人的听觉对频率不同而强度相同的声音，感觉是不一样的，并且对不同强度的声音，分辨能力也不一样。为使测量结果符合人听觉的主观感觉，在声级计中引入了计数网络。声级计中的计数网络是用电阻电容或电感来实现的。最早的计数网络有三条（A、B、C），而后又发展到航空噪声测量用的“D”网络，人们常用的是“A”网络。

（3）声压级　在有线性特性的声级计中，经过线性挡所测得的结果（单位为dB）称为

声压级。它反映了客观噪声的强度。

(4) 声级　经过声级计的计数网络（A、B、C、D）中任何一挡所测得的结果（单位为 dB）称为声级。它反映了人对噪声程度的主观感觉。一般都用“A”挡测量。

本实验就是用声级计来测量声级，其原理如图 3-5 所示。从信号发生器上产生出正弦波信号，经过扬声器发出声音，再用声级计测量该声音的声级。

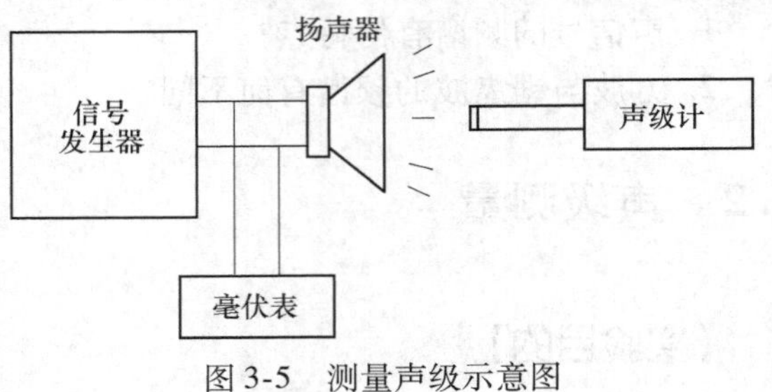

图 3-5　测量声级示意图

【实验方法与步骤】

1）如图 3-5 所示接好线路。

2）正弦波信号电压幅度不变（注：电压幅度不能超过扬声器的最大幅度），改变频率，测量声级，数据填入表 3-3。

表 3-3　正弦波信号的声级随频率变化

f/Hz									
声级/dB									

3）正弦波信号频率不变（$f=1\text{kHz}$），改变电压幅度（注：电压幅度不能超过扬声器的最大幅度），测量声级，数据填入表 3-4。

表 3-4　正弦波信号的声级随电压幅度变化

V/mV									
声级/dB									

4）测量有声音发出的物体（如电铃、人走路等）的声级，数据填入表 3-5。

表 3-5　发声物体的声级

被测物体									
声级/dB									

【注意事项】

1）检查电池电压是否满足要求：电表职能开关置“电池”挡，衰减器任意设置，此时指针应在给定的电池电压范围内，否则要更换电池。

2）按规定的预热时间（10min）预热。

3）校准放大器增益：电表职能开关置“C”挡，衰减器开关置“校准”挡，此时指针应在红线位置上，否则应调节灵敏度电位器。

4）在不知道被测声级有多大时，必须把衰减器放在最大衰减位置（即 120dB）处，然后逐渐旋至被测声级所需要的衰减挡。

【实验报告要求】

1）分析实验结果。

2）写出实验报告。

【实验思考题】

1. 声级随频率、幅度的变化有何特点？
2. 有声物体的声级有何特点？

3.3 声场光学演示法

声场是一个抽象的概念，通过动态光弹法把固体中的声场再现出来，可以了解超声脉冲波在固体中的传播特性。

【实验目的】

动态光弹法是一种观察透明固体中声场的有效方法，它利用声波在透明固体中的光弹效应来显示固体中的声场。通过本次实验，学生可了解超声脉冲波在工件中的传播规律，以及超声波在工件中的反射、散射等传播行为。

【实验设备与器材】

本实验所用的动态光弹装置的光路如图3-6所示。光源为高亮度LED，激发它的电脉冲宽度为20ns，光源发出的光脉冲宽度为50ns，有较好的同步性能，对于5MHz以下的声脉冲可以分辨出单独的周期。凸透镜L_1和L_2焦距为1000mm，CCD选用的型号为WV—CP230，灵敏度F＝0.75（光圈数）时为0.6Lux。控制器在0时刻命令发出声激发脉冲，通过延时器，在τ时刻命令发出光脉冲。上述过程以较低的频率重复，就可以观察或记录到被“冻结”在固体中的声场，延时时间在0～99.9μs内可调，最小时间间隔为0.1μs，相当于玻璃中传播距离约0.5mm。

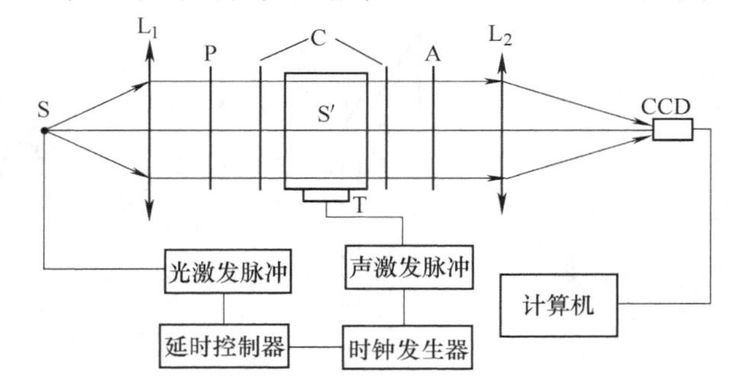

图3-6 动态光弹装置示意图

S—LED光源 L_1—准直光束透镜 L_2—成像透镜 P—起偏振片 A—检偏振片 C—λ/4玻片 S′—样品 T—换能器

【实验原理】

1. 光弹性原理

各向同性透明固体在应力作用下会产生人工双折射。根据Maxwell的应力-光折射定律，利用偏振光干涉法，可以观察到固体内的应力分布。这就是通常的光弹应力分析。动态光弹法可记录透明体内的振动或波动应力场。

光弹法的物理基础是应力-光性定律。即

$$N_i - N_j = C(\sigma_i - \sigma_j) \quad (i,j=1,2,3) \tag{3-1}$$

其中，σ_1、σ_2、σ_3为材料中某点的应力椭球的三个主分量，N_1、N_2、N_3为同一点折射

率椭球的三个主分量，它们对应的方向是相同的。

光弹实验只能观察到二维声场（图3-7），即只能观察到P波和SV波，观察不到SH波，这是因为SH波的应力方向与入射光的反向平行，不产生双折射。入射偏振光入射到模型O点，沿主应力方向分解为两束相互垂直的偏振光E_1、E_2。通过模型后，两束光产生光程差，根据式（3-1），此光程差可表示为

$$R=(N_1-N_2)d=C(\sigma_1-\sigma_2)d \tag{3-2}$$

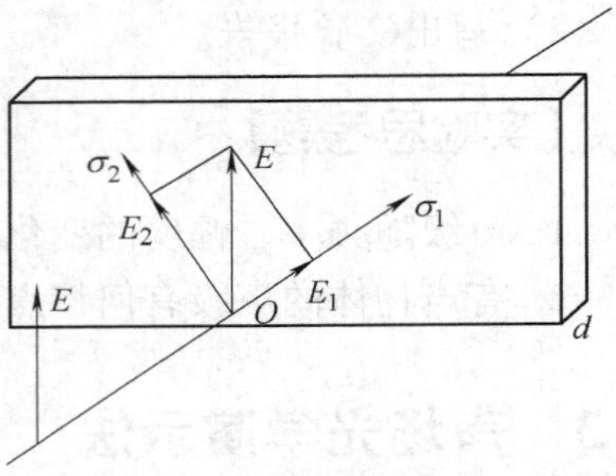

图3-7 二维光弹原理示意图

此光程差引起的相位差为

$$\alpha=2\pi R/\lambda=(4\pi/\lambda)Cd\tau_m=(4\pi/f)d\tau_m \tag{3-3}$$

式中，λ为入射光波长；τ_m为最大切应力，且$\tau_m=(\sigma_1-\sigma_2)/2$；$\sigma_1$、$\sigma_2$为主应力；$d$为模型厚度；$f=\lambda/C$为模型的动态条纹值［N/(m·条纹)］，它与材料的应力光性系数C和入射光波长λ有关，表示单位厚度模型内的条纹级数产生单位改变所需的主应力之差。

动态条纹值f随加载速率的变化而变化。一般情况下，当加载时间从静态值10^3s减小到10^{-4}s时，条纹值增加10%～30%。但在压电换能器产生的声场中，声波频率基本是固定的，就是说加载速率的变化很小，因此，可将条纹值近似看做常数。光弹法就是利用相位差α，使两束光E_1、E_2相干涉，利用干涉强弱来显示、测量和研究应力波。

2. 圆偏振仪

如图3-8a所示，P为起偏振器，A为检偏振器，Q_1、Q_2为$\lambda/4$玻片，S′为样品。

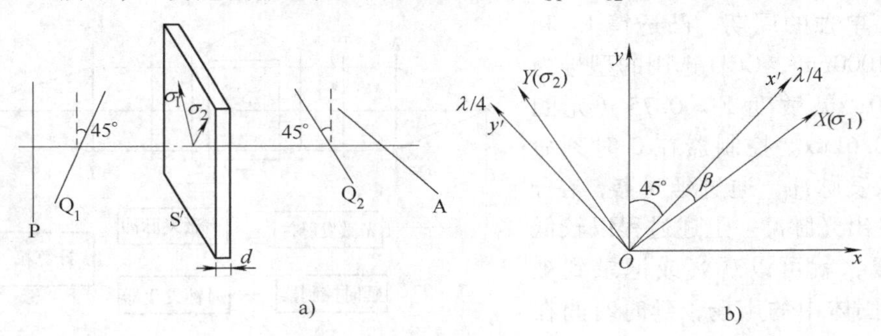

图3-8 正交圆偏振仪

a）装置示意图 b）各偏振片及$\lambda/4$玻片主轴方向示意图

图3-8b的坐标系代表了各偏振片及$\lambda/4$玻片的主轴方向，其中y轴为起偏振器轴，x'轴为第一块$\lambda/4$玻片的快轴，X、Y方向分别为主应力σ_1、σ_2方向（σ_1为快轴，σ_2为慢轴），y'轴为第二块$\lambda/4$玻片的快轴，x轴为检偏振器轴。

普通光波经起偏振片及$\lambda/4$玻片后将变为逆时针旋转的圆偏振光，为方便起见，可把入射到模型上的圆振动轴选在应力主轴上（圆振动轴取在何处是无关紧要的），则进入模型的振动分量可以表示为

$$\begin{cases}X=\dfrac{a}{\sqrt{2}}\cos\omega t\\[2ex] Y=\dfrac{a}{\sqrt{2}}\sin\omega t\end{cases} \tag{3-4}$$

此圆偏振光从模型射出后，X 分量将超前 Y 分量一个相位 α，其大小由式（3-3）求出；同时考虑到第二快 $\lambda/4$ 玻片快轴 y' 上产生的 $\pi/2$ 超前相位，最后检偏振片 x 轴上得到的出射光波分量为

$$x=\frac{a}{2}[(\cos\alpha-1)\cos\beta'-\sin\alpha\sin\beta'] \tag{3-5}$$

其中 $\beta'=\beta+\omega t$，此光波振幅为

$$\frac{a}{\sqrt{2}}\sqrt{(\cos\alpha-1)^2+\sin^2\alpha}=\frac{a}{\sqrt{2}}\sqrt{2(1-\cos\alpha)}$$

最后通过检偏振器的发光强度为

$$I=\frac{ka^2}{2}(1-\cos\alpha)=ka^2\sin^2\frac{\alpha}{2}=I_0\sin^2\frac{\alpha}{2} \tag{3-6}$$

由式（3-6）可知，当 $\sin^2(\alpha/2)=0$ 时，圆偏振仪为暗场，即 $\alpha=2\pi n$ 时，透射光发光强度为零，这相当于相对滞后波长整数倍的情形。由此，即把模型中的应力情况呈现出来。

3. 超声脉冲波声场光弹显示举例

采用脉冲光源方法显示超声波脉冲声场。由于显示声波的脉冲光束垂直于声场传播的方向通过声场，因此光弹法显示的是前进声波的侧面像，可以看到一层层波阵面。光透过声波后的强度与声波的应力平方成比例，因此声波的每一个周期显示为两条亮纹。

图3-9所示是贴在玻璃界面上的一个长方形压电晶片（主频为2.53MHz）所构成的纵波换能器辐射的超声纵波声场在玻璃中的传播情况（入射方向垂直于玻璃上界面）。场中为主的声波是波前为准平面的主纵波，光亮最强。除主纵波外，场中还有晶片沿径向振动引起的边缘横波，边沿指压电片的边缘。边缘横波速度慢，传播过程中渐渐落后于纵波，边缘纵波则与主纵波相衔接。此外，在玻璃表面可以看到瑞利波。

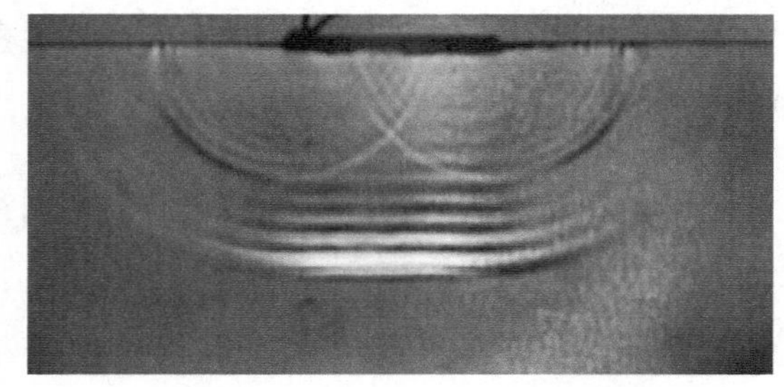

图3-9 向下传播的超声脉冲波

图3-10所示为玻璃样品中的纵波斜入射到空气界面的反射情况，a 为入射纵波波前，b 为反射纵波波前，声波的传播方向与波阵面垂直。

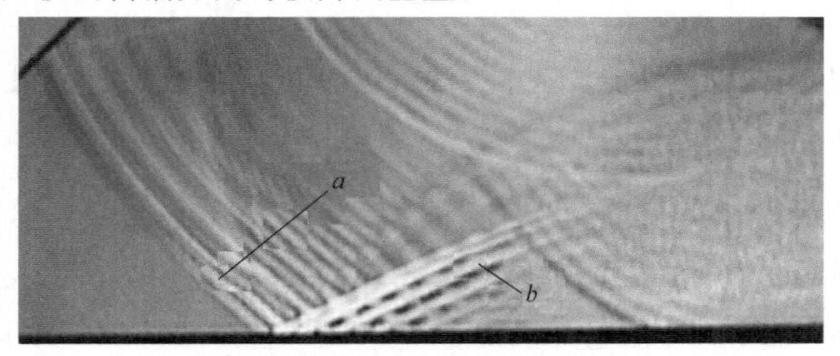

图3-10 准平面纵波斜入射到空气界面的反射声场

图3-11所示是超声脉冲纵波（主频为4.63MHz）在玻璃中传播遇到圆柱形空气界面时散射的声场。玻璃样品采用厚度为25mm的k9玻璃，圆柱形通孔垂直于两个平行平面，通孔直径为30.2mm。

图 3-12 所示为沿玻璃的自由平面界面自上而下传播的平面纵波，掠入射时遇空气界面发生波型转换产生反射横波（压电晶片主频为 2. 53MHz）。

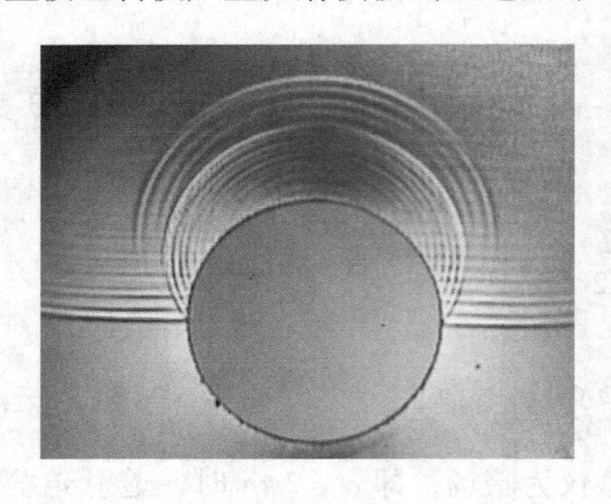

图 3-11 圆柱形空孔对玻璃中传播的平面纵波的散射

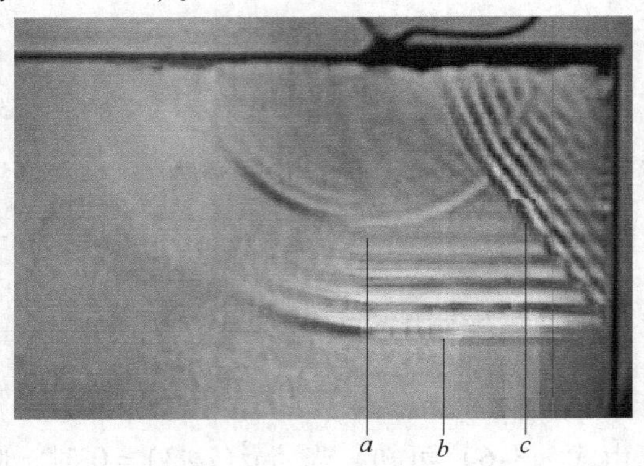

图 3-12 纵波掠入射时的脉冲声场
a—横波波前 b—纵波波前 c—反射横波波前

实验中用的玻璃样品的纵波声速为 5600 ~ 6000m/s，与工业中常用的钢铁等金属材料的声速接近，因此研究超声脉冲波在玻璃中反射、散射的传播规律，可以模拟声波在一些不透明材料（金属和非金属等）中的声传播行为。对超声波检测材料缺陷时的传播情况提供实验依据，对超声无损检测具有重要的指导意义。

本次实验由教师演示操作，学生应注意观察不同类型的探头激发声场的特点。

【实验思考题】

不同类型的探头激发声场的特点有何不同？

3. 4 超声波仪器性能的测定

超声波检测仪的一些主要性能会影响检测数据的准确性，因此，定期对超声波检测仪进行校验是十分重要的，以确保检测结果的可靠性。

【实验目的】

掌握现场测试超声波仪器性能的基本方法，包括垂直线性、水平线性、电噪声、动态范围和增益器精度等。

【实验设备与器材】

1）超声波探伤仪（PXUT—27 型数字机）。
2）直探头（2. 5P14、2. 5P20、5P20 或 5P14 均可）CSK—ⅠA 试块 。
3）平底孔试块（ϕ2 ~ 200mm）。

【实验方法与步骤】

1. 准备工作

1）开机，把探伤仪与直探头连接好。

2）按“K 值/折射角”键，再调节“+”或“-”键，使 K 值为“0”。

3）按“声速/抑制”键，再调节“+”或“-”键，使声速为5900m/s左右。

4）按“探头/通道”键，使探头挡调整为单探头挡。

2. 垂直线性的测定

仪器的垂直线性是指仪器示波屏上的波高与探头接收信号之间成正比的程度。

缺陷在工件中的大小是通过缺陷回波在示波屏上的幅度大小反映的，反射回波幅度按一定规律反映缺陷实际反射声压的大小，即为仪器的垂直线性状况，通常以垂直线性误差表示。垂直线性的好坏影响缺陷定量精度。

其测量方法如下：

把直探头放到 ϕ2～200mm 平底孔试块上，有 ϕ2mm 孔的一端朝下，如图3-13所示。

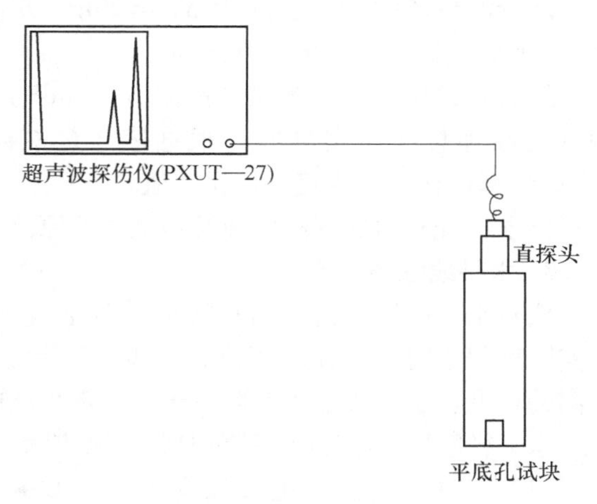

图3-13 测量垂直线性示意图

移动探头，找到 ϕ2mm 平底孔最大回波处（图3-14），固定探头。再按“波门”键，使仪器示波屏左上角显示“波位”字样；调节“+”或“-”移动波门，使波门框住 ϕ2mm 平底孔回波，这时右边方框中的“AM：××.×%”显示为平底孔回波幅度；再按“增益/补偿”键（这里增益有三个挡位，分别为0.1dB、2dB、6dB，可根据具体情况选用），示波屏左上角显示“增益”字样；按“+”或“-”键使平底孔回波高为“AM：100%”，把此时的波高读数100%（该增益读数即当作0dB时，理论波高值100%时的实测波高值）填到表3-6中；把“增益/补偿”键调到增益2dB挡位，按下“确认”键，再按“-”键，把每降低2dB“AM”的波高读数填到表3-6中；这样直至下降了30dB。把它们与理论值相比，取最大正偏差 Δ_+ 与最大负偏差绝对值 $|\Delta_-|$ 之和为垂直线性误差，即

$$\Delta=(\Delta_+ + |\Delta_-|) \tag{3-7}$$

表3-6 测量垂直线性误差

增益量	理论波高值(%)	实际波高值(%)	偏差(%)
0dB	100	100	
-2dB	79.4		
-4dB	63.1		
-6dB	50.1		
-8dB	39.8		
-10dB	31.6		
-12dB	25.1		
-14dB	20.0		
-16dB	15.8		

（续）

增益量	理论波高值(%)	实际波高值(%)	偏差(%)
-18dB	12.5		
-20dB	10.0		
-22dB	7.9		
-24dB	6.3		
-26dB	5.0		
-28dB	4.0		
-30dB	3.2		

理论波高值的计算公式为 $\Delta_{dB}=20\lg\ (H_{100}/H)$。式中 H_{100} 为以100%满刻度起始的基准波高。

最后以波高（%）为纵坐标，增益（dB）为横坐标，绘出垂直线性理想线与实测线（根据表3-6中数据），并根据式(3-7)计算探伤仪的垂直线性误差值。

要求：分析测试方法原理及测试误差原因。

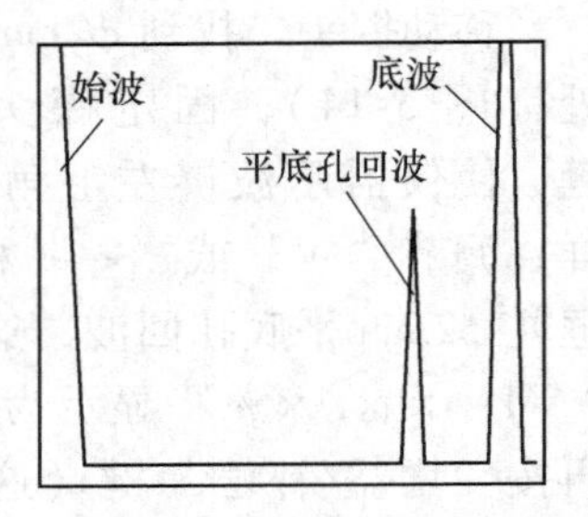

图3-14　平底孔回波示意图

3. 水平线性的测定

仪器水平线性是指仪器示波屏上时基线显示的水平刻度值与实际声程之间成正比的程度，或者说是示波屏上多次底波等距离的程度。水平线性主要取决于扫描锯齿波的线性。

水平线性的好坏常用水平线性误差来表示，常用的测试方法有五次底波法和六次底波法。

（1）五次底波法　把直探头耦合在CSK—ⅠA试块上厚度为25mm的平面上（放倒CSK—ⅠA试块，并应离边缘有一定距离），移动探头，使示波屏上出现至少五次无干扰底波（图3-15），在相同回波幅度（如“AM：80%”满刻度）情况下读数，然后用 B_1 和 B_5 来定标；使 B_1 对准水平刻度20mm，B_5 对准水平刻度100mm。操作如下：

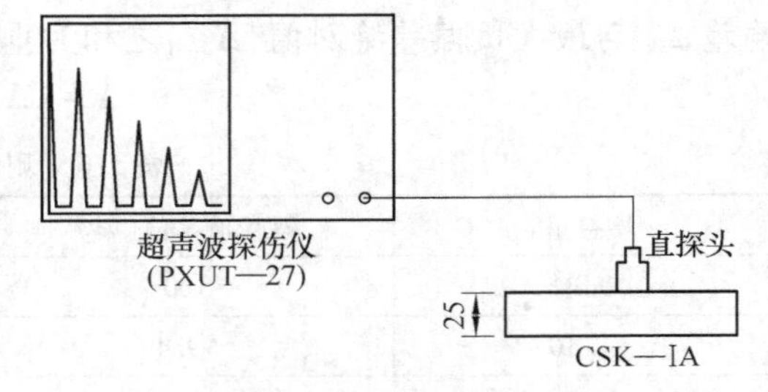

图3-15　测量水平线性示意图

仪器如图3-16放置。把波门调到 B_1 处，适当调增益，使波高为“AM：80%”；按“位移/始偏”键，再按“确认”键，示波屏左上角会出现“始波偏移”的字样，用来调整始波偏移；再按“+”或“-”使 B_1 的距离为“PS：20.0mm”。然后把波门调到 B_5 处，适当调增益，使波高为“AM：80%”，按“声速/抑制”键，示波屏左上角会出现“声速”的字样，再调节“+”或“-”使 B_5 的距离为“PS：100.0mm”。重复调始偏和声速的步骤，直至能使 B_1 的距离为“PS：20mm”、B_5 的距离为“PS：100mm”为止。然后移动“波门”，使之对应到 B_2、B_3、B_4 处，读出相应的PS值填入表3-7中。从表3-7中取最大偏差 Δ_{max}（mm）按下式计算水平线性误差。即

$$\Delta=\frac{|\Delta_{max}|}{0.8L}\times100\%$$

式中 L 为水平刻度线全长，通常为100mm，故$0.8L=80$mm。

表3-7 测量水平线性误差（五次底波法） （单位：mm）

底波次数	B_1	B_2	B_3	B_4	B_5
水平刻度标定值	20	40	60	80	100
实际读数	20				100
偏差	0				0

（2）六次底波法 采用五次底波法仅能测定$0.8L$范围的水平线性，而前面的$0.2L$范围则不能测定，因此现已要求采用六次底波法。

六次底波法（图3-17）与五次底波法步骤一样，不同之处在于六次底波法中的B_1的距离为"PS：20mm"，B_6的距离为"PS：120mm"，B_2、B_3、B_4、B_5分别对准40mm、60mm、80mm、100mm。同五次底波法一样，读出PS值记录到表3-8中。取最大偏差Δ_{max}(mm)按下式计算水平线性误差。即

$$\Delta=\frac{|\Delta_{max}|}{L}\times 100\%$$

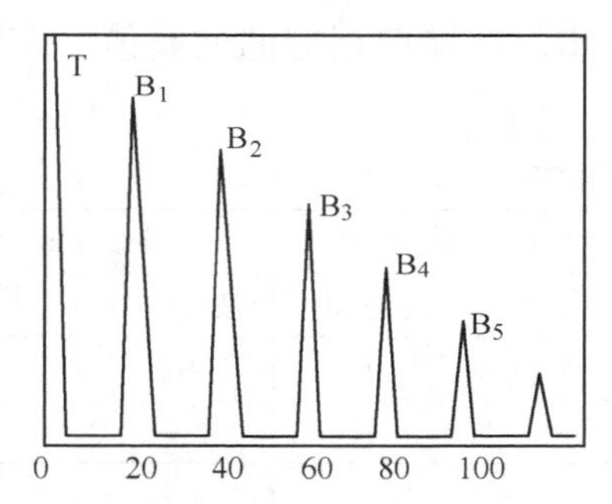

图3-16 水平线性波形示意图（五次底波法）

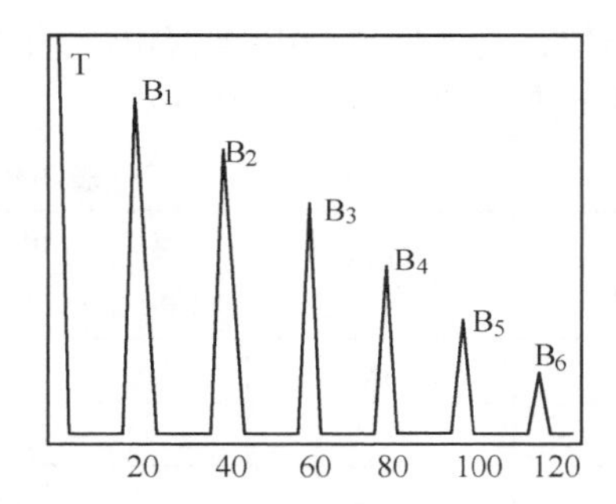

图3-17 六次底波法波形示意图

表3-8 测量水平线性误差（六次底波法） （单位：mm）

底波次数	B_1	B_2	B_3	B_4	B_5	B_6
水平刻度标定值	20	40	60	80	100	120
实际读数	20					120
偏差	0					0

要求：按表3-7和表3-8的结果分别计算水平线性误差并作比较，分析两种方法测定结果差异的原因。

4. 测定电噪声

仪器内部电子元件及电路上的固有噪声（电子噪声）的大小对超声检测时的信噪比有影响，并且其大小与仪器的工作频率和脉冲重复频率有关。

操作方法：将探伤仪的灵敏度调至最大（"增益"为100.00dB)，"始偏"为0，扫描范围最大（"声程"最大为400.0mm/D)，在不受外界干扰的条件下（探头应卸掉，周围无高频或强磁场干扰等)，读取"AM：×.×%"作为仪器的电噪声水平。

5. 测定动态范围

动态范围即指仪器的线性工作范围，实际应用中是指在水平基线上能识别最小反射波的

界限。为能尽可能利用示波屏上的波高值判断缺陷大小，要求放大器的线性区尽量大，即动态范围应尽量大。

操作方法：操作方法与垂直线性测定差不多。先找到 $\phi2\sim200$mm 平底孔最大回波，并使其幅度达到“AM：100%”，再调节“增益”，读取 $\phi2$mm 平底孔回波高度从“AM：100%”下降到刚能辨认的最小波高（一般取“AM：1%”）时增益的调节量（dB 差值），作为探伤仪在该探头给定工作频率下的动态范围。

要求：分析动态范围在实际超声检测中的影响。

6. 增益器精度的测定

增益器是超声检测时进行定量评价的关键工具，其示值准确度直接影响定量评价的精确度。

如图 3-13 所示，将直探头耦合在 $\phi2\sim200$mm 平底孔试块探测面上，找到 $\phi2$mm 平底孔最大回波后固定探头。用波门框住最大回波，按“增益/补偿”键，再按“+”或“-”键使波高读数为“AM：100%”，记下此时的增益读数（该增益读数即当作 0dB，理论波高值100%时的实测波高值），填入表 3-9 中；把“增益/补偿”键调到 0. 1dB 挡位，按下“确认”键，再按“-”键记录下 AM 后的波高值；这样每次降低 1dB，直至下降了 24dB，记录下每降低 1dB 时的波高值（AM 的值），填入表 3-9 中。同理把“增益/补偿”键调到 2dB 或 6dB 挡位，每次降低 2dB 或 6dB，直至下降了 24dB，同样把相应的波高值（AM 的值）数据记录下来，填入表 3-9 中。

表 3-9 测定增益器精度

降低dB 值	理论波高值(%)	每降低 1dB 的读数		每降低 2dB 的读数		每降低 6dB 的读数	
		波高(%)	误差/dB	波高(%)	误差/dB	波高(%)	误差/dB
0	100	100	0	100	0	100	0
-1	89. 1			—	—	—	—
-2	79. 4					—	—
-3	70. 8			—	—	—	—
-4	63. 1					—	—
-5	56. 2			—	—	—	—
-6	50. 1						
-7	44. 7			—	—	—	—
-8	39. 8					—	—
-9	35. 5			—	—	—	—
-10	31. 6					—	—
-11	28. 2			—	—	—	—
-12	25. 1						
-13	22. 4			—	—	—	—
-14	20. 0					—	—
-15	17. 8			—	—	—	—
-16	15. 8					—	—
-17	14. 1			—	—	—	—

（续）

降低 dB值	理论波 高值(%)	每降低1dB的读数		每降低2dB的读数		每降低6dB的读数	
		波高(%)	误差/dB	波高(%)	误差/dB	波高(%)	误差/dB
-18	12.6						
-19	11.2			—	—	—	—
-20	10.0					—	—
-21	8.9			—	—	—	—
-22	7.9					—	—
-23	7.1			—	—	—	—
-24	6.3						

【实验数据分析与处理】

1）被测波高对理论波高相差dB值的计算公式为$\Delta_{dB}=20\lg(H_{测}/H_{理})$。

2）增益器精度表示方法。

① 以1dB表示。每次降低1dB时，将1～24dB各次测定的误差绝对值相加除以24，得到平均每1dB的误差值（以“±”形式表示）。

② 以2dB表示。把“增益/补偿”键调到2dB挡，每次降低2dB时，将2～24dB中测定的误差绝对值相加除以12，得到平均每2dB的误差值（以“±”形式表示）。

③ 以6dB表示。把“增益/补偿”键调到6dB挡，每次降低6dB时，将6～24dB中测定的误差绝对值相加除以4，得到平均每6dB的误差值（以“±”形式表示）。

3）分析上述三种表示方法确定的误差值差异及所采用测试方法的原理。

【实验报告要求】

实验项目及结果分析：

1. 垂直线性的测定

1）画出表3-6和测定垂直线性所要求的坐标图。

2）垂直线性误差结果。

3）分析。

2. 水平线性的测定

1）画出表3-7和表3-8。

2）水平线性误差结果（五次底波法与六次底波法两个结果）。

3）分析。

3. 电噪声测试结果

4. 动态范围测试

1）测试结果。

2）分析。

5. 增益器精度测定

1）画出表3-9。

2）分析以1dB、2dB和6dB表示的结果。

3）分析。

【实验思考题】

1. 垂直线性误差为什么越低误差越大？

2. 用五次底波法和六次底波法测量，哪个结果的水平线性误差大？

3.5 超声波探伤仪与直探头综合性能测定

超声波探伤仪与直探头的综合性能是指探伤灵敏度余量、分辨力、始波占宽和声束扩散角等。这些性能会影响检测数据的准确程度，因此，应定期对超声波探伤仪与直探头的综合性能进行检测和校验，以确保检测效果准确。

【实验目的】

掌握现场测试直探头性能参数的基本方法，包括探伤灵敏度余量、分辨力、始波占宽和声束扩散角。

【实验设备与器材】

1）超声波探伤仪（PXUT—27）。

2）直探头。

3）$\phi2\sim200$mm 平底孔试块。

4）CSK—ⅠA 试块。

5）钢制横孔试块。

【实验方法与步骤】

1. 测定探伤灵敏度余量

探伤仪的最大探测灵敏度，或者说可探测到的最小缺陷，以在一定距离和一定尺寸的人工反射体上的灵敏度余量表示，称为探伤灵敏度余量，以 dB 表示。

操作方法：使用 $\phi2\sim200$mm 平底孔试块，如垂直线性测定所示放置探头，找到 $\phi2$mm 平底孔最大回波，固定探头；按“增益/补偿”键，再调整“+”或“-”键，使 $\phi2$mm 平底孔最大回波达到“AM：50%”满刻度，此时“增益”读数为 S_1，则探伤灵敏度余量为

$$S=S_1$$

注：100 为增益器最大读数。

2. 测定分辨力

超声波在传递声路上对两个相邻缺陷反射并能在示波屏上分辨出来的能力以分辨力指标衡量，即以一定间隔的相邻反射体其回波分隔程度，以 dB 表示。

操作方法：把被测直探头如图 3-18 所示耦合在 CSK—ⅠA 试块上，左右移动探头，找到声程 85mm 和 91mm（相隔 6mm）的两个反射面同时为最大回波时固定探头，调节增益，使它们高度相同并达到“AM：30%”或“AM：40%”满刻度（图 3-19）；以此为基准波高，按“增益”键，再按“+”键，使这两个回波间的波谷上升到原波峰所在的基准波高

（图3-20），所需的dB值即为此直探头的X分辨力，它表示对深度方向上的相距6mm两个反射体的分辨能力。

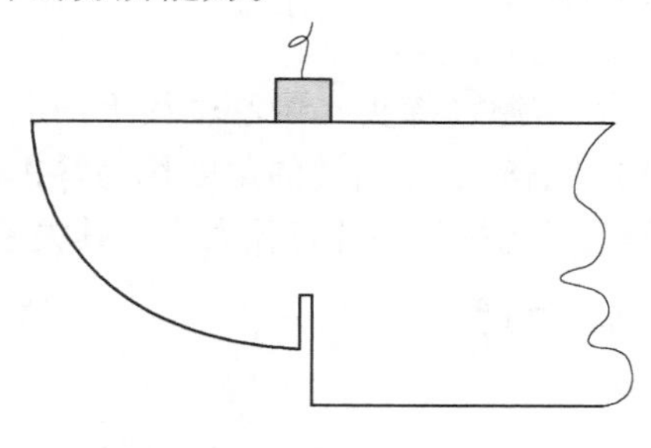

图3-18　分辨力测定仪器放置示意图

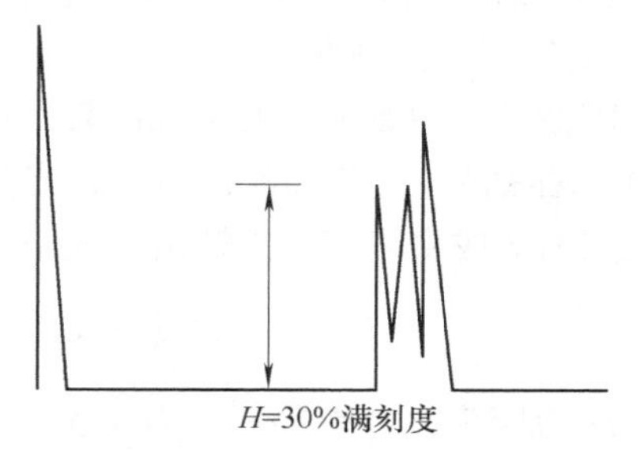

图3-19　分辨力波高示意图（波峰）

用同样方法以dB值表示对深度方向上的相距9mm两个反射体（91mm和100mm两个反射面）的分辨能力，称为Y分辨力。

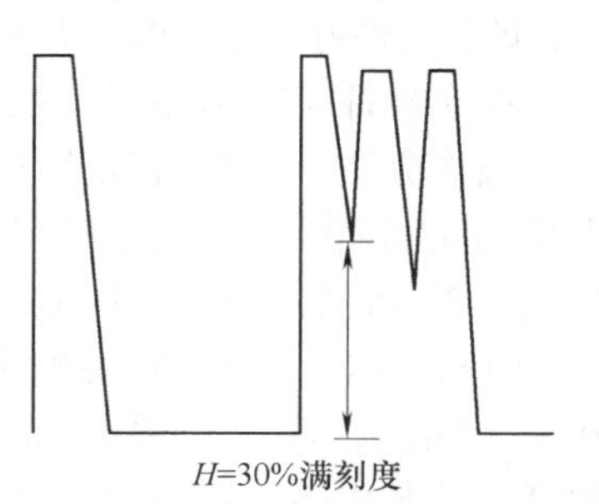

图3-20　分辨力波高示意图（波谷）

3. 测定始波占宽

将直探头如图3-21所示放置在CSK—ⅠA试块厚度为100mm平面上；按"位移/始偏"键，再按"确认"键，示波屏左上角会出现"始波偏移"的字样，然后通过"+"或"-"键调整始波偏移，使第一次底波B_1（"AM：50%"满刻度）对准"PS：100mm"；按"声速"键，示波屏左上角会出现"声速"的字样，通过"+"或"-"键调整声速，使第二次底波B_2（"AM：50%"满刻度）对准"PS：200mm"（即纵波1∶1定标），然后将直探头移到ϕ2～200mm试块上（如测定探伤灵敏度余量），左右移动探头找到ϕ2mm平底孔最大回波；调节"增益"，使其高度达到"AM：50%"满刻度，固定探头；再增加"增益"40dB，调波门门高为20%，并调波门门位，使波门前沿刚刚靠住始波后沿，再读取从水平刻度零点至始波后沿与垂直刻度20%线交点的水平距离W（mm），即波门门位读数。该读数即为直探头在此条件下的负载始波占宽（图3-22）。

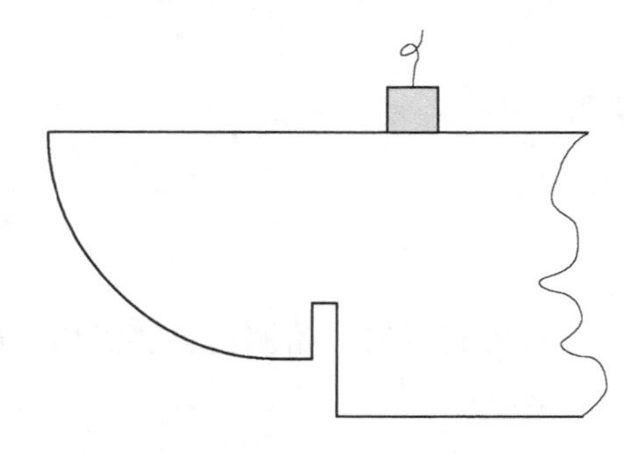

图3-21　始波占宽测定仪器放置示意图

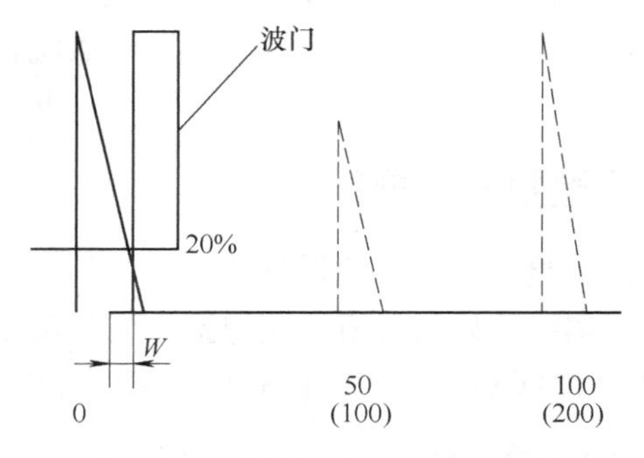

图3-22　测始波占宽波形示意图

测完负载始波占宽后，将探头拿起，擦净探头表面的油迹，置于空中，调波门门高为20%，并调波门门位，使波门前沿刚刚靠住始波后沿，再读取从水平刻度零点至始波后沿与垂直刻度20%线交点的水平距离W（mm），即波门门位读数。该读数即为直探头在此条件下的空载始波占宽。

注：空载与负载始波占宽在数值上不同，试分析其原理。

4. 测定声束扩散角

超声波从声源始成一波束，以某一角度扩散出去。在声源（探头）中心轴线上声压最大，偏离中心轴线的位置声压逐渐减小，当边缘声压为零时，偏离中心轴线的角度称为零扩散角，在此范围内形成主声束。扩散角的大小取决于超声波的波长与探头晶片直径大小，其关系为

$$\theta_0 = \arcsin 1.22\frac{\lambda}{D} \quad 或 \quad \theta_0 = 70\frac{\lambda}{D}$$

式中，D 为探头晶片直径；λ 为波长。

扩散角的大小在实际超声检测中影响很大，一般情况下希望扩散角要小，以获得狭窄的声束，即指向性好。这样可以提高对缺陷的分辨能力和便于准确判定缺陷在探测面上的投影位置。

在实际评定扩散角时一般多采用6dB法。

操作方法：选用直径为1mm或2mm的长横孔作为反射体，横孔到探测面距离应大于等于两倍探头近场长度的试块。将探头如图3-23所示耦合在试块上。事先在探头上标记参考方向（X、Y方向），先以Y向与孔轴线平行沿X向左右移动探头，找到横孔最大回波，调整“增益”，使孔回波高度为“AM：50%”满刻度；此时提高增益6dB，然后沿X向移动探头至孔回波高度重新下降到“AM：50%”满刻度时，探头中心到孔轴心的水平距离为ΔX_{6dB}。令孔中心到探测面距离为L，则X向扩散角为

$$\frac{\Delta X_{6dB}}{L} = \tan\theta_{6dB}$$

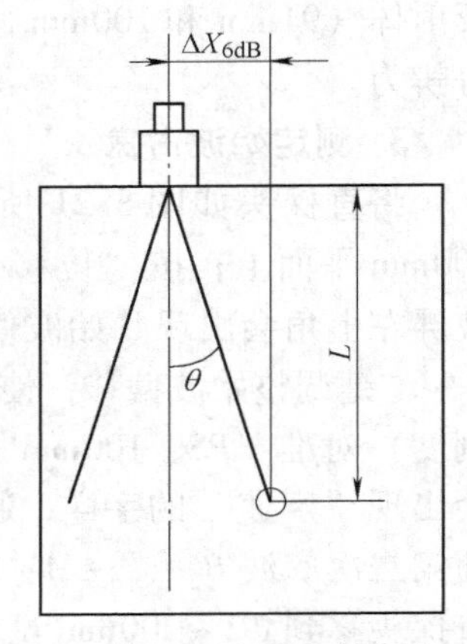

图3-23　测定声束扩散角原理图

将探头转动90°，再以X向与孔轴线平行沿Y向左右移动探头，找到横孔最大回波，调整“增益”，使孔回波高度为“AM：50%”满刻度时，提高增益6dB，然后沿Y向移动探头至孔回波高度重新下降到“AM：50%”满刻度时，探头中心到孔轴心的水平距离为ΔY_{6dB}。令孔中心到探测面距离为L，则Y向扩散角为

$$\frac{\Delta Y_{6dB}}{L} = \tan\theta_{6dB}$$

【实验报告要求】

1）实验名称与实验设备。

2）实验结果与分析，应包括探伤灵敏度余量；分辨力实测值；始波占宽实测值，两种始波占宽的区别和原因；扩散角实测值等内容。

【实验思考题】

1. X分辨力、Y分辨力有何不同？
2. 分析两种始波占宽的区别及原因。
3. X向、Y向扩散角有何不同？

3.6　超声波探伤仪与斜探头综合性能测定

超声波探伤仪与斜探头的综合性能包括斜探头的自身性能（斜探头前沿、K 值）和综合性能（探伤相对灵敏度余量、分辨力、始波占宽、声束扩散角和距离-波幅特性等）。这些性能将会影响检测数据的准确程度，因此，应定期对超声波探伤仪与斜探头的综合性能进行测试和校验，以确保检测效果。

【实验目的】

掌握现场测试斜探头性能参数的基本方法，包括探头前沿、K 值、相对灵敏度余量、分辨力、始波占宽、声束扩散角、距离-波幅特性。

【实验设备与器材】

超声波探伤仪（PXUT—27 型），斜探头（K 值为 2），CSK—ⅠA 试块，CSK—ⅢA 试块。

【实验方法与步骤】

首先把 PXUT—27 型超声波探伤仪的各参数调整到适当的挡位上。其中，“探头/通道”挡为单探头挡；“K 值/折射角”挡为“2.00K”；“声速/抑制”挡为声速 3240m/s，抑制为 0%；“声程/标度”挡为 25.00mm/D，标度为距离挡。

1. 测定探头前沿

将斜探头如图 3-24 所示放置，对准 CSK—ⅠA 试块的 $R100$ 曲面，找到最大回波时固定探头，用钢直尺量出试块边缘到探头前端的距离 X，则探头前沿长度 L（mm）为

$$L = 100 - X$$

X 测三次以上，取平均值。

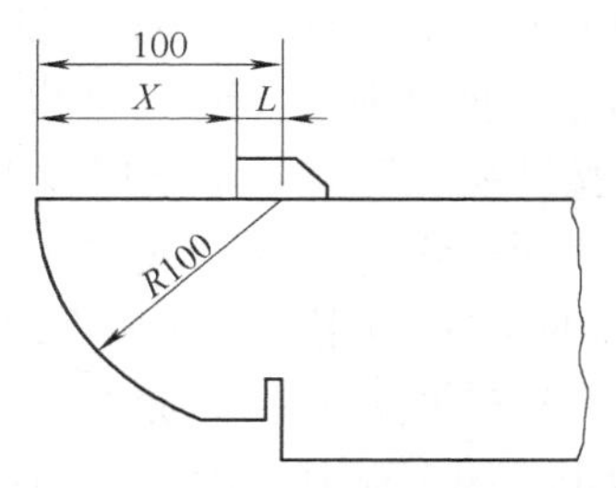

图 3-24　测定探头前沿仪器放置示意图

2. 测定斜探头 K 值

如图 3-25 所示，将斜探头放置在 CSK—ⅠA 试块上。

（1）当探头上标称 $K \leqslant 1.5$ 时　探头如图 3-25a 所示放置，观察 ϕ50mm 有机玻璃孔的回波，前后移动探头直至找到最大回波时固定探头，再用钢直尺量出试块边缘到探头前端的距离 X_A，则 $K_A = (X_A + L - 35)/70$。

（2）当探头上标称 $1.5 < K \leqslant 2.5$ 时　探头如图 3-25b 所示放置，观察 ϕ50mm 有机玻璃孔的回波，前后移动探头直至找到最大回波时固定探头，再用钢直尺量出试块边缘到探头前端的距离 X_B，则 $K_B = (X_B + L - 35)/30$。

（3）当探头上标称 $K > 2.5$ 时　探头如图 3-25c 所示放置，观察 ϕ1.5mm 有机玻璃孔的回波，前后移动探头直至找到最大回波时固定探头，再用钢直尺量出试块边缘到探头前端的距离 X_C，则 $K_C = (X_C + L - 35)/15$。

注：每次测量 X 时，需测三次以上，取平均值。

3. 测定相对灵敏度余量

将斜探头如图 3-24 所示放置，对准 CSK—ⅠA 试块的 $R100$ 曲面，前后移动探头，找到

$R100$ 最大回波时固定探头，按“增益/补偿”键，再调整“+”或“-”键，使 $R100$ 回波幅度为“AM：50%”满刻度（此时“抑制”应为0），此时“增益”的读数为 S_0。斜探头的相对灵敏度余量为 $S=100-S_0$。

4. 测定分辨力

在 CSK—ⅠA 试块上，如图 3-26 所示放置斜探头。然后适当左右、前后移动探头，使 ϕ50mm 和 ϕ44mm 两个有机玻璃圆柱面的两个反射回波高度达到等高，再通过调整“增益”按键，使这两个等高的反射回波高度达到“AM：40%”满刻度（图 3-27），记下此时的“增益”读数 S_1；然后调节“增益”，使这两个等高的反射回波的波谷上升到“AM：40%”满刻度（图 3-28），记下此时的“增益”读数 S_2，即测出斜探头对声程差 3mm 的两个反射体的分辨力 $S=S_2-S_1$(dB)；同理可测对 ϕ44mm 和 ϕ40mm 两个反射体（声程差 2mm）的分辨力。

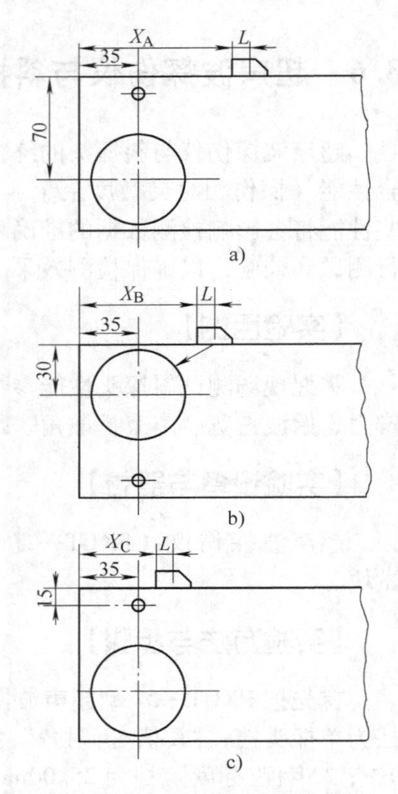

图 3-25　测定斜探头 K 值示意图

a）$K\leqslant1.5$　b）$1.5<K\leqslant2.5$　c）$K>2.5$

5. 测定始波占宽

将斜探头如图 3-24 所示放置，对准 CSK—ⅠA 试块的 $R50$ 和 $R100$ 两个曲面，前后移动探头，找到 $R100$ 最大回波时（同时能看到 $R50$ 的回波），固定探头，用波门框住回波并调节“增益/补偿”键，使 $R100$ 回波幅度为 50% 满刻度；再增加“增益”40dB，然后按“位移/始偏”键，再按“确认”键，示波屏左上角会出现“始波偏移”的字样，通过调整“+”或“-”键使 $R50$ 的回波对准“PS：50.0mm”；再用波门框住 $R100$ 的回波，按“声速”键，示波屏左上角会出现“声速”的字样，通过调整“+”或“-”键使 $R100$ 的回波对准“PS：100.0mm”，多次反复，直至调准为止（即声程 1:1 定标）。最后调波门门高，使波门下沿到垂直刻度 20%；并调波门门位，使波门前沿刚刚靠住始波后沿（图 3-29），读取从水平刻度零点至始波后沿与垂直刻度 20% 线交点的水平距离 W（mm），即波门门位读数。此读数为该斜探头在此条件下的负载始波占宽。

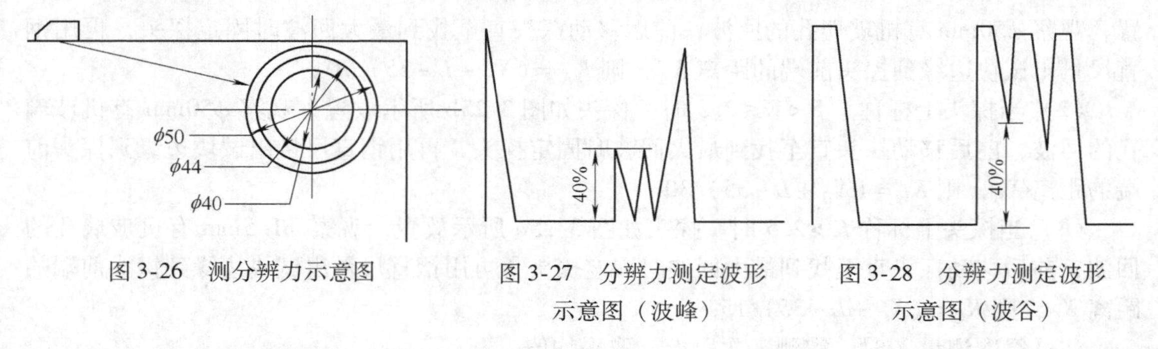

图 3-26　测分辨力示意图　　图 3-27　分辨力测定波形示意图（波峰）　　图 3-28　分辨力测定波形示意图（波谷）

然后把探头提起置于空中，擦净探头表面的油层，通过“波门”的起始位置，可读出从面板零点至始波后沿与垂直刻度 20% 线交点对应的水平距离 W_0（mm），即波门门位读数。此读数为该斜探头的空载始波占宽。

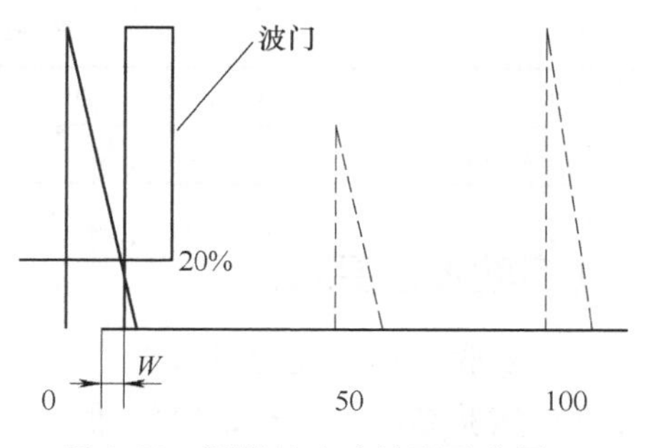

图3-29 测始波占宽波形示意图

6. 测量声束纵截面前后扩散角

声束从晶片发射时，倾斜晶片两端，使声线入射角不同。造成折射声束的前后扩散角不同，使折射声束有上抬倾向。

如图3-30所示，将斜探头耦合在CSK—ⅠA上，并对准试块的ϕ50mm孔。前后移动探头找到最大回波时，用钢直尺量出探头前沿到试块边缘的水平距离X_0，则声轴线折射角为

$$\beta_0 = \arctan[(X_0 + L - 35)/30]$$

然后在此点向前移动探头，至回波下降6dB时固定探头，用同样方法得出扩散声束后缘折射角β_1，则该斜探头声束纵截面后扩散角为$\beta_0 - \beta_1$；把探头后移，用同样方法测出前扩散角为$\beta_2 - \beta_0$。

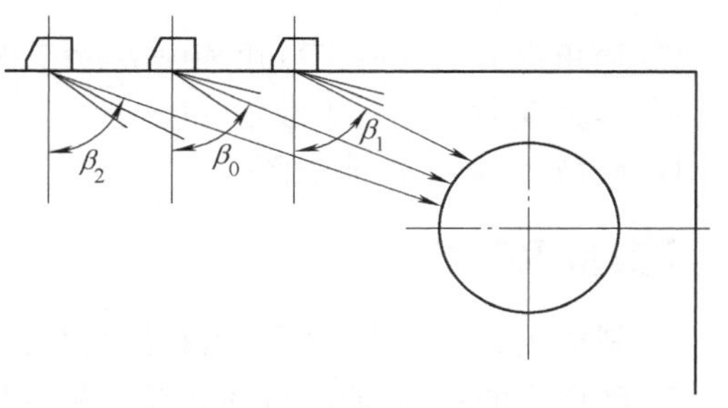

图3-30 测量声束纵截面前后扩散角示意图

7. 测量声束横截面扩散角

将斜探头耦合在CSK—ⅠA试块厚度为25mm的平面上对准试块的ϕ1.5mm横通孔（此时呈竖孔状），如图3-31所示。

首先在平面上移动探头，找到竖孔回波最大幅度时固定探头，则孔中心到探头入射点（由探头前沿确定）的距离$X_0 = 25K_{实}$，然后向左右平移探头，至回波幅度下降6dB时固定探头，用钢直尺分别量出移动距离W_+和W_-，则左右扩散角分别为

$$\theta_+ = \arctan(W_+/X_0)$$
$$\theta_- = \arctan(W_-/X_0)$$

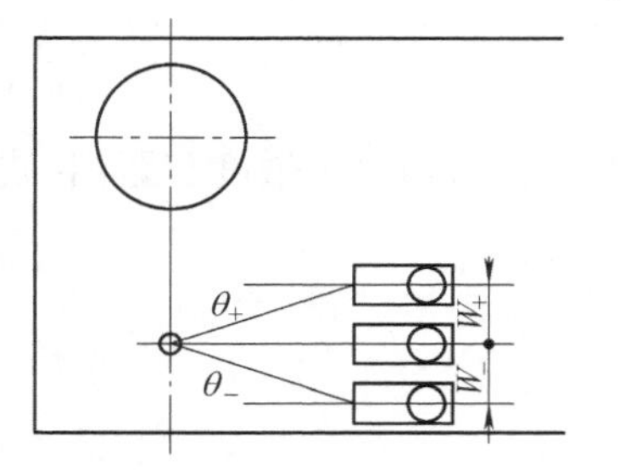

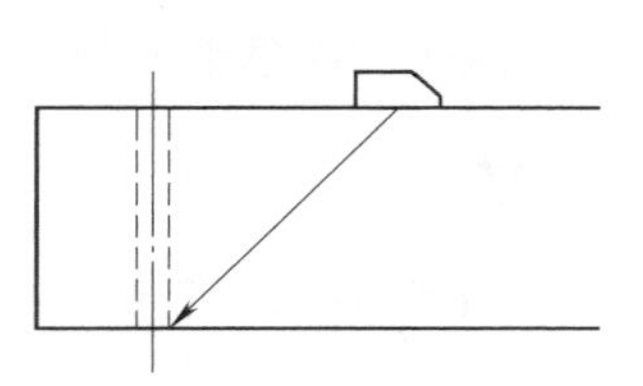
图3-31 测量声束横截面扩散角示意图

8. 测量距离-波幅特性

在CSK—ⅢA试块上，以埋藏深度10mm、20mm、30mm、40mm、50mm、60mm、70mm为一组反射体，把斜探头耦合在试块上，对准埋深为70mm的ϕ1mm×6mm反射体，左右移动，找到最大回波时固定探头，按“增益/补偿”键，再调整“+”或“-”键使回波高度为“AM：40%”（基准波高），将此时的dB值记录到表3-10中。用同样的方法可测得埋深为10mm、20mm、30mm、40mm、50mm、60mm的ϕ1mm×6mm各反射体回波对基准波高的dB值，然后以回波高度dB值为纵坐标，反射体埋藏深度为横坐标，绘出距离-波幅特性曲线。

表 3-10 测量距离-波幅特性

埋深/mm	10	20	30	40	50	60	70
波高/dB							

【实验报告要求】

1）实验名称与实验设备。

2）实验结果与分析，应包括：

① 探头前沿。

② *K* 值。

③ 分辨力。

④ 始波占宽。

⑤ 声束纵截面前后扩散角和由实验结果得出横波声场特点的描述。

⑥ 声束横截面左右扩散角。

⑦ 距离-波幅特性曲线图。

【实验思考题】

1. 斜探头的声束纵截面前后扩散角为何不同？

2. 斜探头的距离-波幅特性曲线实测值与理论值是否相同？为什么？

3.7 组合双晶直探头性能参数测定

双晶直探头因灵敏度高、盲区小和在工件中的近场区长度小等特点，主要用于检测近表面和已知缺陷的定点测量。

【实验目的】

掌握现场测试双晶探头性能参数的基本方法，如相对灵敏度和距离-波幅特性等。

【实验设备与器材】

1）超声波探伤仪（PXUT—27 型）。

2）双晶探头。

3）阶梯试块。

【实验方法与步骤】

1. 测定距离-波幅特性

检查超声波探伤仪（PXUT—27 型）的各参数是否在合适的挡位上。按“探头/通道”键，然后调整“+”或“-”键设置为双探头状态。

1）将双晶探头耦合在阶梯试块上（图 3-32），然后从厚度最大（$T=25$mm）处开始，找到其大平底最大回波幅度位置，按“增益”键，再调整“+”或“-”键，使其大平底

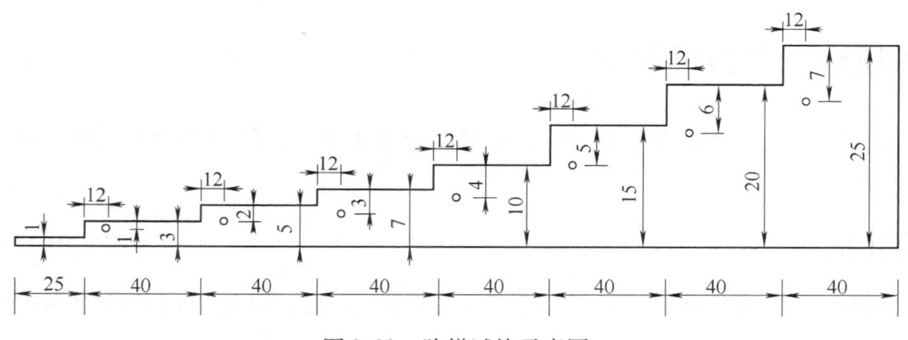

图 3-32 阶梯试块示意图

最大回波幅度达到“AM：50%”满刻度基准波高，将此时的“增益”读数填入表 3-11 中；然后顺序测定其他不同厚度处的大平底回波高度达到“AM：50%”满刻度基准波高时的“增益”读数。再以纵坐标为回波幅度（dB），横坐标为大平底厚度（mm），作出距离-波幅特性曲线。

2）将双晶探头耦合在阶梯试块上，从 ϕ1mm 横孔埋深最大（h =7mm）处开始，先找到埋深最大（h =7mm）ϕ1mm 横孔的最大回波处；再调整“增益”，使其 ϕ1mm 横孔最大回波幅度达到“AM：50%”满刻度基准波高，将此时的“增益”读数填入表 3-12 中；然后顺序测定其他不同埋深 ϕ1mm 横孔回波高度达到“AM：50%”满刻度基准波高时的“增益”读数，并填入表 3-12 中。根据表 3-12 中的数据，以纵坐标为回波幅度（dB），横坐标为横孔埋深（mm），作出距离-波幅特性曲线。

表 3-11 距离-波幅特性（大平底）

大平底厚度/mm	1	3	5	7	10	15	20	25
增益读数/dB								

表 3-12 距离-波幅特性（短横孔）

短横孔埋深/mm	1	2	3	4	5	6	7
增益读数/dB							

2. 测定相对灵敏度

选择焦点距离为阶梯试块上的测试厚度，移动探头，使双晶探头在试块上获得最大底面回波；然后调节“增益”键，使底面回波高度为“AM：50%”满刻度基准波高，记下此时的“增益”读数 S_1(dB)，则该双晶探头的相对灵敏度为 $S = S_1$(dB)。

【实验报告要求】

1）实验名称和实验设备。

2）实验结果和分析。

① 作出实测距离-波幅曲线。

② 测定相对灵敏度。

【实验思考题】

双晶直探头的焦距与距离-波幅曲线有何联系？为什么？

3.8 材质衰减系数的测定

不同材料的材质衰减系数是不同的，通过区分试块和工件的材质衰减系数，可以对检测数据进行修正。

【实验目的】

掌握材料综合衰减系数（视在衰减系数）的测定方法，以便于在实际检测中对缺陷进行正确定量评定。

【实验设备与器材】

1）超声波探伤仪（PXUT—27 型）。

2）直探头。

3）有平行表面的工件试样。

【实验方法与步骤】

1）计算直探头近场长度为 $N = D^2/4\lambda$。

2）将直探头耦合在试样平面上，使示波屏上出现第一次底波；按“波门”键，通过调波门位使波门框住第一次底波；按“增益”键，通过调“+”或“-”键使第一次底波高度为“AM：80%”满刻度，记录下此时的 dB 值为 B_1。

3）重复步骤 2），同样使第二次底波高度达到“AM：80%”满刻度，记录下此时的 dB 值为 B_2。第一次和第二次底波高度相差的 dB 值 $= B_2 - B_1$。

4）根据工件表面粗糙度确定往返损失 dB 值。一般锻件取 1 ~2dB/次（本实验取 2dB）。

最后根据下述不同情况计算在该测试条件下的衰减系数：

ⓐ 当工件厚度≤1.6N 时，$\alpha = [(B_2 - B_1) - \text{往返损失}]/2T$。

ⓑ 当工件厚度 >1.6N 时，$\alpha = [(B_2 - B_1) - 6 - \text{往返损失}]/2T$。

式中，α 为单声程衰减系数，即用“$2T$”表示超声波在工件内的往返路程时，超声波实际传播 1mm 时声能损失的 dB 值。

在实际检测中常采用双声程衰减系数，此时分母直接为“T”，即表示工件实际厚度为 1mm 时声能损失的 dB 值。

【实验思考题】

测定工件的衰减系数时，为什么工件厚度以 1.6N 为分界点?

3.9 不同表面粗糙度探测面透入声能损失值的测定

被检工件的表面粗糙度会直接影响超声波的声能入射。表面损失补偿值的测定能解决因表面粗糙度的不同造成的入射声能的损失，从而保证检测结果的准确性。

【实验目的】

了解不同表面粗糙度的探测面对透入声能的影响，并掌握表面补偿值的测定方法。

【实验设备与器材】

1）超声波探伤仪（PXUT—27 型）。
2）直探头。
3）斜探头（相同型号的）。
4）平底孔试块（$T=45$mm）。
5）锻件工件（$T=45$mm）。
6）CSK—ⅢA 试块。
7）厚度为 30mm 的钢板对接焊缝试样。

【实验方法与步骤】

检测超声波探伤仪（PXUT—27 型）的各参数是否在合适的挡位上。例如“探头/通道”挡是否在单探头挡，“K 值/折射角”挡是否为 0（或其他值），“声速/抑制”挡是否为声速 5900m/s（或为 3240mm/s，或其他值）、抑制为 0%，“声程/标度”挡是否是声程合适（25. 00mm/D 等或其他值）、标度为距离挡（或其他挡）等。

1. 平面锻件表面补偿值的测定

先将直探头耦合在平底孔试块（$T=45$mm）上，移动探头，找到底波最大回波固定探头，按“增益”键，通过调整“+”或“-”键使第一次底波回波高度达到“AM：50%”满刻度，记下此时“增益”的读数 S_1。

再把直探头移到锻件工件（$T=45$mm）上，移动探头，找到底波最大回波固定探头，按“增益”键，通过调整“+”或“-”键使第一次底波回波高度达到“AM：50%”满刻度，记下此时“增益”的读数 S_2（在锻件上应多找几个点，记下读数 S_2，再取 S_2 的平均值）。表面补偿即为 $S=S_2-S_1$。

2. 平面焊件表面补偿值的测定

把探伤仪置双探头工作状态，将同一个型号的两个斜探头放置在 CSK—ⅢA 试块厚度为 30mm 平面上，如图 3-33 所示。

两探头相距一个跨度并处在同一直线上时的穿透波幅最高。调整增益使穿透波幅度为“AM：50%”满刻度，记下此时“增益”的读数 S_1。

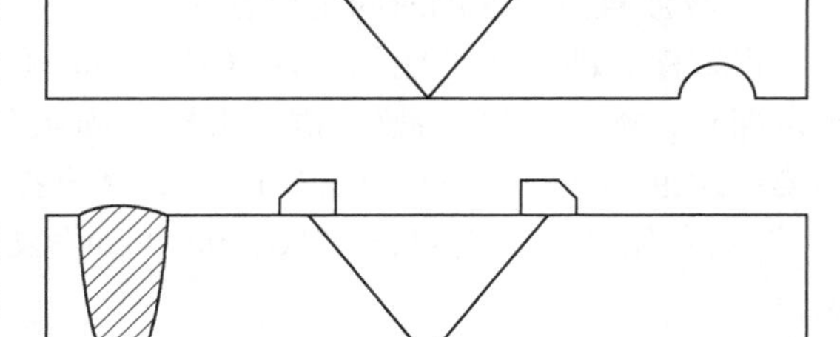

图 3-33　测定平面焊件表面补偿值的示意图

然后将探头移放到厚度同为 30mm 的粗糙表面钢板对接焊缝试样上，以相同条件和方法找到最大穿透波后，调整增益使次最大穿透波高也达到“AM：50%”满刻度，记下此时“增益”的读数 S_2，表面补偿值即为 $S=S_2-S_1$。

【实验报告要求】

实验报告应包括下述内容：

1）实验名称和实验设备。

2）实验结果和分析。

① 根据纵波直探头测试结果，分析不同频率时表面声能损失不同的原因。

② 根据横波斜探头测试结果，考虑采用 K 值不同的斜探头测试时会不会由差别？原因是什么？

【实验思考题】

1. 根据纵波直探头测试结果，分析不同频率时表面声能损失不同的原因。

2. 根据横波斜探头测试结果，分析采用 K 值不同的斜探头测试时结果的异同。原因是什么？

3.10 超声检测时的水平扫描线调整

超声检测时的定标是为了确定缺陷的准确位置，不同的定标方法可以方便检测。

【实验目的】

掌握超声检测作业时校正水平扫描线（定标）的方法，包括纵波直探头和横波斜探头的定标方法。

【实验设备与器材】

1）超声波探伤仪（PXUT—27 型）。

2）直探头。

3）斜探头。

4）平底孔试块。

5）CSK—ⅠA 试块。

【实验方法与步骤】

1. 纵波直探头检测时的定标方法

将直探头耦合在平底孔试块（$T=45$mm）无伤波处，移动探头，找到底波最大回波，固定探头；按“位移/始偏”键，再按“确认”键，调始偏，通过调整“+”或“−”键使第一次底波对准“PS：45.0mm”处；再按“声速”键，调声速，通过调整“+”或“−”键使第二次底波对准“PS：90.0mm”处。重复上述步骤，直至调准，即完成1：1定标。

2. 横波斜探头检测时的定标方法

（1）声程定标　将斜探头如图 3-34 所示放置，对准 CSK—ⅠA 试块的 $R50$ 和 $R100$

两个曲面。前后移动探头，找到 $R50$ 的最大回波，固定探头；按“位移/始偏”键，再按“确认”键，调始偏，通过调整“+”或“-”键使 $R50$ 的最大回波对准“PS：50.0mm”；再移动探头，找到 $R100$ 的最大回波，固定探头；按“声速/抑制”键，调声速，通过调整“+”或“-”键使 $R100$ 的最大回波对准“PS：100.0mm”。多次反复，直至调准，即完成声程 1:1 定标。此时的面板水平刻度的零点就代表超声波开始进入工件的时间。

（2）深度定标　方法同声程定标，利用声程和深度的关系，根据斜探头的 K 值算出 $R50$ 和 $R100$ 分别对应的深度位置，并在面板水平刻度“PS：××.×mm”上显示出来，即完成深度 1:1 定标。

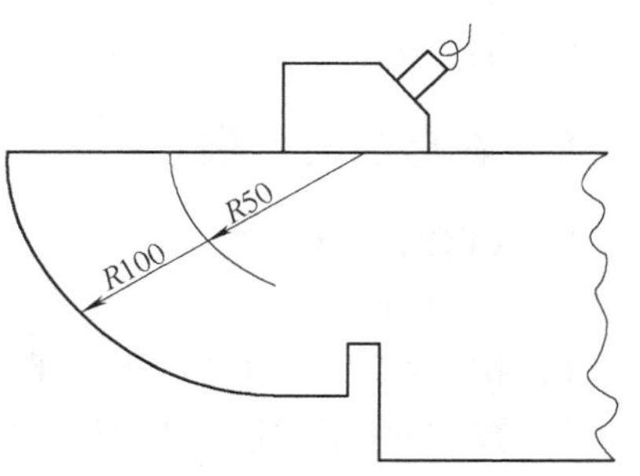

图 3-34　斜探头声程定标示意图

例如使用 $K2$ 斜探头，则应把 $R50$ 和 $R100$ 的最大回波分别对准“PS：22.4mm”和“PS：44.7mm”。这时的“PS”就代表了深度坐标，并且只代表深度坐标。

另外一种方法是在声程 1:1 定标的基础上，按“声程”键，再反复按“确认”键，调整到“Y”深度标度，即完成了深度 1:1 定标。这时的“PS”只代表声程坐标，“PY”才代表深度坐标。

（3）水平定标　方法同声程定标，利用声程和水平的关系，根据斜探头的 K 值，算出 $R50$ 和 $R100$ 分别对应的水平位置，并在面板水平刻度“PS：××.×mm”上显示出来，即完成水平 1:1 定标。例如使用 $K2$ 斜探头，应把 $R50$ 和 $R100$ 的最大回波分别对准“PS：44.7mm”和“PS：89.4mm”。这时的“PS”就代表水平坐标。

另外一种方法是在声程 1:1 定标的基础上，按“声程”键，再反复按“确认”键，调整到“X”水平标度，即完成了水平 1:1 定标。这时的“PS”只代表声程坐标，“PX”才代表水平坐标。

【实验报告要求】

1）要求写出斜探头三种定标方法（声程定标、深度定标、水平定标）的操作程序。

2）分析定标操作在实际超声检测中的作用以及定标用试块与被检工件之间存在的关系和要求。

3.11　超声纵波检测操作

超声纵波检测是一种相对简单的直探头探伤过程，可以较直观地对工件钢板进行检测。

【实验目的】

掌握超声纵波检测操作的技能，包括对比试块法和采用底波方式法的纵波检测操作的技能。

【实验设备与器材】

1）超声波探伤仪（PXUT—27 型数字机）。

2）直探头（2. 5P20Z 等）。

3）$\phi5 \sim 30$mm 平底孔试块（$T=45$mm）。

4）钢板（$T=45$mm）。

5）耦合剂。

【实验方法与步骤】

1. 采用对比试块法

（1）仪器调整

1）按“探头”键，设置为单探头方式。

2）按“声速”键，调声速为 5900mm/s 左右。

3）按“声程”键，再反复按“确认”键，直至标度设为声程标度（S）。

4）按“声程”键，再按“+”或“-”键，将声程调到合适的范围（即示波屏上的标度范围大于 $2T$ 为最佳）。

5）按“K 值/折射角”键，再按“+”或“-”键，将 K 值调为 0. 00。

（2）定标　所用试块为 $\phi5 \sim 30$mm 平底孔试块（$T=45$mm）。按第 3. 10 节中直探头的定标方法进行声程 1:1 定标。定标以后，“始波偏移”和“声速”就不能再调动。

（3）测表面补偿　按第 3. 9 节中的方法测表面声能损失补偿 dB 值，假设钢板表面补偿值为 ΔdB。

（4）测起始灵敏度　将直探头耦合在 $\phi5 \sim 30$mm 平底孔试块（$T=45$mm）上，移动探头，找到 $\phi5$ 平底孔（$H=30$mm）最大回波，调节“增益”，使 $\phi5$mm 平底孔最大回波高度为 50% 满刻度（即 AM：50%），记下此时增益读数，假设为 A_1dB；然后在“增益”上增加表面补偿 ΔdB（若表面补偿为正则增加，为负则减小），此时增益读数即为起始灵敏度 A_0dB，即 $A_0=A_1+\Delta$。

（5）扫查作业　扫查前将增益读数调到起始灵敏度 A_0dB。在钢板探测面上均匀涂上耦合剂（全损耗系统用油），把直探头放在上面进行扫查，扫查方式如图 3-35 所示。注意扫查间距不应大于探头直径的一半。在扫查过程中，发现有回波高度超过基准波高（50% 满刻度）的缺陷回波时，应立即在发现缺陷的位置做上标记，然后继续扫查，直至整个探测面扫查完毕。确认有几处缺陷，再逐一进行缺陷评定。探头的扫查速度不应超过 150mm/s。

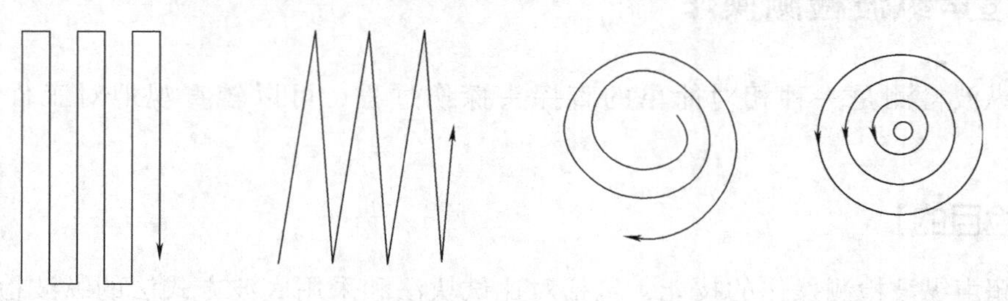

图 3-35　扫查方式示意图

（6）缺陷评定　按 JB/T 4730.3—2005 Ⅰ级验收标准对缺陷进行评定。

1）缺陷定位。用直探头在钢板上进行扫查，在找到缺陷最大回波时，固定探头，调节“增益”，使缺陷最大回波高度下降到基准波高（AM：50%）时，记下此时增益读数。假设为 S_3dB，示波屏上的（PS：××.×mm）的读数即为缺陷埋深 h（mm），此时探头的几何中心位置即为缺陷在探测面上的投影位置。如图 3-36 所示量出缺陷最大处 M 坐标（X_M，Y_M），即可知缺陷在坐标轴上的位置 M（X_M，Y_M，h）。

2）缺陷定量。在找到缺陷最大回波时，调节“增益”，使缺陷最大回波高度降到基准波高（AM：50%），记下此时的增益读数 S_3dB，则缺陷的当量为 $\phi 5\text{mm} + (A_0 - S_3)$dB，即表示缺陷比试块平底孔直径 ϕ5mm 大 $(A_0 - S_3)$dB。当 $A_0 - S_3$ 为正时，表示缺陷比平底孔大；当 $A_0 - S_3$ 为负时，表示缺陷比平底孔小。

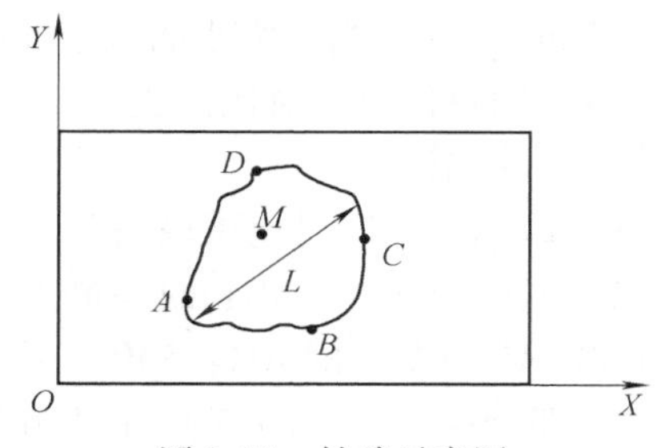

图 3-36　缺陷示意图

3）缺陷面积或长度评定。将增益调到起始灵敏度 A_0dB，在钢板上找到缺陷最大回波时，以该最大回波位置为中心，向外辐射状移动探头，直至缺陷回波降到“AM：25%”波高为止，此时探头的几何中心所对位置即为缺陷的边缘。连接各次测定的探头几何中心位置，即可在探测面上画出缺陷在探测面上的平面投影形状的大小，进而可以计算出其近似面积（图 3-36）；并标记出缺陷最左边点 A、最下边点 B、最右边点 C 和最上边点 D 的平面坐标。

缺陷的长度只需按照上述测面积的方法，测出缺陷延伸方向的最长两端距离，即为缺陷长度 L。

（7）记录检测结果

（8）结束检测作业

（9）填写检测报告

2. 采用底波方式法

（1）仪器调整同对比试块法

（2）定标同对比试块法

（3）确定探伤起始灵敏度

1）测定被检工件材质衰减系数（双声程）。

2）计算探伤起始灵敏度，公式为

$$\Delta = 20\lg \frac{\pi \phi^2}{2\lambda X_B}$$

式中，ϕ 为技术条件验收标准中规定的平底孔直径；λ 为超声纵波在被检件中的波长；X_B 为被检件最大检测厚度。

例如：$\phi = 2$mm，$X_B = 45$mm，采用 2.5P14 直探头，其在钢工件中的波长为

$$\lambda = \frac{5900 \times 10^3}{2.5 \times 10^6}\text{mm} = 2.36\text{mm}$$

近场长度为

$$N = \frac{14^2}{4 \times 2.36}\text{mm} = 21\text{mm}$$

因为 $X_B > 1.6N$，则

$$\Delta = 20\lg\frac{\pi \times 2^2}{2 \times 2 - 36 \times 45}\text{dB} = -25\text{dB}$$

将直探头耦合在被检件探测面上无缺陷处（先以较高灵敏度粗查），调节“增益”，使被检件的第一次底波波高达到50%满刻度（即 AM：50%）；然后将“增益”提高25dB，即完成了探伤起始灵敏度的调整。此时表示探伤仪的灵敏度能保证在被检件最大探测厚度距离上，ϕ2mm 平底孔当量大小的缺陷的回波高度可达到50%满刻度（即 AM：50%）。

（4）扫查作业同对比试块法

（5）缺陷评定

1）缺陷定位同对比试块法。

2）缺陷定量。在找到缺陷最大回波处时，固定探头，调节“增益”，使该回波高度下降到50%满刻度（即 AM：50%）所需的 dB 值记为 F（这是个差值）。根据读取的缺陷埋深 X_f（即 PS：××.×mm）和已测得的双声程衰减系数 α，可计算缺陷的平底孔当量直径 ϕ_f，计算公式为

$$F-(X_B-X_f)\alpha = 40\lg\frac{\phi_f X_B}{\phi_2 X_f}$$

式中，ϕ_2 为直径2mm 的平底孔；$(X_B-X_f)\alpha$ 为衰减修正项。

3）缺陷面积或长度评定同对比试块法。

（6）记录检测结果

（7）结束检测作业

（8）填写检测报告

【实验报告要求】

1. 对比试块法

1）填写钢板检测报告（表3-13）。

表 3-13　钢板检测报告（对比试块法）

委托单位:	检验单位:	报告编号:	检验日期:
工件名称:钢板	工件编号:		工件规格:
工件数量:1 块	材料牌号:45 钢		工件状态:轧制毛面
仪器型号:PXUT—27 型数字机		探头型号:2.5P20Z	
试块型号:ϕ5 ~ 30mm		耦合剂:30# 全损耗系统用油	
验收标准:JB/T 4730.3—2005 Ⅰ级		检测结论:	

2）评定缺陷的定位、定量结果，用示意图表示缺陷位置。

3）根据技术条件要求检测结果得出检测结论。

4）分析对比试块法的应用局限及原因。

2. 底波方式法

1）填写检测报告（同对比试块法）。

2）分析底波方式法的应用局限及原因。

3）比较对比试块法和底波方式法的优缺点。

3. 钢板检测缺陷报告

1）检测结果。应包括缺陷数量及位置，单个缺陷指示长度，单个缺陷指示面积，折算后的缺陷面积百分比。

2）缺陷分布示意图。

3）钢板质量级别评定。应包括缺陷指示长度的评定规则，单个缺陷指示面积的评定规则，缺陷面积百分比的评定规则。

4. 锻件检测缺陷报告

1）检测结果。应包括单个缺陷（平面位置、深度，计算缺陷当量和底波降低量），密集缺陷（其中最大缺陷当量的平面位置、深度，计算缺陷当量和缺陷面积的百分比以及缺陷范围内的最大的底波降低量）。

2）缺陷分布示意图。

3）锻件质量级别评定。三项独立评定质量等级后，按三项结果中最低的质量等级评级。

【实验思考题】

1. 分析底波方式法的应用局限及其原因。
2. 比较对比试块法和底波方式法的优缺点。

3.12 钢板对接焊缝超声横波检测操作

超声横波检测是比纵波探伤复杂一些的探伤过程。钢板对接焊缝超声横波检测操作可较全面地反映超声横波检测过程。

【实验目的】

掌握焊缝超声探伤的方法、程序要求等基本操作技能。

【实验设备与器材】

1）超声波探伤仪（PXUT—27 型数字机）。

2）斜探头（2.5P13×13K2 等）。

3）CSK—ⅠA 型试块。

4）CSK—ⅢA 型试块。

5）厚焊板。

6）耦合剂。

【实验方法与步骤】

1. 仪器调整

1）反复按“探头”键，切换至所需要的通道（分为四个通道，每个通道可储存不同的实验数据）。

2）按“探头”键，再按“+”或“-”键，设置为“单探头”方式。

3）按“声速”键，再按“+”或“-”键，设置声速为3240m/s左右。

4）按“声程”键，再按“确认”键，直至标度设为声程标度。

5）按“声程”键，再按“+”或“-”键，将声程调到合适的范围。

2. 测定斜探头参数

1）测斜探头前沿长度L（同第3.6节中内容）。

2）测斜探头K值。用CSK—ⅢA型试块40mm深度的$\phi 1\text{mm}\times 6\text{mm}$短横孔测$K$值。测量时可选择不同深度的孔，但一般选择较深的孔。

用斜探头在试块上距$\phi 1\text{mm}\times 6\text{mm}$短横孔水平距离为孔埋深$K$倍的地方找到最大回波位置，然后固定好探头，用钢直尺量出探头前沿到试块边缘的距离M，重复三次取平均值（图3-37），根据公式$K_{实}=(M+L-40)/40$可得到实测K值。其中，分子的40是孔到试块边缘的距离，分母的40是所取孔的埋深。之后可将示波屏上的K值调整为所求得的实测K值。

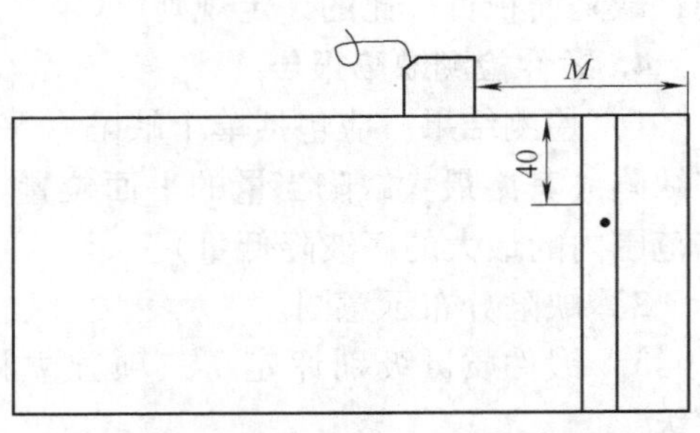

图3-37　测斜探头K值示意图

3. 定标

按声程1:1定标，所用试块为CSK—ⅠA型。

1）将斜探头置于试块上，移动探头，找到$R50$的最大回波处，出现最大回波后，固定探头，调节波门框住$R50$的最大回波，再调“始波偏移”量，调“+”或“-”键，使示波屏上“PS”读数为50.0mm。

2）移动斜探头，在试块上找到$R100$的最大回波处，固定探头，调节波门框住$R100$的最大回波，调“声速”量，调“+”或“-”键，使示波屏上“PS”读数为100.0mm。

3）再找$R50$的最大回波，调“始波偏移”量，使示波屏上“PS”读数为50.0mm；再找$R100$最大回波，调声速，使示波屏上“PS”读数为100.0mm。多次重复以上步骤，直至调准为止（由于仪器本身的误差，所以允许存在一定的误差），即完成声程1:1定标。

4）定标以后，“始波偏移”和“声速”就不能再调动了。

4. 测表面补偿值

因焊板的表面粗糙度与试块不同，所以需要测定焊板的表面补偿值，其测量方法同第3.9节中的实验方法。但因实验条件限制，在此无法测出厚焊板的表面补偿值，因此根据经验确定为+4dB。

5. 测距离-波幅曲线

将斜探头置于CSK—ⅢA试块上，通过耦合剂将斜探头和试块耦合，找到埋深为40mm的$\phi 1\text{mm}\times 6\text{mm}$的短横孔，前后左右移动斜探头，直至找到短横孔的最大回波位置，此时的“PY”读数应为40mm左右。固定斜探头，调节“增益”，使短横孔的最大回波高度为80%满刻度（80%是自定的基准波高），即AM：80%，记下此时的增益读数S。以此为基础，再依次分别找到埋深为10mm、20mm、30mm、40mm、50mm、60mm的短横孔的最大回波位置，调节增益，使其最大回波高度达到80%满刻度（即AM：80%），分别记下它们的增益读数。

以厚度为24mm的厚焊板为例，假设$K=1.98$，$L=13$mm，其增益读数见表3-14。

因为在 JB/T 4730.3—2005 中的距离-波幅曲线示意图为衰减型仪器读数，而在 PXUT—27 型数字机示波屏上显示的 dB 值都是增益读数，因此在增益读数前添加一负号可转变为衰减读数。

表 3-14 增益读数 （单位：dB）

埋深/mm	10	20	30	40	50	60
$\phi1\times6$(实)（增益读数）	58(+)	60(+)	63(+)	67(+)	69(+)	71(+)
$\phi1\times6$(实)（衰减读数，即负增益读数）	-58	-60	-63	-67	-69	-71
判废线 $\phi1\times6+5(-4)$	-57	-59	-62	-66	-68	-70
定量线 $\phi1\times6-3(-4)$	-65	-97	-70	-74	-76	-78
评定线 $\phi1\times6-9(-4)$	-71	-73	-76	-80	-82	-84

然后根据以上数据，在坐标纸上以埋深（mm）为横坐标，表中值（dB）为纵坐标（-100 为起点），绘制出判废线、定量线、评定线，如图 3-38 所示。

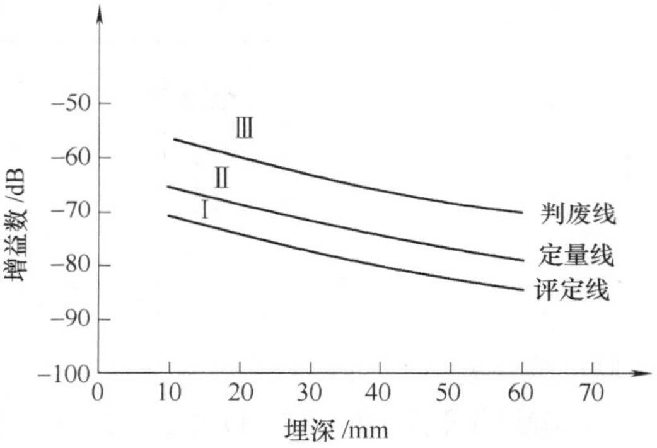

图 3-38 距离-波幅曲线示意图

Ⅰ—评定线与定量线之间称为Ⅰ区（包括评定线）

Ⅱ—定量线与判废线之间称为Ⅱ区（包括定量线）

Ⅲ—判废线以上称为Ⅲ区（包括判废线）

6. 确定起始灵敏度

根据 JB/T 4730.3—2005，起始灵敏度即为距离-波幅曲线上 $2T$（48mm）所对应的评定线的增益读数（81.5dB 左右）。

起始灵敏度表示方法为：$\phi1\times6-9$dB（增益读数为 81.5dB）（含表面补偿值 +4dB）。

7. 缺陷扫查

扫查前将增益读数调到起始灵敏度读数 81.5dB。

根据 JB/T 4730.3—2005 规定，$L'\geq1.25P$，L' 为单侧的扫查范围，$P=2TK=2\times24\times2$mm$=96$mm，$L'=1.25\times96$mm$=120$mm。

扫查前在扫查范围内均匀涂上耦合剂，使斜探头与焊板完全耦合。采用单面双侧探伤，尽量扫查到工件的整个被检区域，并应进行两次扫查，即锯齿形扫查和斜平行扫查，如图 3-39 所示。锯齿形扫查为前后扫查、左右扫查和摆动扫查结合的扫查方式用于检查焊缝纵向的缺陷；斜平行扫查用于检查焊缝的横向缺陷。探头的扫查速度不应超过

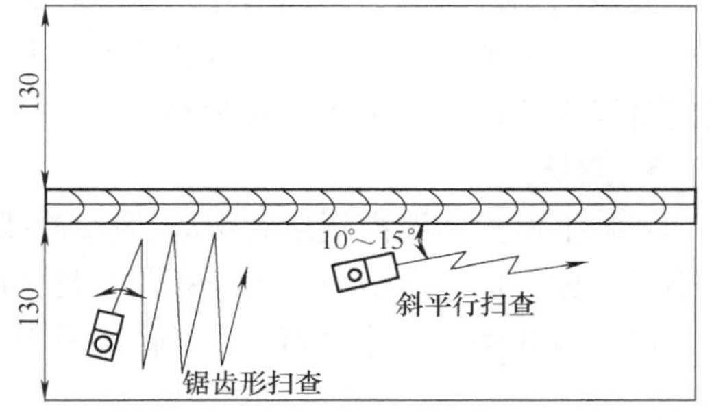

图 3-39 缺陷扫查方式示意图

150mm/s。

在扫查过程中发现有缺陷回波信号出现时，首先应判断其是否为缺陷回波，确认后应在焊缝相应的位置上作出简易标记，继续完成整个焊缝的扫查，确定有缺陷区域的数量及大致分布状况，然后再逐一进行评定。

【实验数据分析与处理】

按 JB/T 4730.3—2005 中有关内容对缺陷进行检测评定。

1. 缺陷定位

首先在焊缝的两侧找到缺陷的最大回波处，然后调节增益，把回波高度降至80%满刻度，固定斜探头，用钢直尺量出探头前沿至焊缝中心线的距离 X_1 及探头中心线至焊缝边缘的距离 S_3，如图3-40所示。再在示波屏上读出此时的埋深（PY：Y_2，PX：X_2）、增益：A。要判断回波是母材上的还是焊缝上的，可根据公式 $|X_1+L-X_2|=X\leqslant M/2$（$M$ 为焊缝宽度）来判断，若该式成立，则在焊缝内，反之在母材上。必要时还要从焊缝的另一侧进行探测验证，检测是否为焊缝缺陷。

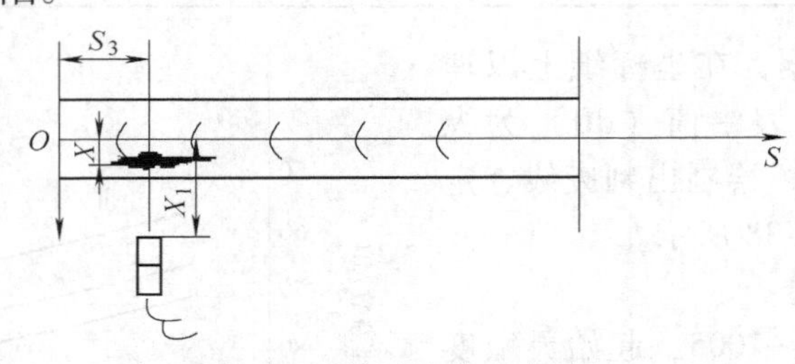

图3-40 缺陷定位示意图

缺陷实际埋深的确定：

① 当缺陷埋深 $PY<T$（板厚）时，PY 等于缺陷距探测面的实际埋深 Y（一次波或直射波）。

② 当 $T<PY<2T$ 时，$Y=2T-PY$（二次波或一次反射波）。

③ 当 $2T<PY<3T$ 时，$Y=PY-2T$（三次波或二次反射波）。

缺陷最大点的坐标表示为（X，S_3，Y）。

2. 定量

在定位时已经记下了缺陷最大回波时的增益读数 AdB（正值），然后根据此缺陷的深度（PY 读数），在距离-波幅曲线上找到其 PY 读数对应的定量线上的 dB 值 BdB（负值），即 $\Delta=[(-A)-B]$ dB。则缺陷当量可表示为 $[(\phi1\times6-3)+\Delta]$dB，即表示缺陷当量比此处的定量线大 ΔdB（正为大，负为小）。

3. 测长

当缺陷最大回波高度达到距离-波幅曲线Ⅱ区时，必须测量其指示长度。落在Ⅰ区时一般不予考虑，但危险型缺陷除外；落在Ⅲ区即为判废缺陷。

（1）6dB 法（单个波峰） 当缺陷只有一个最大回波（即单个波峰）时，可用6dB 法测长。

如果将斜探头在焊板上沿 S 方向缓慢移动，每隔一定的距离（1mm 或 2mm）记录示波屏上增益的读数（在基准波高时为80%满刻度），再用100减去此时的增益读数作为纵坐标（S作为横坐标）。缺陷波从无到有，先降后升再降，在整个过程中只有一个波峰，即为单个波峰（图3-41）。当找到缺陷最大回波处时，记为S_3，把波高调到80%满刻度，然后将增益提高6dB。然后开始向右移动，找到波高回降到80%满刻度时的位置，找到此时探头中心线对应焊缝中心线的点，量出这点到焊板左边边缘距离S_1（图3-42）。同理，将斜探头移到左边用同样的方法找到最大回波处，把波高调到80%满刻度，将增益提高6dB，向左移动，找到波高回降到80%满刻度时的位置，找到此时探头前沿中心对应焊缝中心线的点，量出这点到试样左边边缘距离S_2。再根据公式$S=S_1-S_2$，即得到缺陷指示长度S。

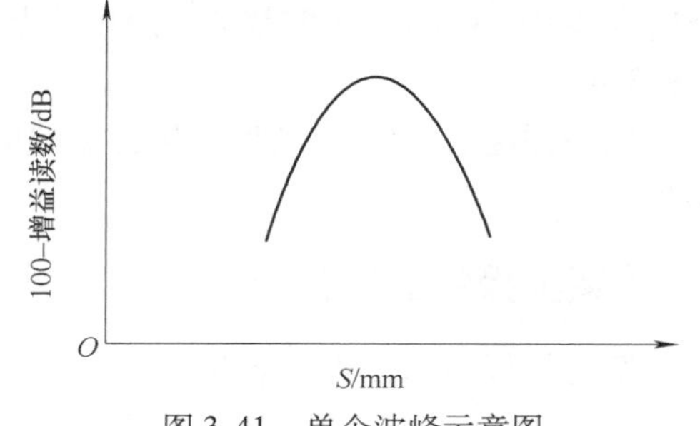

图3-41　单个波峰示意图

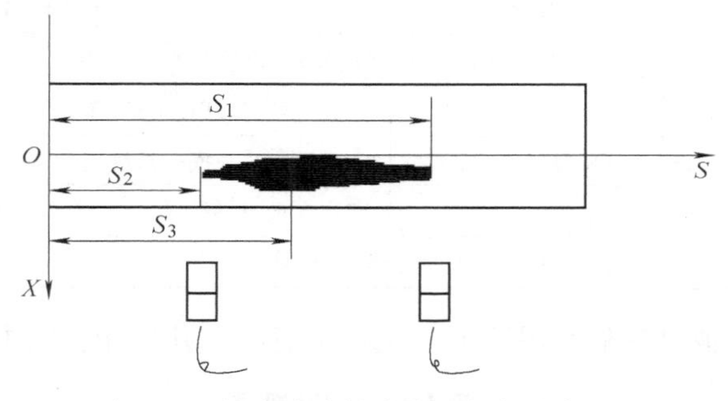

图3-42　单个波峰缺陷指示长度示意图

（2）端部峰值6dB法（多个波峰）　当缺陷回波不止一个最大回波，而有多个峰值时，应采用端部峰值6dB法测长。将斜探头沿S方向缓慢移动，每隔一定的距离（1mm或2mm）记录示波屏上增益的读数（在基准波高时80%满刻度），再用100减去此时的增益读数作为纵坐标（S作为横坐标）。缺陷波从无到有，从小到大，在整个过程中有多个起伏，即为多个波峰（图3-43）。在焊板上找到缺陷最大回波处，记为S_3，并在示波屏上读出此时“PY”的读数$Y_{示}$。然后根据此时的$Y_{示}$，确定其所对应的定量线的读数B，将增益读数调到$-B$。然后将探头向左平移，找到左边最后一个大于或等于基准波高（80%满刻度）的波峰，调节增益，使其降为80%满刻度，记下此时的增益读数Δ_1。在此基础上，将增益读数提高6dB，即增益为(Δ_1+6)dB，继续向左移动探头，找到缺陷波高降为80%满刻度的地方，此时探头中心线对应焊缝中心线的点记为S_1。同理，将增益读数调回到$-B$，然后将探头从S_3向右平移，找到右边最后一个大于或等于80%满刻度的波峰，调节增益，使其降为80%满刻度，记下此时的增益读数Δ_2。在此基础上，将增

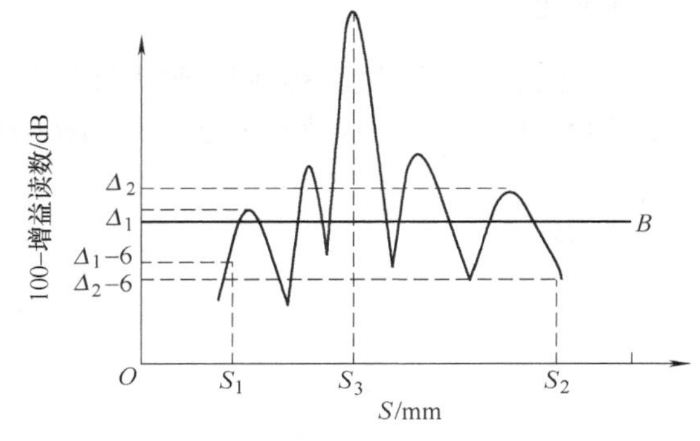

图3-43　多个波峰缺陷指示长度示意图

益提高 6dB，即增益为（Δ_2+6）dB，继续向右移动探头，找到波高降为80%满刻度的地方，此时探头中心线对应焊缝中心线的点记为 S_2。则缺陷的指示长度即为 $S=S_2-S_1$（图 3-43）。

缺陷评定后，应将判废、需返修的缺陷在焊缝上作出明显标记，并详细记录下评定结果。

【实验报告要求】

填写焊板检测报告（表 3-15）。

表 3-15　焊板检测报告

<table>
<tr><td colspan="3">委托单位:</td><td colspan="3">检验单位:</td><td colspan="3">报告编号:</td><td colspan="3">检验日期:</td></tr>
<tr><td colspan="4">工件名称:对接焊板</td><td colspan="4">工件编号:</td><td colspan="4">工件状态:焊后毛面</td></tr>
<tr><td colspan="4">工件数量:</td><td colspan="4">材料牌号:16MnR</td><td colspan="4">坡口型式:X 型</td></tr>
<tr><td colspan="4">板厚:24mm</td><td colspan="4">焊接方法:自动埋弧焊</td><td colspan="4">探测方法:单面双侧</td></tr>
<tr><td colspan="4">扫查范围:1.25P = 120mm</td><td colspan="8">技术条件:JB/T 4730.3—2005 Ⅰ级焊缝评级</td></tr>
<tr><td colspan="6">仪器型号:PXUT—27 型数字机</td><td colspan="6">探头型号:2.5P13 × 13K2</td></tr>
<tr><td colspan="6">试块型号:CSK—ⅠA 型试块、CSK—ⅢA 型试块</td><td colspan="6">耦合剂:30[#]全损耗系统用油</td></tr>
<tr><td colspan="6">探头前沿:13mm</td><td colspan="6">实测 K 值:1.98</td></tr>
<tr><td colspan="12">起始灵敏度:φ1 × 6-9dB(增益读数为 81.5dB)(含表面补偿 +4dB)</td></tr>
</table>

如图 3-40 所示，画出缺陷在焊缝上的位置示意图，并把相关数据填入表 3-16。

表 3-16　实验数据

缺陷序号	缺陷位置/mm		缺陷最大点位置 S_3 /mm	缺陷指示长度/mm	缺陷距焊缝中心线距离 X/mm	缺陷实际埋深/mm	缺陷最大点当量	缺陷在距离-波幅曲线上的区域	结论
	S_1	S_2							
1									
2									
3									

【实验思考题】

1. 为什么在检测过程中强调“最大回波”?
2. 用6dB 法和端部峰值 6dB 法测得的缺陷长度哪个更长？为什么？

第4章　涡流检测

涡流检测（Eddy Current Testing，ET）是以电磁感应原理为基础的一种常规无损检测方法。它的基本原理可以描述为：当载有交变电流的试验线圈靠近导体试件时，由线圈产生的交变磁场的作用会在导体中感生出涡流。涡流的大小、相位及流动形式受到试件性能及有无缺陷的影响，而涡流的反作用磁场又使线圈的阻抗发生变化。因此，通过测定试验线圈阻抗的变化，就可以推断出被检试件性能的变化及有无缺陷的结论，如图4-1所示。

涡流检测适用于导电材料，在实际工程中的应用主要有：金属管、棒、线材等原材料生产过程中的在线检测和导电设备及零件的缺陷检测，导电材料的电导率测量及材料分选，金属基体上涂层厚度及金属薄板厚度测量等。

涡流检测的主要优点是检测速度快，线圈与试件可不直接接触，无需耦合剂。其主要缺点是只限用于导电材料，对形状复杂的试件难作检查；由于存在集肤效应，只能检查厚试件的表面、近表面部位。对于铁磁性材料及制件，常需直流磁化到饱和，以免在涡流检测期间磁化状态有任何变化而影响检测准确度。而且检测结果尚不直观，判断缺陷性质、大小及形状尚有一定困难等。

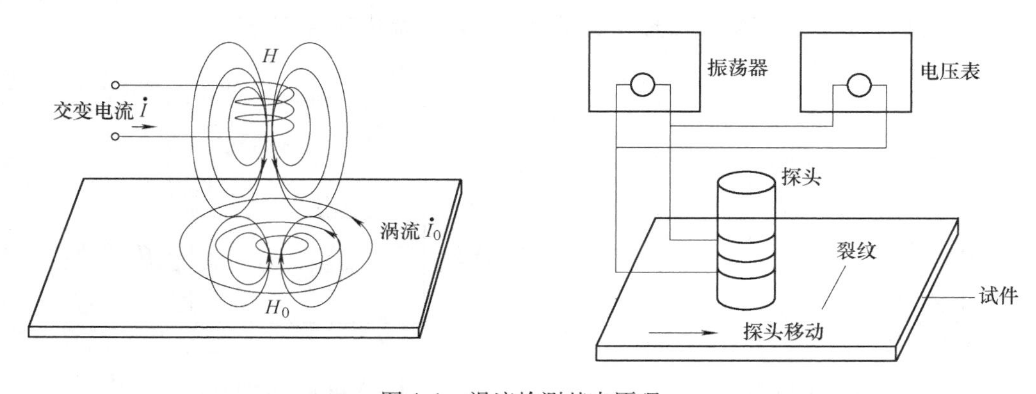

图4-1　涡流检测基本原理

4.1　相敏检波工作原理

依据涡流检测阻抗分析原理，实施涡流检测时，仪器参数或工件某因素的变化将引起涡流检测的阻抗变化，使阻抗矢量沿着一定的相位变化。这一特征有利于在涡流检测中区别不同的影响因素，选择需要的检测参数。通常，在涡流检测仪中是通过相敏检波来实现的。了解相敏检波工作原理，有助于学习和掌握涡流检测阻抗分析法。

【实验目的】

掌握利用相位差进行涡流检测信号处理的原理及用途。

【实验设备与器材】

1）振荡器。
2）衰减器。
3）移相器。
4）直流电压表。
5）双线示波器。

【实验原理】

相敏检波器利用伤信号和噪声的相位差实行抑制噪声、提取待测信号，即实现相位分析作用。如图4-2所示，以OT表示相敏检测器的控制信号，分别以OA和OB表示待测信号和噪声，经相敏检波后，相敏检波器的直流电压输出将正比于OA、OB在OT上的投影。当OB垂直于OT时，则OB在OT上的投影为零，即噪声OB在输出中不再产生影响，输出只与待测信号有关。图4-3是相敏检波器的框图，图中除接入输入信号外，还接入了控制信号。如果控制信号相位的$0\sim\pi$半个周期内相敏检波器置ON，则输入信号在这半个周期内不受阻碍。在$\pi\sim2\pi$半周期内置OFF，信号被切断，即这时的输入信号为零。如果控制信号与输入信号的相位差为φ，那么输出波形如图4-4所示。把输出波形进行平均（斜线部分正负抵消），就得到了图中虚线所示的直流电压。当控制信号和输入信号相位差$\varphi=\frac{\pi}{2}$时，从图4-5中可以看到，由于输出波形正负抵消，平均直流电压等于零。

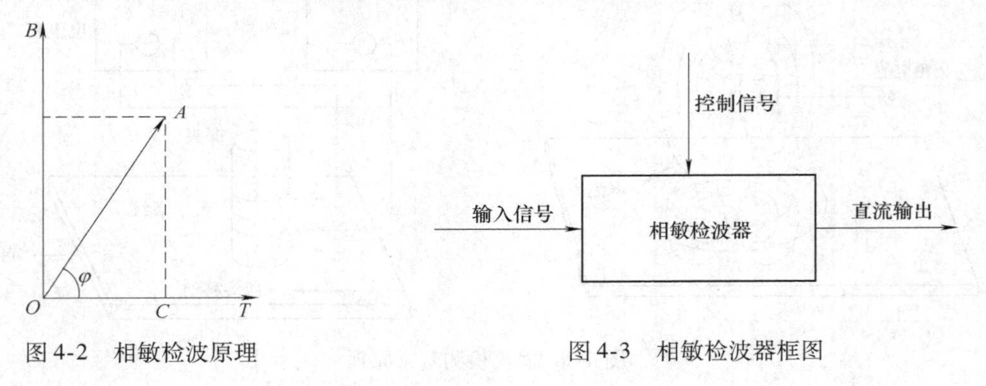

图4-2　相敏检波原理　　图4-3　相敏检波器框图

由于输出信号仅在控制信号周期T的$0\sim\frac{\pi}{2}$半个周期中存在，所以，平均直流电压u可以表示为

$$u=\frac{1}{T}\int_0^{\frac{T}{2}}A\sin(\omega t+\varphi)\,\mathrm{d}t=\frac{A}{\pi}\cos\varphi$$

式中，$T=1/f=2\pi/\omega$，f为频率。

上式表明：经过相敏检波，可以得到与信号振幅A、相位差φ的余弦之积（$A\cos\varphi$）成正比的直流输出电压。这与图4-2的输出结果OC完全相符。

图4-5所示为控制信号和输入信号相差90°的情况，这时输出电压正相和负相对称，互相抵消，输出信号为零。如果控制信号和输入信号相位差在0°到90°之间，输出信号将从最大逐渐减小至零。由此可知，只要使控制信号和干扰信号的相位差在0°到90°之间时进行检

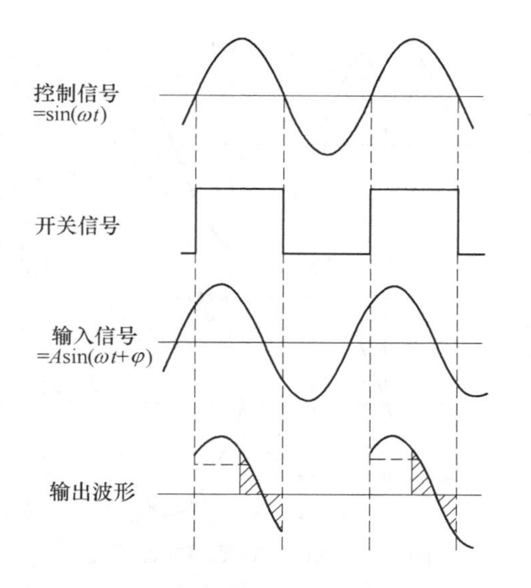

图 4-4 相敏检波器的各信号波形
（相位差为 φ 时）

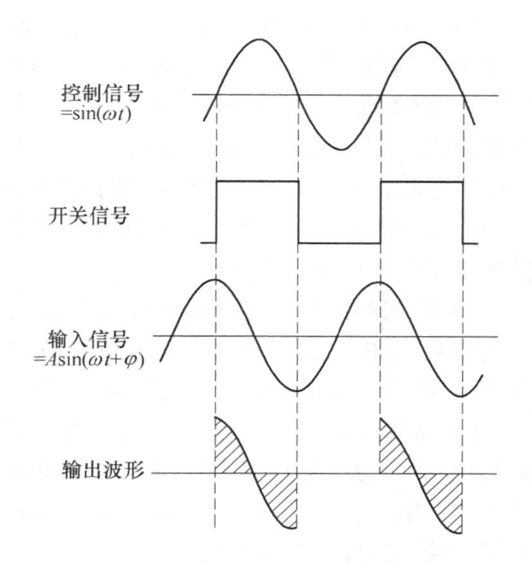

图 4-5 相敏检波器各信号波形
（当 $\varphi=\pi/2$ 时）

波，就能在输出信号中消除干扰信号而保留有用的信号。这就是采用相敏检波来消除干扰信号的原理。

【实验方法与步骤】

相敏检波器实验配置图如图 4-6 所示。

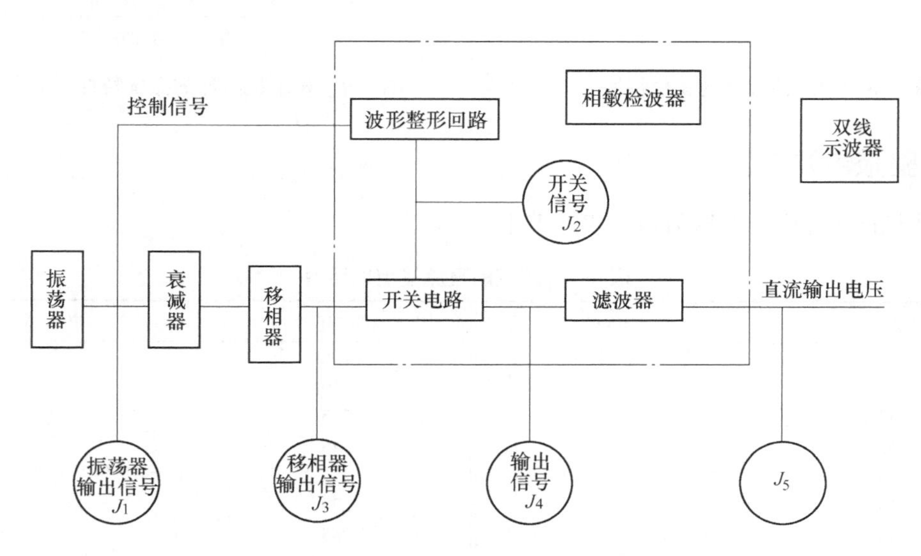

图 4-6 相敏检波器实验配置图

1）以双线示波器观察振荡器输出信号 J_1 及移相器输出信号 J_3（示波器设置在扫描状态，扫描速率由振荡器输出信号决定）。转动移相器旋钮，改变 J_3 波形位置，检查相位变化是否正常（图 4-7）。

2）以振荡器输出信号 J_1 作为基准，观察开关信号 J_2、输出信号 J_4 波形（图4-4、图4-5）。

3）使相敏检波器的输入保持恒定，由移相器改变相位，测定检波器的直流输出电压 J_5。将测定结果汇总在表4-1内，并根据结果定量绘出如图4-8所示的图形，检验直流输出电压与相位差 φ 余弦成正比的结论是否成立。

4）移相器保持在使直流输出电压 J_5 为零时的输出信号 J_3 相位上，转动衰减器旋钮改变输入信号 J_3 的幅值，观察输出电压是否保持为零。

5）将输入信号 J_3 的相位保持不变（固定在任意相位），由衰减器改变其振幅，检验直流输出电压是否与输入信号的振幅成正比，并根据检测结果定量地绘出如图4-9所示的曲线。

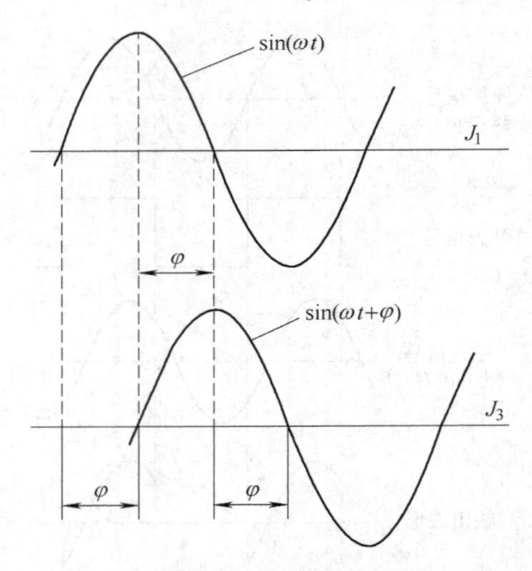

图4-7　相位差 φ 随移相器变化

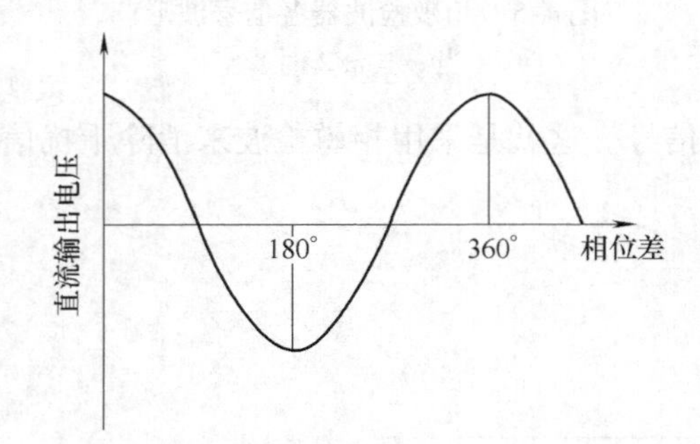

图4-8　相敏检波器的相位特性

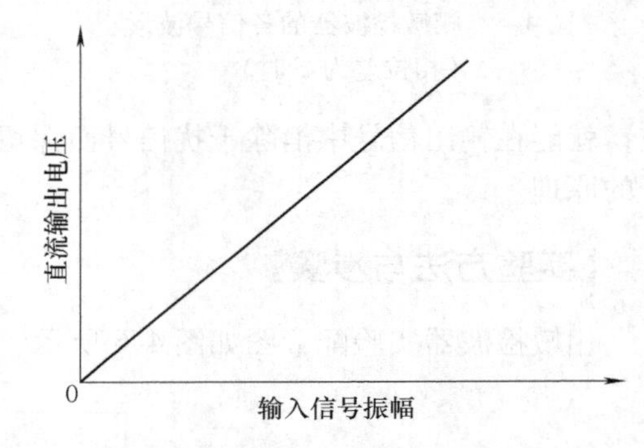

图4-9　相敏检波器的振幅特性（相位不变）

【实验报告要求】

将测定的直流输出电压值填入表4-1中。

表4-1　测定的直流输出电压值

相位/(°)	电压/V	相位/(°)	电压/V
0		195	
15		210	
30		225	
45		240	
60		255	
75		270	
90		285	
105		300	
120		315	
135		330	
150		345	
165		360	
180			

【实验思考题】

1. 利用信号相位差对干扰信号进行抑制的信号处理方法都叫做相位分析法吗?

2. 相敏检波法和不平衡电桥法都属于相位分析法吗?

3. 相敏检波法在抑制了干扰信号的同时，是否也会使输出的缺陷信号发生损失?

4. 相敏检波法是否是以选定相位的电压作为控制电压来抑制检测线圈桥路输出的干扰信号?

5. 相敏检波法是否难以抑制阻抗平面中不希望有的干扰信号?

6. 根据检测信号中干扰信号与缺陷信号的频率差异实现抑制干扰信号、提取缺陷信号的信号处理方法是否叫做频率分析法?

7. 根据检测信号中干扰信号与缺陷信号的幅度差异，实现抑制干扰信号、提取缺陷信号、改善信噪比的信号处理方法是否叫做幅度鉴别法?

8. 不平衡电桥法是否又称为谐振电路法?

9. 相敏检波器检测线圈提供激励电流的单元是（ ）。

A. 任意相位的正弦信号 B. 不经移相的激励信号

C. 经过移相的激励信号 D. 以上都可以

10. 相敏检波器只能用来抑制（ ）。

A. 一个干扰因素 B. 两个干扰因素

C. 三个干扰因素 D. 多个干扰因素

4.2 阻抗图的制作

在涡流检测的发展过程中，曾经提出过多种消除干扰因素的手段和方法，但直到阻抗分析法的引进，才使涡流检测技术得到了重大的突破和广泛应用。

依据阻抗分析法原理，涡流检测就是测量检测线圈在导电材料上因涡流场引起的线圈阻抗变化。而阻抗是一个矢量，它包括电阻和电抗，两者在相位上相差90°，是相互垂直的。描绘检测线圈的阻抗变化的平面图称为阻抗图，每个图形都是阻抗幅值与相位变化的二维显示。早期的涡流检测仪器仅用电表指示阻抗的幅值变化。现代的涡流检测仪器大多能在屏幕上直接描绘探头线圈阻抗变化的曲线。了解阻抗图的制作，有助于进一步掌握涡流检测阻抗分析法的工作原理。

【实验目的】

1）通过实验进一步理解涡流检测中的基本概念——阻抗图，以及各种因素（电导率σ、试件尺寸d等）对检测线圈阻抗曲线的影响。

2）了解和掌握制作检测线圈阻抗图的基本方法，培养独立操作的工作能力。

【实验设备与器材】

1）示波器。

2）信号发生器。

3）标准电容箱。

4）万用表。

5）实验板（带检测线圈）。

6）试件若干。

【实验原理】

在涡流检测中，试件待测的信息是通过检测线圈的阻抗变化或电压效应来提供的。在对涡流检测中的物理模型制作了各种简化假设之后，通过理论分析（即求解麦克斯韦电磁方程组），可以得出含不同形式试件的检测线圈阻抗的计算公式，以及由这些公式描绘出的线圈阻抗图。但是，为了验证理论计算结果的可靠性，也为了获得无法运用严格的数学计算求解的物理模型的线圈阻抗及研究涡流检测的应用，有必要对检测线圈的阻抗（或复电压）进行试验测定。

测定阻抗要使用能够检测阻抗的有功分量（即电阻）和无功分量（即电抗）的仪器。当以1MHz以下的频率进行实验时，采用交流电桥比较有效。如图4-10所示的交流电桥，Z_1、Z_2、Z_3、Z_4分别为四个桥臂的阻抗。电桥的一个对角线接交流电源，另一个对角线接指示器，当满足式（4-1）或式（4-2）所示条件时，电桥达到平衡，指示器指示为零。

$$Z_1Z_4 = Z_2Z_3 \tag{4-1}$$

$$\begin{cases} z_1z_4 = z_2z_3 \\ \phi_1 + \phi_4 = \phi_2 + \phi_3 \end{cases} \tag{4-2}$$

式中，Z为阻抗；ϕ为阻抗的辐角；z为阻抗的模。

若把检测线圈接入电桥一臂，通过电桥平衡的调节便可以测出线圈的阻抗。同时，在实验时，只要将各种参数不同的试件放入线圈，就可以分别测出线圈阻抗的电阻分量和电抗分量，从而描绘出线圈的阻抗图。也可根据有关的公式计算出有效磁导率μ_{eff}。

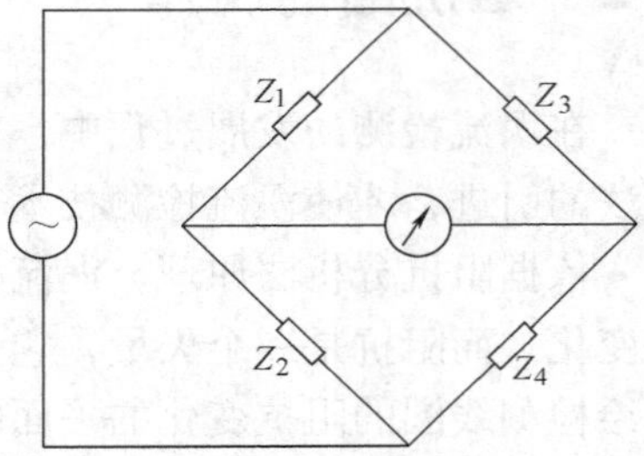

Z_1 Z_3 Z_2 Z_4

图4-10　交流电桥

【实验方法与步骤】

本实验是利用图4-11所示的电桥电路来制作检测线圈阻抗图的。信号直接由信号发生器供给。输出变压器的二次绕阻为中心抽头，分为两个对称的支路，并作为电桥的相邻两臂，即DA臂和DB臂。而对于其他的两臂，一臂接入可变电阻，另一臂接入一个与电容串联的检测线圈（图4-12）。指示装备采用示波器，水平偏转板接输出变压器的半个二次绕组DA；电桥信号由D、F两点输出，并接入示波器的垂直偏转板。这样，两个偏转板在同一频率下工作，荧光屏上可获得一个固定的图像，通过这个图像便可以判断电桥的平衡状态。

实验时：

1）调节电容，使桥臂FB处于谐振状态，此时，这一臂的阻抗为一有效电阻。

2）调节桥臂FA的电阻，使其与桥臂FB的有效电阻相等。

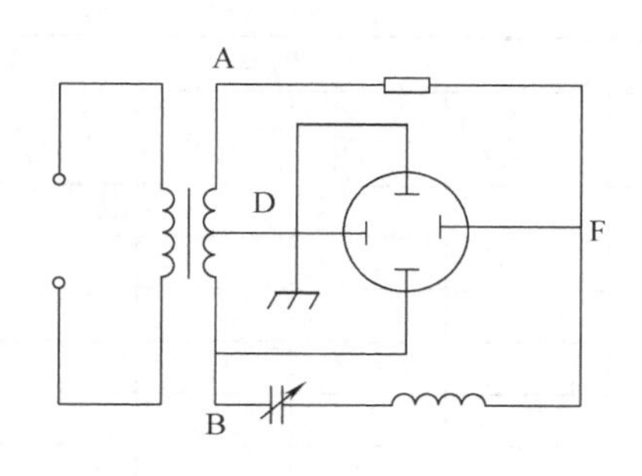

图4-11 电桥电路

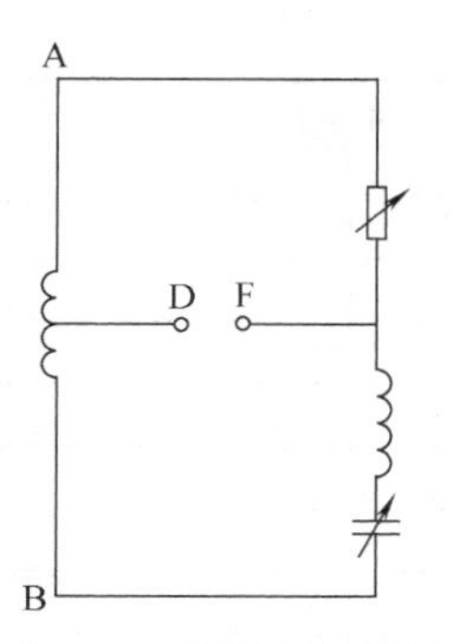

图4-12 检测电路阻抗

这样调节的结果是电桥获得平衡，在荧光屏上显示出一条水平直线。

检测线圈阻抗的计算公式为

$$R = R_{AF}$$

$$L = \frac{1}{\omega^2 C} = \frac{1}{4\pi^2 f^2 C} \tag{4-3}$$

式中，R_{AF}为桥臂 AF 的电阻；C 为电容；f 为工作频率。

有效磁导率μ_{eff}的计算公式为

$$\mu_{eff实} = \frac{1}{\eta}\left(\frac{\omega L}{\omega L_0} + \eta - 1\right) \tag{4-4}$$

$$\mu_{eff虚} = \frac{1}{\eta}\left(\frac{R - R_0}{\omega L_0}\right)$$

式中，η 为检测线圈的充填系数；R_0 为检测线圈空载时的电阻；R 为检测线圈的电阻；L_0 为检测线圈空载时的电感；L 为检测线圈的电感；ω 为工作频率。

本实验可按如下步骤进行：

1）如图4-13所示接线。

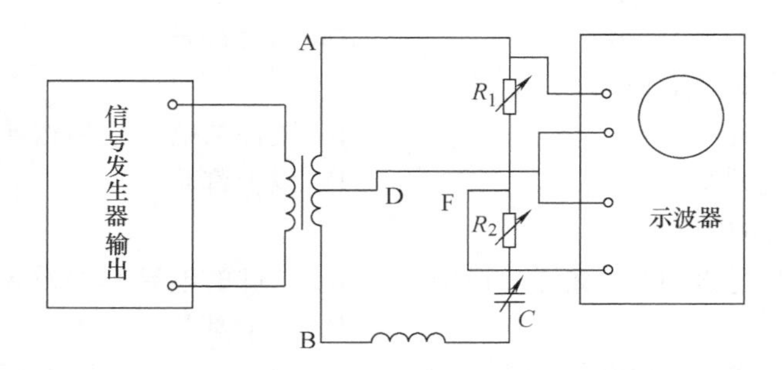

图4-13 实验接线图

2）检查接线无误后，调节 $R_1 = 100\Omega$、$R_2 = 50\Omega$、$C = 0.005\mu F$，信号发生器的输出最小；接通电源，仪器预热。

3）选定实验频率，调节信号发生器的空载输出电压为10V。将不同试件分别插入检测线圈，然后调节电容 C 和电阻 R_1，观察示波器的图形，读取电桥平衡时的 C 和 R_1 的数值并填入表4-2中。

表 4-2 阻抗图实验记录表

频率 $f=$ kHz			线圈直径 $d_0=$ mm				$R_2=$ Ω		
试件编号	材质	D/mm	R_1/Ω	$C/\mu F$	$R=R_1-R_2$	$\omega L=\frac{1}{\omega C}$	$\eta=\frac{d^2}{d_0^2}$	$\mu_{eff实}$	$\mu_{eff虚}$

注：D 为工件直径，C 为电容，μ 为磁导率。

【实验报告要求】

1）实验前复习检测线圈阻抗图的有关内容。
2）列出实验数据，计算检测线圈阻抗和有效磁导率 μ_{eff}。
3）根据实验结果分别描绘线圈的阻抗图和有效磁导率的复平面图。
4）根据实验结果讨论影响线圈阻抗的因素及其原因。
5）本次实验体会。

【实验思考题】

1. 检测线圈的阻抗可用（　　）的相量和来表示。
A. 感抗和电阻　　B. 容抗和电阻
C. 感抗和容抗　　D. 感抗、容抗和电阻
2. 影响线圈阻抗的因素是（　　）。
A. 被检导体材料自身的性质　　B. 线圈与试件的电磁耦合状况
C. 实验频率　　D. 以上都是
3. 影响线圈阻抗的因素是（　　）。
A. 试件的几何尺寸　　B. 试件的电导率和磁导率
C. 试件上存在的缺陷　　D. 以上都是
4. 影响线圈阻抗的因素是（　　）。
A. 试件的几何尺寸及试件上存在的缺陷　　B. 试件的电导率和磁导率
C. 试验频率　　D. 以上都是
5. 会影响外穿过式涡流检测线圈阻抗的是（　　）。
A. 线圈中试样的电导率　　B. 线圈中试样的磁导率
C. 填充系数　　D. 以上都是
6. 对薄壁管内的内穿过式线圈，影响其阻抗变化的因素是（　　）。
A. 电导率　　B. 几何尺寸
C. 实验频率　　D. 以上都是
7. 涡流检测中，试件上缺陷的哪些参数对线圈阻抗有影响？（　　）。

A. 缺陷的电导率　　B. 缺陷的几何形状
C. 缺陷所处的位置　　D. 以上都是

8. 一般采用（　　）电路来表示涡流检测线圈阻抗的等效电路。

A. *RC* 串联　　B. *RL* 串联
C. *RC* 并联　　D. *RL* 并联

9. 下面关于线圈阻抗平面图的叙述中，正确的是（　　）。

A. 以视在电阻为横坐标，视在电抗为纵坐标
B. 是一条有一定半径的半圆形曲线
C. 曲线的半径随频率不同而有变化
D. 以上都对

4.3 穿过式线圈中圆柱试件内部磁场测量

【实验目的】

1）了解穿过式线圈中圆柱试件内部的磁场分布状况。
2）了解汞模型试验方法。

【实验设备与器材】

1）信号发生器。
2）汞模型装置和微调尺。
3）功率放大器。
4）毫伏表（或示波器）。
5）稳压器。

【实验原理】

如图4-14所示，在汞模型装置的圆柱容器内装入液态汞。因为汞在常温下是液态金属，具有良好的导电性能，电阻率$\rho=94\times10^{-8}\Omega\cdot m$，相对磁导率$\mu_r=1$，所以可用来代替固体试件。实验采用绕制在汞容器外壁的线圈激励，激励电流由信号发生器提供，并经功率放大器放大。检测由伸入汞柱内的小玻璃管上绕制的小线圈完成（因为线圈半径小，可视为点线圈），小玻璃管固定在微调尺的心轴夹头上，调节微调尺，可以改变小线圈在汞柱内的径向位置。

由小线圈检出的信号提供给毫伏表（或示波器），从而可读出小线圈的感应电压u_c，即

$$u_c=-n\frac{d\Phi}{dt}=-ns\mu\frac{dH}{dt}$$

式中，n为小线圈匝数；s为小线圈截面积；Φ为磁通量；t为时间；H为汞柱中测量点的磁场强度；μ为汞的磁导率。

由上式可见，u_c正比于H；因此，u_c的变化直接反映了汞柱内磁场强弱的变化。在同一频率下，随着小线圈在汞柱内径向位置的改变，u_c是不同的，其值向汞柱中心趋于单调

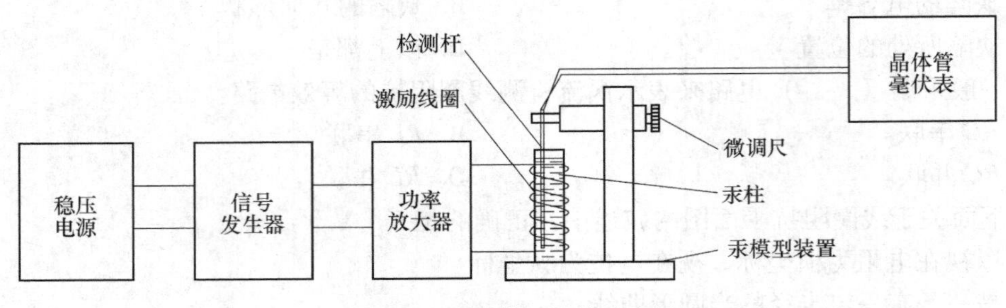

图 4-14　实验装置接线示意图

下降。在不同频率下，u_c 的衰减速率是不同的，频率越高，衰减速率越大。

【实验方法与步骤】

1. 实验准备

1）在容器内注入汞，按图 4-14 所示连接仪器。

2）打开仪器预热，将小线圈和微调尺安装好。

2. 实验步骤

1）使信号发生器输出一定频率、幅值的正弦交流电，将功率放大器调节到适当的输出幅值（以不削波为前提）。

2）将小线圈首先贴近容器壁面，读出感应电压值，然后使小线圈向汞柱中心移动 2mm，再读出感应电压值。重复这一动作，移动，读值，直至小线圈位置超出汞柱中心（即 u_c 值开始回升）为止。

3）变换频率，重复步骤 2）。

3. 实验注意事项

1）绕制测量线圈的小玻璃管直径很小，很容易断裂，并且制作很困难，在使用过程中必须小心，不要折断玻璃管。

2）汞是有毒物质，在实验过程中，谨防汞溢出容器，泼洒到工作台和地面上。

【实验数据分析与处理】

1）将实验结果填入表 4-3 中，并将其结果进行归一化处理，即把同一频率、不同位置的测试值除以最表面点的测试值。

表 4-3　实验数据

频率/kHz \ 测量值 \ 位置	1.5		3		6		12		30		45		60		100	
	测量值	归一化	测量值	归一化	测量值	归一化	测量值	归一化	测量值	归一化	测量值	归一化	测量值	归一化	测量值	归一化

2）根据归一化处理的实验结果作出不同频率下的曲线图，并作出渗透深度线。

3）根据图表解释实验结果。

4.4 涡流检测影响因素的测量

【实验目的】

1）通过实验进一步了解和掌握涡流检测中的提离效应、边缘效应、电导率效应及厚度效应的影响。

2）了解提离效应、边缘效应、电导率效应及厚度效应在涡流检测中的应用。

【实验设备与器材】

1）高频信号发生器。

2）双线圈。

3）微安表。

4）铜、铝、钢试块。

5）变厚度铝试块。

【实验原理】

当载有交变电流的线圈接近导电试件时，会在试件表面产生感生涡流。涡流的大小和流动形式受试件性能及有无缺陷的影响。其中，试件导电率的变化、线圈离试件距离的变化以及试件本身厚度的变化等都会引起涡流的改变，从而影响检测线圈的电性能。通常，这些影响分别被称为电导率效应、提离效应、厚度效应。因此，通过对检测线圈电性能（电压或阻抗）的测量，便可以对金属材料的电导率效应、提离效应和厚度效应进行测量。

【实验方法与步骤】

1. 实验内容

1）铜、铝、不锈钢等金属电导率效应的测量。

2）铜、铝合金基体上提离效应的测量。

3）铝的厚度效应的测量。

2. 实验步骤

1）调节好信号发生器的输出频率、正弦交流电的幅值。

2）电导率效应的测量。

① 将铜试块放置在实验线圈下方，读取微安表的读数并记录；依次改变实验频率和位置后，再次读取微安表的读数并记录。将数据记录在表4-4中。

② 将铝试块放置在实验线圈下方，重复步骤①，将数据记录在表4-4中。

③ 将不锈钢试块放置在实验线圈下方，重复步骤①，将数据记录在表4-4中。

3）提离效应的测量。

① 将铜试块放置在实验线圈下方，改变试块与线圈之间的距离，读取3～5个不同距离

时微安表上的读数；改变实验频率，读取微安表上的读数。将数据记录在表4-5中。

② 将铝试块放置在实验线圈下方，重复步骤①，将数据记录在表4-5中。

4）厚度效应的测量。分别将厚度不同的铝试块放置在实验线圈下方的同一位置上，读取微安表的读数并记录；改变实验频率或位置后，再次读取微安表的读数并记录。将数据记录在表4-6中。

3. 实验注意事项

1）实验频率不宜过低，以避免涡流渗透深度过深引起的误差。

2）操作时要将探头放置在试块的中心位置，注意避免边缘效应引起的误差。

【实验数据分析与处理】

1）金属电导率效应的测量数据见表4-4。

表4-4　电导率效应的测量值

材料	第一次		第二次		第三次	
	频率	位置	频率	位置	频率	位置
铜						
铝						
不锈钢						

2）金属提离效应的测量数据见表4-5。

表4-5　提离效应的测量值

材料	第一次		第二次		第三次	
	频率	位置	频率	位置	频率	位置
铜						
铝						

3）金属厚度效应的测量数据见表4-6。

表4-6　厚度效应的测量值

试块	第一次		第二次		第三次	
	频率	位置	频率	位置	频率	位置
1						
2						
3						
4						

【实验思考题】

1. 什么是涡流检测中的提离效应？

2. 试块与探头式线圈之间的距离变化会引起电磁耦合变化，这是由于（　　）。

A. 填充系数　　B. 边缘效应　　C. 端头效应　　D. 提离效应

3. 试块与探头式线圈之间的距离变化所引起的电磁耦合的改变称为（　　）。

A. 填充系数　　B. 末端效应　　C. 边缘效应　　D. 提离效应

4. 用探头式线圈检验厚板时，使用与工件间距离变化引起涡流变化的现象称为(　　)。

A. 填充系数　　B. 提离效应　　C. 相位差　　D. 边缘效应

5. 用于飞机现场检测的探头式线圈涡流仪需要抑制提离效应吗？为什么？

4.5 涡流传感器的制作及平衡调节

涡流传感器又称涡流检测线圈（探头）。在涡流检测中，工件的情况是通过涡流传感器的变化反映出来的。根据涡流检测原理，传感器首先需要一个激励线圈，以便交变电流通过并在其周围及受检工件内激励形成电磁场；同时为了把在电磁场作用下反映工件各种特征的信号检测出来，还需要一个检测线圈。涡流传感器的激励线圈和检测线圈可以是功能不同的两个线圈，也可以是同一线圈具有激励和检测两种功能。因此，在不需要区分线圈的功能时，通常把激励线圈和检测线圈统称为检测线圈，或称为涡流传感器。

涡流传感器种类繁多，常见的分类方法有以下几种：

1）根据检测线圈输出信号的不同，涡流传感器可分为参量式和变压器式两类。

2）根据检测线圈和工件的相对位置不同，涡流传感器可分为外穿过式线圈（图4-15）、内穿过式线圈（图4-16）和放置式线圈（图4-17）三类。

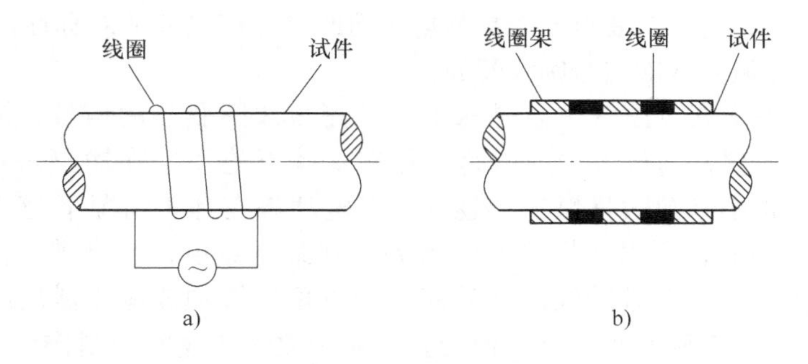

图4-15　外穿过式线圈结构示意图

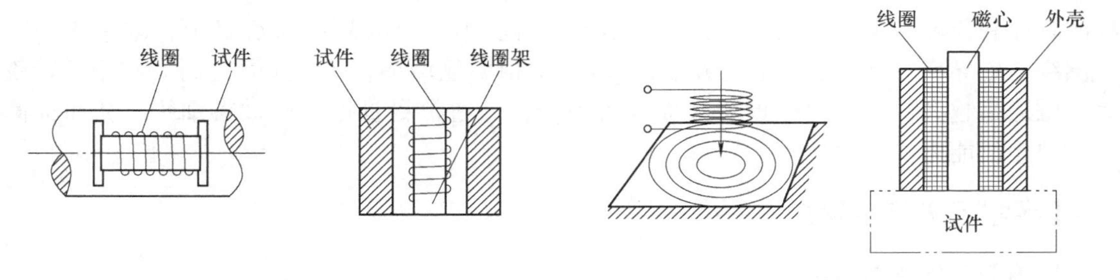

图4-16　内穿过式线圈结构示意图

图4-17　放置式线圈结构示意图

3）根据线圈的绕制方式不同，涡流传感器可分为绝对式、标准比较式和自比较式三类。

【实验目的】

1）通过本实验进一步了解涡流检测的基本原理。

2）掌握检测线圈的制作以及平衡的调节。

【实验设备与器材】

1）绕线机一台。

2）骨架一只。

3）漆包线。

4）万用表。

5）低频信号发生器。

6）电烙铁、剪刀、胶带等。

【实验原理】

涡流检测中，被检试件的信号是通过线圈阻抗（或感应电压）的变化反映出来的。涡流线圈的功能主要有两个：一个是在被检试件内部及其周边建立一个交变电磁场，另一个是获取被检试件的相关信息。

本次实验的内容是涡流检测穿过式线圈的制作与调节及涡流检测放置式线圈（点式探头）的制作与调节。

穿过式线圈的制作有三个要点：一是测量线圈凹槽几何尺寸的对称性，二是凹槽宽度、深度的一致性，三是测量线圈与激励线圈的比值。

放置式线圈的平衡调节原理主要是从探头的测量线圈获得的信号，被输送到仪器前放大器进行放大，而仪器前放大器通常是工作在 A 类状态下，在输出信号最大值一定的情况下，输入信号越小（放大量恒定）越好。零电动势在理想情况下为“0”，这在实际制作中是不可能做到的，所以，只要零电动势小到某一数值，就可满足需要。具体调整中，因测量线圈在里层，而激励线圈在外层，所以可用增加或减少激励线圈圈数的方法来减小“零电动势”，直到其小于某一值为止。对于放置式线圈的制作，主要的一个参数是线圈的品质因素 Q。为了提高点式探头的灵敏度，通常采用提高品质因素的方法，从公式 $Q=\omega L/R$（R 为线圈直流电阻；ω 为角频率；L 为自感；Q 为品质因素）可以看出，在线圈直径和长度一定的情况下，自感也是衡定的。为了提高品质因素 Q 值，通常采用将线圈绕在磁导率较高的磁心上的方法，这时，L 值明显增加，Q 值显著提高。磁心直径越大，磁通量越大，但是“焦点”大而分辨率降低。通常尽量把磁心做得细窄，从而提高分辨缺陷的能力。

【实验方法与步骤】

1. 穿过式线圈的制作

1）测量线圈的绕制（绕线骨架截面如图 4-18 所示）。

2）在测量线圈的凹槽 A 内绕 200 ~ 600 匝直径为 0.05mm 的漆包线，固定并焊接好两接线头，测量线圈是否导通。

3）在B槽内绕上与A槽匝数相同的线圈。

4）在骨架的大视窗上，采用平绕的方式绕上直径为0.4mm的激励线圈若干匝。

5）三组线圈成差动连接，如图4-18所示。

6）激励线圈周围用绝缘胶带封好，待调试。

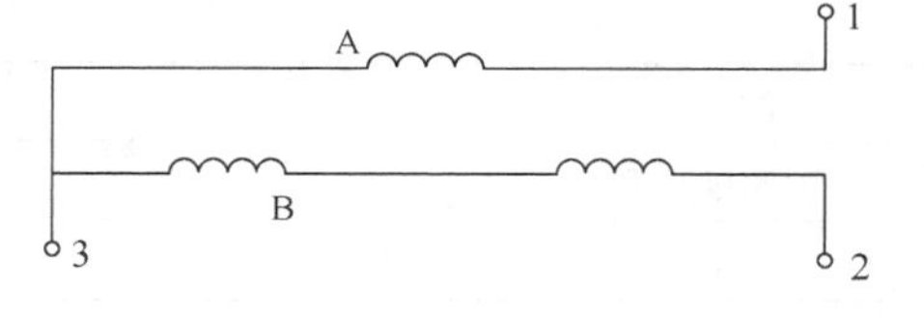

图4-18 三组线圈成差动连接

2. 穿过式线圈的平衡调节

1）在激励线圈中加入一定频率的电压（如3V），测量线圈的输出电压可以电压表读出。

2）拆下几匝激励线圈，观察电压表读数的变化（增大或减小）。

① 若电压表的读数增大，应继续减少激励线圈匝数，直至拆到另一组测量线圈的截面位置。此时，电压表的读数应有所下降。当电压表的读数由下降转为上升时，改减少激励线圈的匝数为增加其匝数。当电压表的读数再次下降时，停止增加激励线圈匝数。

② 若电压表的读数减小，则应继续减少激励线圈匝数，直至拆到另一测量线圈截面时，电压表读数应上升。当电压表读数上升时，改减少激励线圈匝数为增加其匝数，把拆下的线圈绕在另一测量线圈截面上，这时电压表读数将继续下降，直到下降到所规定的值为止。

3）将调好的探头线圈蜡封好，用胶带裹牢。记录探头在此频率下零电动势的毫伏数值。

3. 放置式线圈的制作

1）把磁心固定在绕线机上，绕上45号线10匝，作为激励线圈（共做2个）。

2）用同样方法将48号线绕于另一磁心上，共600匝，作为测量线圈。

3）分别测量两种线圈的Q值，选Q值较大的用。

4）分别测量两种线圈的电感，选用电感较大的线圈。两个激励线圈的电感要一致（或相近）。

5）取2个电感一致的激励线圈和1个电感较大的测量线圈组成一组，移动它们的相对位置，使两个激励线圈相对于测量线圈对称，用火漆固定（腊封好）。

6）对3个线圈的6个线头进行刮漆、烫锡处理后分别接在线柱上，等待调零电动势。

4. 放置式线圈的平衡调节

1）用电烙铁把火漆熔化，移动线圈位置。

2）选取三个位置的依据是：需要发现什么方向的缺陷，三者几何位置对称，电压表读数下降。

3）当测量线圈的输出电压小于某一个值时，调试即完成，用火漆固定封好。

4）在激励线圈上加上一定频率（如100kHz）的恒定电压（如3V），测出测量线圈上的零电动势。

将实验过程中的相关数据记录在表4-7中。

【实验数据分析与处理】

实验的相关数据见表4-7。

表 4-7 相关数据

激励电压	3V	3V	3V
激励频率			
零电动势			

【实验思考题】

1. 什么是检测线圈的边缘效应？

2. 影响外穿过式涡流检测线圈阻抗的是（　　）。

A. 线圈中试件的电导率　　B. 线圈中试件的磁导率

C. 填充系数　　D. 以上都是

3. 影响薄壁管内的内穿过式线圈阻抗变化的因素是（　　）。

A. 电导率　　B. 几何尺寸　　C. 实验频率　　D. 以上都是

4. 涡流检测常用的检测方式是（　　）。

A. 穿过式线圈法　　B. 探头式线圈法　　C. 内探头线圈法　　D. 以上都是

5. 涡流检测线圈按照（　　）可分为参量式、变压器式两种类型。

A. 结构　　B. 应用方式　　C. 比较方式　　D. 感应方式

6. 穿过式差动线圈最难检出（　　）。

A. 管材表面的凹坑　　B. 线材上的起皮

C. 管材上均匀深度的长裂纹　　D. 棒材上的夹杂

7. 影响放置式线圈阻抗的主要因素是（　　）。

A. 试件的电导率和磁导率　　B. 试件的厚度

C. 缺陷、频率和提离　　D. 以上都是

8. 在检测中，对缺陷方向较不敏感的涡流检测线圈是（　　）。

A. 外穿过式　　B. 内穿过式

C. 放置式　　D. 除 C 以外都是

9. 在应用过程中，轴线与被检工件表面平行的涡流检测线圈是（　　）。

A. 外穿过式　　B. 内穿过式

C. 放置式　　D. 除 C 以外都是

10. 哪些产品常用环形线圈检测？（　　）

A. 棒材、管材、线材　　B. 空心管内侧

C. 薄板和金属箔　　D. 以上都是

4.6 电导率的测量

电导率测量是涡流检测的应用之一。材料或零件的电导率 σ 通常是采用已知量值的电导率标准试块校准涡流电导仪后进行测量的。由于材料的电导率对涡流的影响不是简单的线性关系，因而不能用简单的函数来精确表述电导率与涡流响应的对应关系，因此，选择校准仪器的标准试块的量值不能与被检测材料或试样的电导率值相差过大。同时，受涡流检测边

缘效应、集肤效应和提离效应的影响，相关标准还对电导率标准试块的大小、厚度和表面粗糙度作出了严格的规定。

【实验目的】

1）掌握涡流法测量金属电导率的基本原理。
2）熟悉涡流电导仪的操作和使用方法。
3）学会利用电导率的差异进行金属化学成分、热处理状态等材质实验方法。

【实验设备与器材】

1）FQR7501、FQR7502型涡流电导仪和Hocking Auto Sigma 3000电导率测量仪（图4-19）。

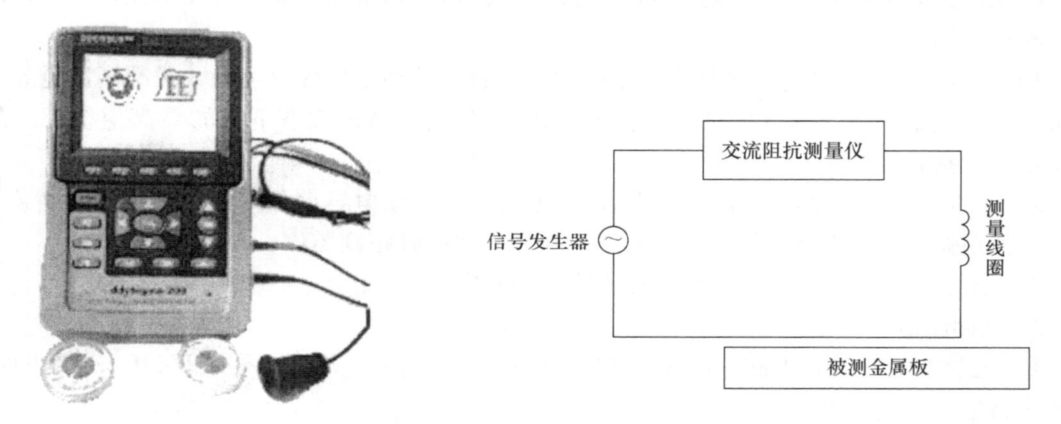

图4-19 实验仪器及检测框图

2）试件若干（分别由不同牌号或牌号相同但热处理方法不同的材料制成）。

【实验原理】

电导率是金属的物理性能之一，利用涡流法可以测量金属的电导率。

当载有交变电流的线圈接近金属试件时，试件表面就会感生出涡流。而涡流将通过其自身的磁场对检测线圈产生影响，改变它的电性能（如感应电压或阻抗特性）。由于涡流的强弱与金属的电导率密切相关，因此，通过检测线圈电性能变化的测量就可以相应得出金属试件的电导率。

涡流电导仪是采用电桥进行电导率测量的。如图4-20所示，L_1为检测线圈（即探头），L_2为补偿线圈，C_1为电容，C_2为可变电容。当$L_1=L_2$、$C_1=C_2$时，电桥达到平衡，输出电压为零。若将探头L_1放在试件表面上，由于涡流的影响将改变线圈的阻抗，电桥失去平衡。若重调C_2使电桥达到新的平衡，则C_2的变化量就抵消了涡流对线圈的影响。如果将C_2的变化量（转换为角度）与金属的电导率对应起来，就可以由C_2的变化量直接读出试件的电导率。

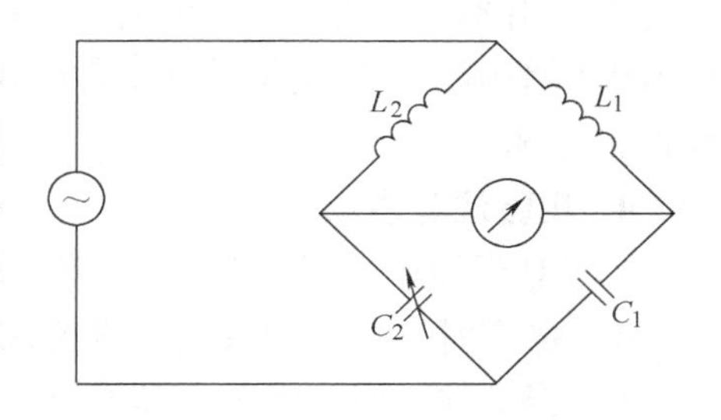

图4-20 测量电导率电桥

由于金属的电导率随金属材料的化学成分、热处理状态、组织状态、力学性能等材质因素变化，因此，根据电导率与材质因素之间的对应关系，可以进行材质的鉴别和分选等。

【实验方法与步骤】

1. 准备

1）打开仪器盖，把右下方的旋钮扳向“电池”位置，电表指针应该落在红色标记区内，否则应更换电池。

2）插入探头，把旋钮扳到“测量Ⅰ”或“测量Ⅱ”位置。

2. 校正

校正的目的是当电导率分度盘读数和标准试块的电导率值相等时，使电表指示为零，即电桥输出为零。

1）把探头放在高值电导率标准试块的中心位置，转动电导率分度盘，对准高值电导率数值（即分度盘的读数和标准试块上数值一致）；然后调节电表右下方的“高值校正”旋钮，使指针指到零位。

2）把探头放在低值电导率标准试块的中心位置，转动电导率分度盘，对准低值电导率数值；然后调节电表右下方的“低值校正”旋钮，使指针指到零位。

3）重复步骤1）、2）2～3次，仪器即校正好了。

3. 试件测量

1）电导率绝对值的测量。若试件测量厚度在1mm以上，并具有不小于ϕ10mm的平面，即可进行电导率绝对值的测量。

将探头放在试件平面上，转动分度盘使指针指零，这时分度盘的电导率数值即为试件的电导率绝对值。

如果是材质实验，即可根据已测得的电导率值和描写电导率-材质因素（如牌号、热处理状态等）关系的图表（事先根据已知材质因素的电导率值作出），得出有关材质因素的结论。

2）电导率相对值的测量。若试件厚度在1mm以下或形状不规则，则可采用电导率相对值进行材质实验。

将探头放在已知材质因素的试件上，测出指针指零时的电导率值。然后，将探头移放到被测试件上，读出指针指零时的值，再根据两值的比较作出鉴别。

3）偏转法测量。此方法适用于快速成批分选，如区分某些材料的热处理状态、混料、过烧等。用此方法测量时，无需每次都转动分度盘平衡电桥，只需对一已知材质因素的试件进行电桥平衡，然后测量其他试件时仅观察表头指针的偏摆，即可根据表头偏摆的方向、幅度作出分选。

4. 实验注意事项

1）FQR7501、FQR7502型涡流电导仪只适用于非磁性材料。

2）操作时注意边缘效应，避免人为误操作。

3）当试件平面较大时，其电导率随着位置的不同可能有所变化。测量时，要求对三点以上进行测量，取其平均值作为电导率值。

【实验数据分析与处理】

1）测量所给试件的绝对电导率，并填入表4-8中。

2）已知编号为3-1、3-2、3-3、3-4是材料相同、热处理状态不同的试件，它们的σ-HRB关系如图4-21所示，试确定各试片的热处理状态，并填入表4-9中。

3）在上述试件中以试件号3-4为标准试块，用偏转法测量，记录其他试片的指针偏摆方向和幅值。

表4-8　绝对电导率值

序号	试件号	材料牌号	热处理状态	仪器灵敏度	电导率值	备注
1						
2						
3						
4						
5						
6						

表4-9　热处理状态

试件号	热处理状态	偏转法	
		偏转方向	偏转刻度
3-1			
3-2			
3-3			
3-4			

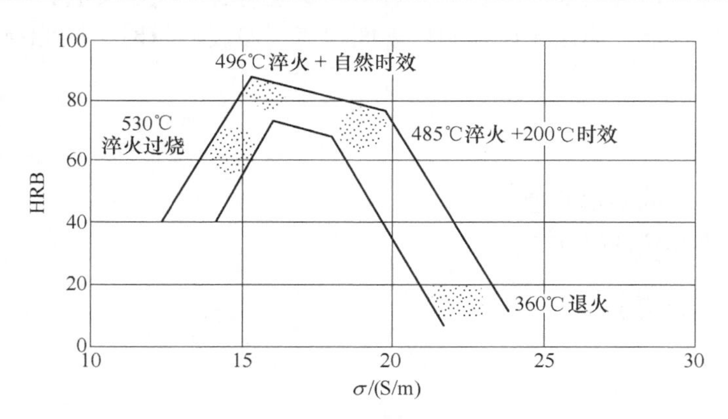

图4-21　σ-HRB关系图

【实验思考题】

1. 涡流电导率检测仪的灵敏度与下面哪个因素有关？（　　）

A. 仪器性能　　　　B. 标准电导率试块

C. 测试条件和测试方法　　　　D. 以上都是

2. 涡流导电仪能用于探伤吗？为什么？

3. 减小电导率相当于（　　）。

A. 磁导率增大　　B. 电阻率增大　　C. 磁导率减小　　D. 电阻率减小

4. 关于电导率的叙述，正确的是（　　）。

A. 试件电导率的变化反映在有效磁导率内

B. 试件电导率的变化影响线圈阻抗在 f/f_g 曲线上的位置

C. 对不同电导率的试件进行涡流检测时，检测线圈的阻抗会有不同

D. 以上都对

5. 金属电导率随（　　）变化。

A. 金属热处理　　B. 金属的冷变形　　C. 金属的时效工艺　　D. 以上都是

6. 通过改变（　　）可使材料的电导率改变。

A. 零件的合金成分　　B. 零件的热处理状态　　C. 零件的温度　　D. 以上都是

7. 在涡流检测中，被检对象表面的涡流密度与（　　）的平方根值成正比。

A. 检测频率　　B. 电导率　　C. 磁导率　　D. 以上都是

8. 在相同磁化条件下，（　　）越高，被检材料表面激励产生的涡流密度就越大。

A. 检测频率　　B. 电导率　　C. 磁导率　　D. 以上都是

4.7 膜层厚度的测量

膜层厚度测量是采用标准厚度片校准涡流测厚仪后，对基体金属表面涂层的厚度进行测量，因此，绝大多数情况下不存在对比试片的问题。作为校准仪器使用的标准试片必须有明确的量值，并满足以下要求：

1）良好的刚性，即检测线圈压在上面时不会发生显著的弹性变形。

2）良好的弯曲性能，当用于曲面制件表面覆盖层厚度测量时，应能与被检测对象的弧面基体形成良好的吻合。

【实验目的】

1）掌握涡流测厚的基本原理。

2）学会涡流测厚仪的操作方法。

【实验设备与器材】

1）膜层测厚仪。

2）试件若干。

【实验原理】

采用磁性法和涡流法两种测厚方法，可无损地测量磁性金属基体（如钢、铁、合金和硬磁性钢等）上非磁性覆盖层的厚度（如锌、铝、铬、铜、橡胶、油漆等）及非磁性金属基体（如铜、铝、锌、锡等）上非导电覆盖层的厚度（如橡胶、油漆、塑料、阳极氧化膜等）。

1. 磁性法（F 型测头）

当测头与覆盖层接触时，测头和磁性金属基体构成一闭合磁路，由于非磁性覆盖层的存在，使磁路磁阻变化，通过测量其变化可导出覆盖层的厚度，如图 4-22 所示。

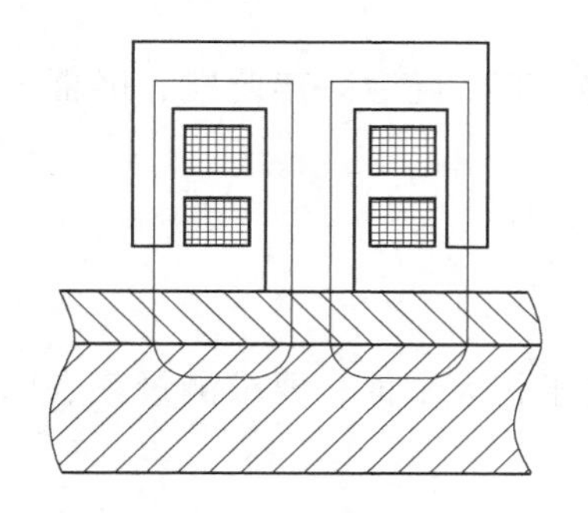

图 4-22　磁性法基本工作原理

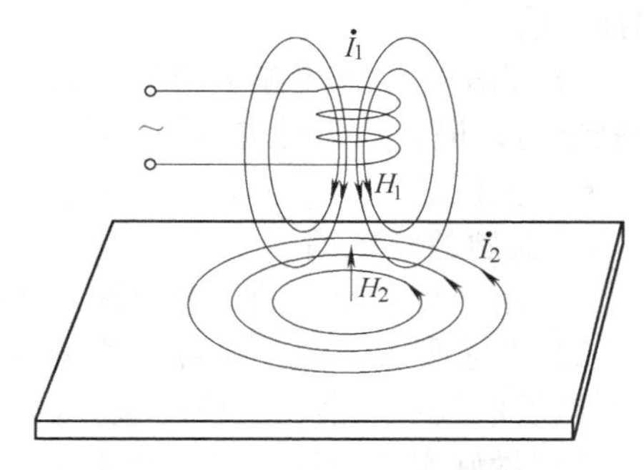

图 4-23　涡流法基本工作原理

2. 涡流法（N 型测头）

利用高频交变电流在线圈中产生一个电磁场，当测头与覆盖层接触时，金属基体上产生电涡流，并对测头中的线圈产生反馈作用，通过测量反馈作用的大小可导出覆盖层的厚度，如图 4-23 所示。

【实验方法与步骤】

1. 实验内容

1）2A12（曾用牌号 LY12）铝试片上阳极氧化层厚度的测量。

2）3A21（曾用牌号 LF21）铝试片上油漆层厚度的测量。

3）钢基体上镀铬层厚度的测量。

2. 实验步骤

1）准备好待测试件。

2）将测头置于开放空间，按一下“ON/OFF”键，开机。

3）检查电池电压，如屏幕上一直显示电池符号，则需更换电池。

4）校准仪器。在测量中有三种校准方法：零点校准、二点校准、在喷沙表面上校准。二点校准法又分为一试片法和二试片法。

① 零点校准。在基体上进行一次测量，屏幕显示 < ×. ×μm >；按零点键，屏显 <0. 0 >。零点校准已完成。

② 二点校准。

a. 一试片法。这种校准法适用于高精度测量及小工件、淬火钢、合金钢的测量。

• 先校零点见①中内容。

• 在厚度大致等于预计的待测覆盖层厚度的标准片上进行一次测量，屏幕显示 < × × × μm >。

• 用“↓”或“↑”键修正读数，使其达到标准值。校准已完成，可以开始测量。

b. 二试片法。两个标准片厚度至少相差三倍。待测覆盖层厚度应该在两个校准值之间。这种校准法适用于粗糙的喷沙表面和高精度测量。

• 先校零点（见①中内容）。

• 在较薄的标准片上进行一次测量，用“↓”或“↑”键修正读数，使其达到标准值。

• 紧接着在较厚的一个试片上进行一次测量，用“↓”或“↑”键修正读数，使其达到标准值。

5）测量。迅速将测头与测试面垂直接触，并轻压测头定位套，随着一声鸣响，屏幕显示测量值，提起测头可进行下次测量。

6）关机。

3. 实验注意事项

1）由于校正膜片的不均匀性，使用时须放在同一位置。

2）为了保证测量的精确，测量时探头的压力要均匀；对于较大平面，要求测量三点以上，然后取其平均值作为厚度值。

3）做好实验记录，将数据填入表4-10中。

【实验数据分析与处理】

实验数据见表4-10。

表4-10 实验数据

试件号	试件类型		校正膜片厚度/μm	膜层厚度/μm				备注
	基体	膜层		1	2	3	平均	
	铝	阳极化层						
	铝	阳极化层						
	铝	油漆						
	铝	油漆						
	钢	铬						
	钢	铬						

【实验思考题】

1. 涡流导电仪能用来测量金属基体表面绝缘膜层厚度吗？为什么？

2. 简述涡流法测厚的原理。

3. 关于涡流法测量覆盖层厚度的叙述，正确的是（　　）。

A. 一般采用点式探头以反射法检测

B. 如果导电基体材料厚度大于涡流透入深度，则非导电覆盖层厚度的测量与工件厚度无关

C. 测量导电基体上的绝缘层时，应选择尽量高的检验频率

D. 以上都对

4. 涡流法测量覆盖层厚度时的误差来源是（　　）。

A. 试样本身　　B. 检测仪器本身　　C. 操作不当　　D. 以上都是

5. 涡流法测量覆盖层厚度时的误差来源是（　　）。

A. 边界效应　　B. 尖端效应　　C. 提离效应　　D. 以上都是

6. 利用涡流法测量覆盖层厚度时，影响线圈阻抗的主要因素是（　　）。

A. 试件基体材料的电导率　　B. 试件的厚度　　C. 膜层厚度效应　　D. 以上都是

7. 利用涡流法测量覆盖层厚度时，影响线圈阻抗的主要因素是（　　）。
A. 试件基体材料的电导率　B. 试件的厚度　C. 提离效应　D. 以上都是
8. 利用涡流法测量非铁磁性金属基体上非铁磁性金属覆盖层厚度时，限制条件是（　　）。
A. 基体和膜层的电导率相差较大　B. 基体和膜层的电导率相差较小
C. 基体和膜层的磁导率相差较大　D. 基体和膜层的磁导率相差较小

4.8 涡流探伤

涡流检测的基本原理是电磁感应。当把导体接近通有交流电流的线圈时，由线圈建立的交变磁场与导体发生电磁感应作用，在导体内感生出涡流。此时，导体中的涡流也会产生相应的感应磁场，并影响原磁场，进而导致线圈电压和阻抗的改变。当导体表面或近表面出现缺陷（或其他性质变化）时，会影响涡流的强度和分布，并引起线圈电压和阻抗的变化。因此，通过仪器检测出线圈中电压或阻抗的变化，即可间接地发现导体内缺陷（或其他性质变化）的存在。涡流检测技术因其对小裂纹的灵敏度高、无接触及无需耦合剂等优点，在航空航天、核工业、电力、石化、冶金、非铁金属等行业中得到了广泛应用，是常规无损检测技术之一。

【实验目的】

1）掌握涡流探伤原理。
2）熟悉幅度式涡流探伤仪和阻抗式涡流探伤仪的操作及使用方法。
3）掌握探伤中判别缺陷的方法。

【实验设备与器材】

1）WT—3 型涡流探伤仪，EEC—22 +、EEC—30S 型管棒涡流探伤仪。
2）人工缺陷铝合金、铁合金试件若干，人工缺陷钢管、铜管试件若干。
3）待测的自然缺陷铝合金、铁合金试件若干。
仪器设计框图如图 4-24 所示。

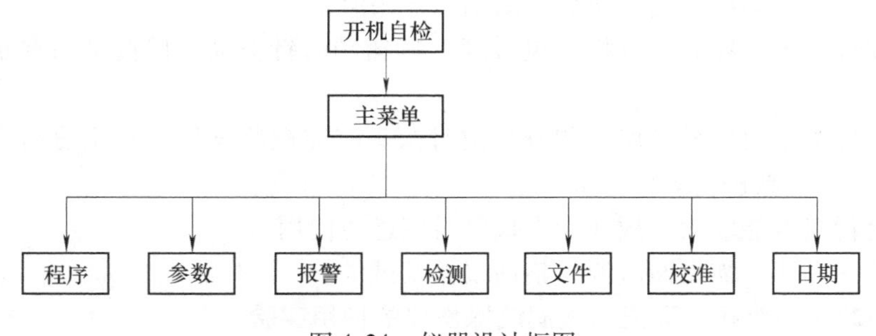

图 4-24　仪器设计框图

【实验原理】

涡流探伤仪利用电磁感应原理进行探伤。当通有交变电流的探头接近金属表面时，线圈周围的交变磁场在金属表面感应出交变电流，对于平板金属，感应电流形似漩涡，称为涡流。涡流通道的损耗电阻以及涡流产生的磁通，又作用到探头线圈，改变了线圈的阻抗。探头在金属表面移动，遇到裂纹或裂纹深度有变化时，引起线圈阻抗的变化。测量这种变化，就能鉴别金属表面有无裂纹等缺陷及缺陷的量级。涡流检测原理示意图如图 4-25 所示。

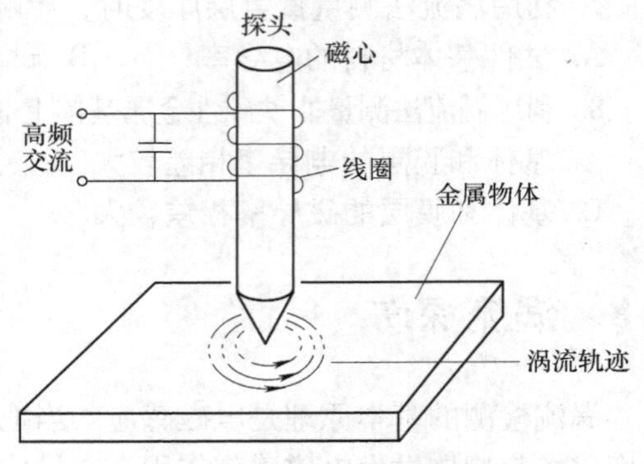

图 4-25　涡流检测原理示意图

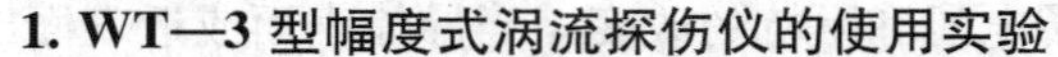

【实验方法与步骤】

1. WT—3 型幅度式涡流探伤仪的使用实验

利用幅度式涡流探伤仪进行涡流探伤实验，检测各类人工和自然缺陷。

1）微分开关置于“断”，根据探头类型将电源开关置于“铁”或“非铁”位置。

2）灵敏度旋钮置于“1”，补偿旋钮顺时针旋转到极限位置“0”。

3）探头置于试件上无缺陷处，调节零位旋钮使指针位于 20μA 处。然后向左旋动补偿旋钮，指针偏到 0μA 以下时停止旋动；再次调节零位旋钮，使指针重新指回到 20μA 处。

4）将探头提离试件表面，观察指针往左偏还是往右偏。

5）如果指针往左偏，将探头重新放回试件表面，向左旋动补偿旋钮少许，使指针左偏；然后再调节零位旋钮，使指针重新指回到 20μA 处。如果指针往右偏，将探头重新放回试件表面，向右旋动补偿旋钮少许，使指针右偏；然后再调节零位旋钮，使指针重新指回到 20μA 处。

6）再次将探头提离试件，观察指针偏转，如果仍然偏转较多，观察偏转方向，重复步骤 5，直到探头在试件表面和提离后指针基本不偏转为止。这时提离效应基本得到抑制，可以进行检测操作。

7）对试件进行检测。检测三块有自然裂纹的铝试件的其中一块，记录试件编号和其上的缺陷，绘出草图。将实验数据填入表 4-11 中。

实验时应注意以下几点：

1）检测时应注意边缘效应，避免与缺陷信号相混淆。

2）当需要提高灵敏度时，可将“灵敏度”旋钮顺时针拨动，但拨动后要求重新进行零位调节。

3）使用中探头不要选择错误，调节零位时探头应在被测试件材料上进行，当换测不同材料的试件时，应重新进行零位调节。

4）因报警耗费电能较大，故在无需报警时应避免使用。

5）仪器使用完毕，需切断电源，整理仪器及试件。

2. EEC—22 + 型阻抗平面显示式涡流探伤仪的使用实验

利用阻抗或涡流探伤仪进行涡流探伤实验，检测各类人工和自然缺陷。

1）对人工试件、方形试件、叶片使用点式探头进行检测；对带人工缺陷的铜管、钢管试件 1 使用外通过式探头进行检测；对人工钢管试件 2 使用内通过式探头进行检测；对自然缺陷钢管使用外通过探头进行检测。

2）进行检测时，接好探头，开起电源，选择阻抗平面显示。

3）根据屏幕操作提示，选择参数、检测等项目，进行参数基本设定及检测中参数设定。通过钢制试件和铝制试件找到合适的检测参数，确定检测频率、增益 dB 值、相位、Y 轴与 X 轴增益比、滤波参数、扫描速度等检测参数，使得提离、直径变化等干扰因素与缺陷引起的阻抗变化呈现尽可能大的夹角，噪声得到较好的抑制，灵敏度调节到合适的量级。

4）检测带人工缺陷的铜管、钢管、试件。检测带自然缺陷的方形铝块、涡轮叶片、铜管、钢管。

5）对检测结果进行记录，要求记录检测参数、缺陷示意图、用阻抗式仪器检测时的阻抗图。将实验数据填入表4-11中。

【实验数据分析与处理】

1）记录检测试件及参数（表4-11）。

2）绘出表4-11中的试件缺陷示意图和阻抗变化曲线图。

表4-11　实验数据

编　号	试件名称	试件材料	阻抗式仪器参数	备　注

【实验思考题】

1. 为什么说涡流探伤只适用于检测材料表面及近表面缺陷？

2. 涡流检测的特点是什么？

3. 什么情况下可以考虑用涡流探伤？

4. 涡流检测常用的检测方式是（　　）。

A. 穿过式线圈法　B. 探头式线圈法　C. 内探头线圈法　D. 以上都是

5. 涡流检测常用的实验线圈是（　　）。

A. 外穿过式线圈　B. 探头式线圈　C. 内穿过式线圈　D. 以上都是

6. 涡流检测常用的探头主要有（　　）。

A. 线圈穿过式　B. 探头式　C. 插入式　D. 以上都是

7. 涡流点式探头可用于（　　）探伤。

A. 金属细丝　B. 钢丝绳　C. 方坯内部　D. 板材表面

8. 涡流检测线圈要用交流电而不用直流电的理由是（　　）。

A. 必须对试件施加变化的磁场

B. 要利用集肤效应来提高探出表面缺陷的性能

C. 用直流电反磁场的影响大，探出缺陷的能力低

D. 交流电比直流电容易得到

9. 涡流检测中，被检试样与线圈之间通过哪种方式耦合？（　　）

A. 铁心耦合　B. 磁饱和　C. 线圈的磁场　D. 铁氧体磁心

10. 在涡流检测中，试件通过什么与检测线圈耦合？（　　）

A. 铁心耦合　　B. 磁饱和　　C. 线圈电磁场

D. 磁畴　　E. 干粉耦合剂

4.9 多频涡流对干扰信号的抑制

依据阻抗分析法原理，在使用一个频率工作时，利用相敏检波器可以抑制一个干扰因素，提取一个有用信息。而在实施涡流检测时，根据涡流检测原理，工件中的多种因素会对涡流检测线圈的阻抗产生影响。为此，在涡流检测中就需要增加鉴别信号手段，以便在检测时获得更多的试验变量，抑制多种干扰因素影响，提高有用信息检测的分辨率与可靠性，对被检工件作出正确评价。多频涡流检测是实现多参数检测的有效方法，可以实现有效抑制多个干扰因素的目的。

【实验目的】

1）掌握多频涡流检测的基本原理。

2）学会多频涡流仪的操作方法。

3）学会判断缺陷信号和干扰信号。

4）熟悉多频涡流抑制干扰信号的方法。

【实验设备与器材】

1）EEC—35 + + 型智慧全数位式多频涡流检测仪（图 4-26）或 Hocking phasec 2200 涡

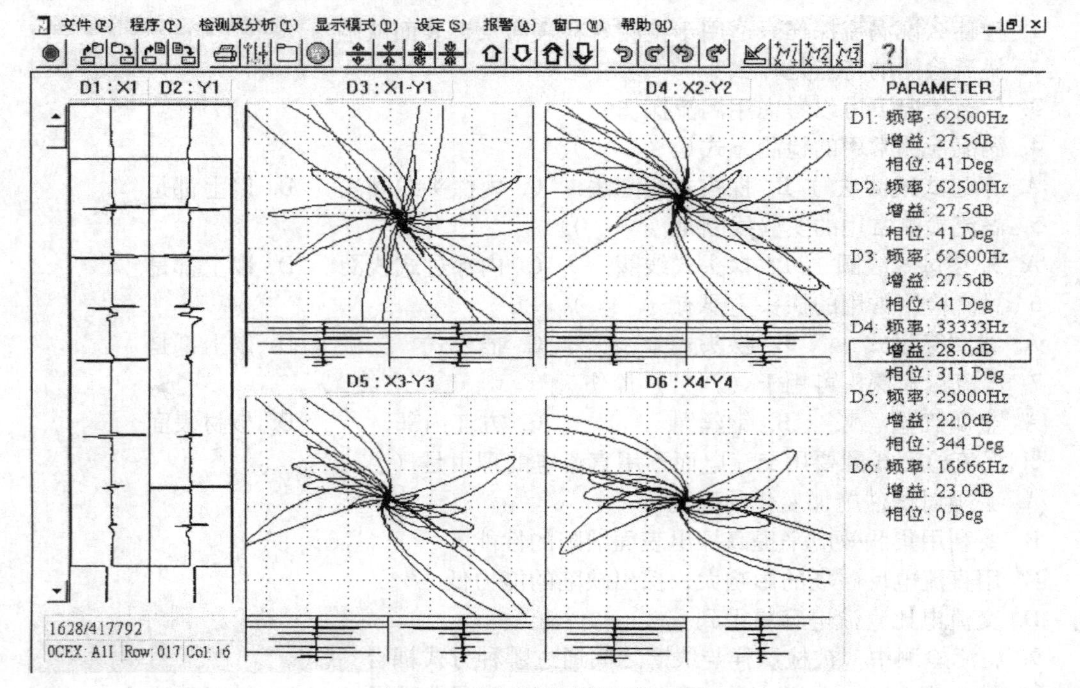

图 4-26　多频涡流检测仪演示图

流检测仪。

2）铜管和钢管人工试件（其上钻有通孔缺陷）。

3）碳钢模拟支撑板。

【实验原理】

多频/多参数涡流法能比用一个频率作激励信号的涡流试验方法鉴别更多的参数。它是单频涡流检测技术的推广。多频涡流检测的一个重要应用就是能够抑制掉多个干扰信号的影响，而仅保留待检信号。为达到这一目的，就要进行多参数的分离，其方法基于数学计算和矢量转换的原理。

1. 高斯消元法

用两个不同频率进行检测时，获得两个不同的检测结果 A 和 B，它们可以表示为

$$\begin{cases} A = a_1 x + a_2 y \\ B = b_1 x + b_2 y \end{cases} \tag{4-5}$$

式中，x 为待检信号；y 为应抑制的干扰信号；其他参数是信号的系数，可看做已知。

A 和 B 可换算为

$$A - \frac{a_2}{b_2}B = \left(a_1 - b_1\frac{a_2}{b_2}\right)x \tag{4-6}$$

这样就可抑制 y 而提出 x。

从上面利用减法运算消除干扰信号的过程可以看出，两个检测信号的相减运算可抑制一种干扰信号。也就是说，输入信号的数量比可抑制的干扰信号数量多1，这就是多频法的规律。如果输入的检测信号是三个，则通过两次减法运算，可抑制掉两种干扰信号 y 和 z。其方法是：首先将信号 A 分别与信号 B 和信号 C 的组合相减，消除干扰信号 z，再将余下的两个信号组合并相减，消除干扰信号 y，最后就只得到待检信号 x。

2. 坐标系旋转法

坐标系旋转法是在消除两个检测信号中的干扰信号时，把两个检测信号在阻抗平面上作为输入信号，然后旋转坐标系，待信号输出时干扰信号被抑制的一种方法。

如图4-27所示，把坐标系 Oxy 旋转角度 θ，可得到坐标系 $Ox'y'$，此时，原坐标系 Oxy 上的点 A、B 在新坐标系 $Ox'y'$ 中表示为 A'、B'，即

$$\begin{cases} A' = A\cos\theta - B\sin\theta \\ B' = A\sin\theta + B\cos\theta \end{cases} \tag{4-7}$$

式（4-5）中的两个输入信号 A、B 为待检信号 x 和干扰信号 y 的线性叠加。如图4-28所示，噪声信号 ON 在平面 xOy 上为一直线，要将其消除，即需将坐标系 Oxy 旋转角度 θ，使噪声信号 ON 与 y' 轴重合。在坐标系 $Ox'y$ 中以 x' 轴为输出时，干扰信号 ON（y' 轴）的影响就全部消失了。

上述过程用数学式表达即为将式（4-5）代入式（4-7）中，可得到

$$A' = (a_1\cos\theta - b_1\sin\theta)x + (a_2\cos\theta - b_2\sin\theta)y \tag{4-8}$$

其中

$$a_2\cos\theta - b_2\sin\theta = 0 \tag{4-9}$$

干扰信号 y 的输出为零，则

$$\theta = \arctan(a_2/b_2) \tag{4-10}$$

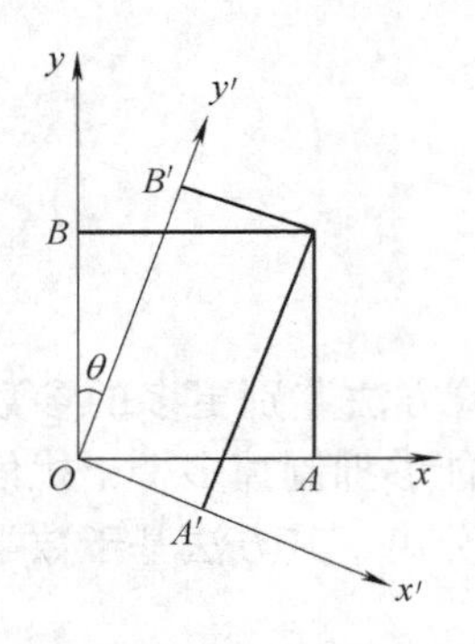

图 4-27　坐标系的旋转

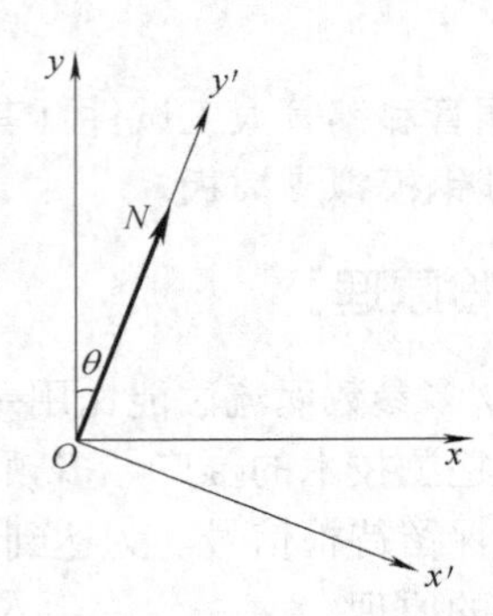

图 4-28　抑制干扰信号

则输出信号 A' 为

$$A'=(a_1\cos\theta-b_1\sin\theta)x \tag{4-11}$$

由此可见，输出信号 A' 中 y 的成分完全消失了，只剩下待检信号 x 的成分。

坐标系旋转法可以多次重复，从而达到对复杂信号进行处理的目的。假如输入的检测信号为4个，在任意的组合方式下，先用两个检测信号消除一个干扰信号，再用剩下的两个信号消除另一个干扰信号。这种信号处理方式可以反复进行，从而消除多个干扰信号并提取所希望的信号。

3. 应用多频技术抑制干扰

如要抑制缺陷的支撑板信号，可以选择两个适当的频率 f_1 和 f_2 同时激励线圈，得到两幅阻抗平面图（图 4-29）。它们之间的支撑板图形的特点是：幅度不同，形状不同，相互之间呈现不同的取向。保持频率 f_1 的参数不变，将由频率 f_2 得到的图形经过因子变换，即改变图形的水平和垂直比率以及旋转图形等处理，把由频率 f_2 得到的图形上的支撑板轨迹调节成与由频率 f_1 得到的图形上支撑板轨迹一致，如图 4-30 所示。将两图形矢量相减，即可消除支撑板信号。由于由频率 f_1 得到的图形与作了处理的由频率 f_2 得到的图形的缺陷相位、幅度均不相等，因此，矢量相减后，缺陷信号仍可以保留。

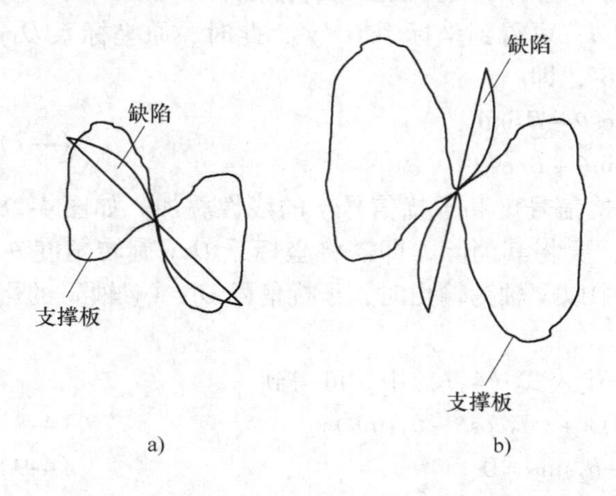

图 4-29　由频率 f_1、f_2 激励得到的图形

a）频率为 f_1　b）频率为 f_2

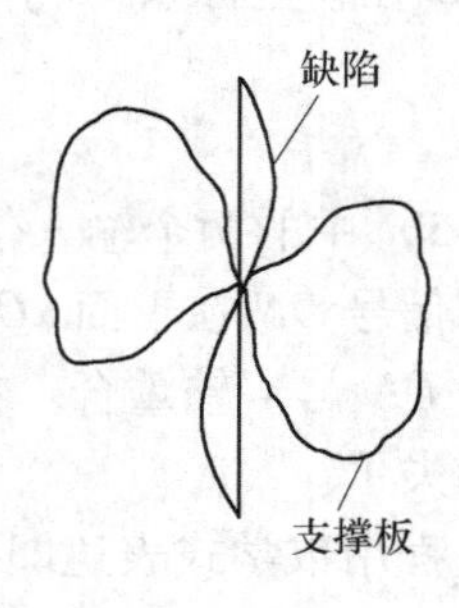

图 4-30　由频率 f_2 得到的图形经过因子变换和相位旋转处理后的图形

【实验方法与步骤】

1. 仪器准备

1）连接好电源、信号线，探头接入 Probe1AB 接线柱上。

2）将旋钮调节到 NORM 方向，起动仪器和计算机，进入 EEC. EXE 系统软件。

2. 参数选择

1）进入“选程序”菜单，选择“时基扫描 + 四阻抗平面显示”。

2）进入“选显示”菜单，选择 D-1、D-2、D-3、D-4、D-5、D-6 分别为 Y1、Y2、MIX-1、X1-Y-1、X2-Y2、OFF。

3）进入“设参数”菜单。自由调试选取两个频率值（一般是 2 倍的关系），以达到阻抗平面图显示最佳为准，检测过程中要不断进行调整。

4）进入“设报警”菜单，使“报警方式 = 幅相”、“报警窗数 = 1”、“声音 A = 开”，其余可设为“关”。

3. 检测调试

1）进入检测状态，将内穿探头穿入钻有 ϕ1. 3mm 或 ϕ2. 4mm 的通孔的铜管内，在没有缺陷处按一下空白键（即“平衡键”），使仪器处于平衡状态。

2）移动探头使其通过标孔，即可在画面上产生一个“8”字形信号，将参数栏中的蓝色光标移至 D3、D4 和 D5 的“相位”、“增益”上分别进行调整。增益均调整至约为满框的 80%，D3、D4 的增益值尽量相等。调整 D3、D4 的相位为 40°，再按一下“平衡键”。

4. 混频抑制

1）探头置于标样管中无缺陷处，将模拟支撑板试件穿过铜管标样，检测画面上出现支撑板信号。支撑板信号一般也为“8”字形（或者两端呈尖形的扁“8”字形）。

2）按“Delete”键进入扩展分析状态，移动时基扫描上的扩展框至支撑板信号。

3）按“D”键进入混频抑制状态，选择“MIXER1 自动调试”后按回车键，仪器进行自动混频计算。

4）计算完毕后，按一下“↑”键或“↓”键，可以看到 D-3 混频抑制信号框中的支撑板信号已被抑制。

5. 混频信号通道的调整

1）探头穿过标孔，调整 D-3 框上的增益，使其在刚进入报警区后再加 2dB，调整相位为 40°，再按一下“平衡键”。

2）进入“选程序”菜单，选择“时基扫描 + 双阻抗平面显示”，画面增大，以便于检测观察。把支撑板置于标孔上，探头穿过标孔，可观察到 D-3 仅显示标孔信号，D-4 则显示标孔和支撑板的综合信号。

3）进入“选显示”菜单，调整 D-1、D-2 分别为 YM1、Y1。

4）进入“文件”菜单，把已调整好的参数存起来。

6. 重复步骤 1 ~ 5，对钢管进行检测。

本实验应注意以下几点：

1）频率选择的主要依据是：在增益不变的情况下，每个单频信号框对缺陷和支撑板信号均能单独显示。要对多组频率不断优选，注意每组中两个频率近似为 2 倍的关系。

2）在对干扰信号进行抑制的过程中，应把 D4、D5 的增益值调为大致相等，并且始终保持不变。通常当 D3 的增益值小于 D4、D5 时，D3 显示就能满足要求。

3）缺陷信号在抑制干扰信号前后，可能存在微小的形变。

【实验数据分析与处理】

画出支撑板信号抑制前后检测通孔缺陷时所得到的阻抗平面图。

【实验思考题】

1. 多频涡流探伤仪通常都是多通道涡流探伤仪吗？
2. 具有两种或两种以上工作频率的涡流导电仪是否属于多频涡流仪？
3. 多通道涡流探伤仪是否具有两个或两个以上信号激励与检测的工作通道？

4.10　涡流位移、振幅的测量

依据涡流检测阻抗分析法原理，在实施涡流检测时，被检工件离涡流检测线圈的距离是影响线圈阻抗的重要因素之一。为此，利用涡流检测的提离效应，可以可靠地测量涡流检测线圈与导电试件之间的间隙，也能有效地进行旋转轴类工件安装的位移测量及工作过程中径向圆跳动的振幅测量。

【实验目的】

1）掌握涡流法测量位移、振幅的基本原理。

2）熟悉涡流位移振幅测量仪的操作及使用方法。

【实验设备与器材】

1）位移振幅测量仪。

2）车床一台，45 钢圆轴一根，静校试片。

3）示波器。

【实验原理】

位移、振幅测量原理基于涡流检测原理的提离效应。当载有高频电流的线圈接近试件时，试件中将产生涡流。当试件的材质、形状因素确定之后，经过调整，可以使涡流对线圈阻抗的影响 ΔZ 成为线圈与试件间距 δ 的单值函数，即

$$\Delta Z = F(\delta)$$

对于磁性材料，由于线圈磁路中磁阻随着间距 δ 的变化而变化，磁路中磁通量的变化同样会对探头线圈（图 4-31）的阻抗产生作用。但它与涡流产生的作用是不相同的。涡流使线圈的电感减小，而磁导率的增大将使电感增大，两者引起的探头谐振频率变化的方向是不同的，如图 4-32 所示。因此，对于不同材料的试件，需要进行个别调整，找到探头的理想位置，调节适当的灵敏度，以便使测量处于线性阶段。

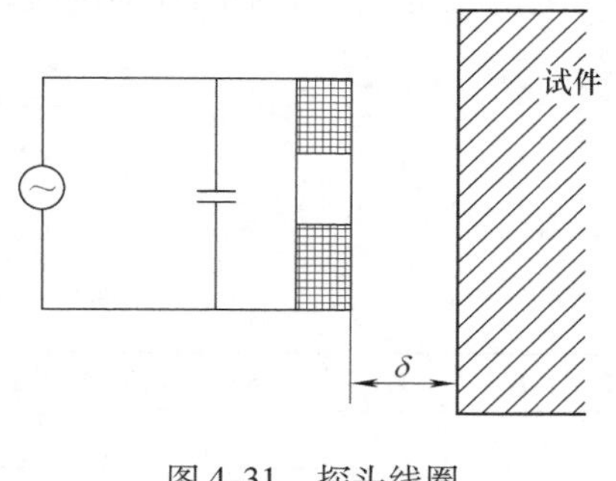

图 4-31 探头线圈

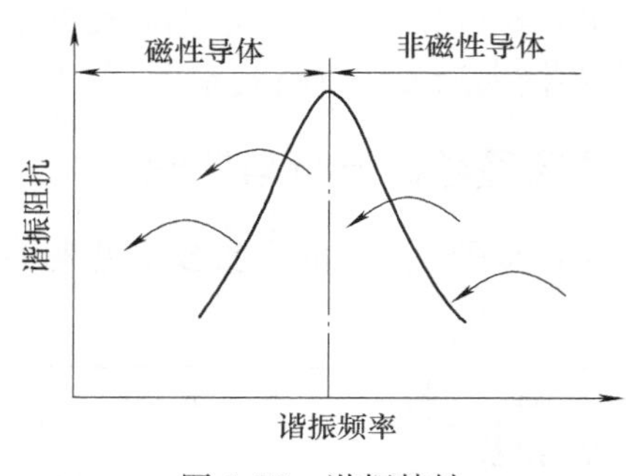

图 4-32 谐振特性

【实验方法与步骤】

1）仪器连接如图 4-33 所示。

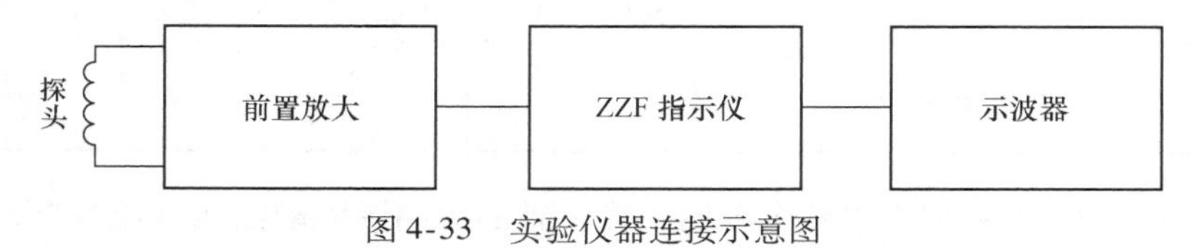

图 4-33 实验仪器连接示意图

2）接通电源。

3）将灵敏度调到最低。将探头装入静校器（图 4-34），使探头与静校试片接触，将指示表指针调到负值的极限位置。

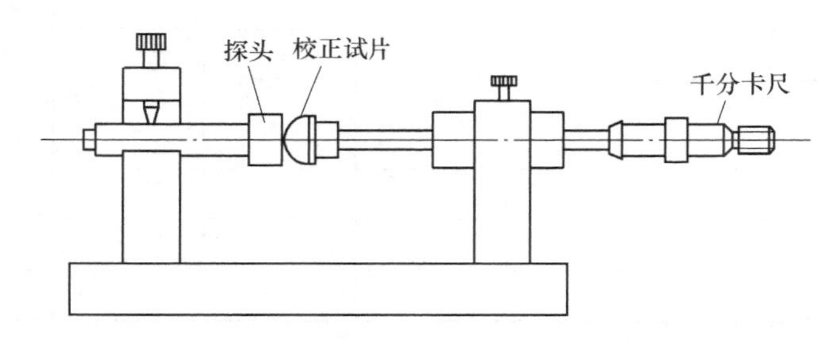

图 4-34 探头与静校试片接触示意图

4）调节静校器的千分卡尺，读出与 δ 值对应的读数并填入表 4-12，作出位移-读数特性曲线。

5）根据表 4-12 中的数据，取出表头读数增量最大的区域，在此区域内灵敏度高，线性好。取这个区域的中点，将千分卡尺固定在此点的 δ 值上（记作 δ_0），再调节指示仪位置电位计使表头指针指零。

6）当千分卡尺指针位于量程的 70% 处时，调节灵敏度按钮，使表头指示值和位移值对应起来；再反向调节千分卡尺，使指针达到量程另一侧的 70% 处，观察两个方向的位移量是否相同。如果不同，需略改动 δ_0 的值，再重复上述调节。如果两个位移方向相同，则静校就完成了。

7）在车床上安装被测轴，将探头安装在刀架上。摇动刀架，改变探头与试件的距离，使表头指针对零。

8）在以顶尖为起点的轴向长度上分别测量表4-13中所列的长度位置上轴的径向圆跳动值，并接入示波器进行观察。

【实验数据分析与处理】

1）步骤4）中的实验数据见表4-12。

表4-12 实验数据

δ/mm	0	0.2	0.4	0.6	0.8	1.0	1.2	1.4	1.6	1.8	2.0	2.2
仪表头读数												
增量												
δ/mm	2.4	2.6	2.8	3.0	3.2	3.4	3.6	3.8	4.0	4.2	4.4	4.6
仪表头读数												
增量												
δ/mm	4.8	5.0	5.2	5.4	5.6	5.8	6.0	6.2	6.4	6.8	7.0	7.2
仪表头读数												
增量												

2）根据表4-13中数据绘出整个轴向长度上轴的径向圆跳动曲线（绘在图4-35上）。

表4-13 实验数据 （单位：mm）

长度位置（以顶尖为起点）		第一点	第二点	第三点	第四点	第五点	第六点	第七点
仪表读数	最大							
	最小							
最大、最小读数之差								
距离δ	最大							
	最小							
跳动量								

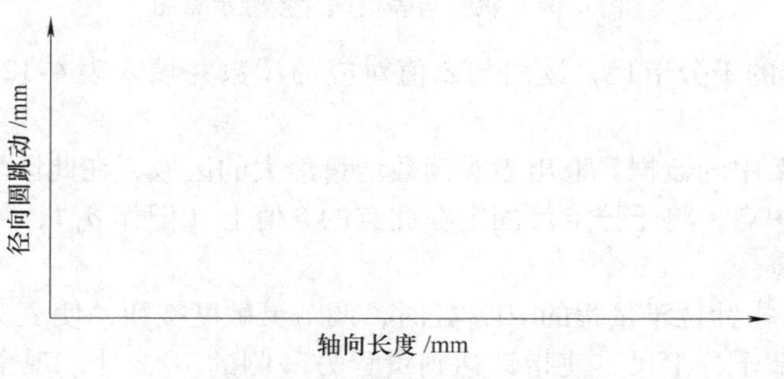

图4-35 轴的径向圆跳动曲线

【实验思考题】

1. 显示终端只给出检测信号幅度，不包含相位信息的是阻抗幅值型涡流探伤仪。判断此句表述是否正确。

2. 显示终端只给出检测信号幅度，不包含相位信息的是阻抗平面型涡流探伤仪。判断此句表述是否正确。

3. 显示终端不仅给出检测信号幅度，而且给出相位信息的是阻抗幅值型涡流探伤仪。判断此句表述是否正确。

4. 显示终端不仅给出检测信号幅度，而且给出相位信息的是阻抗平面型涡流探伤仪。判断此句表述是否正确。

5. 阻抗幅值型涡流探伤仪指示的结果并不一定是最大阻抗值或阻抗变化的最大值。判断此句表述是否正确。

6. 阻抗幅值型涡流探伤仪指示的结果通常是在最有利于抑制干扰信号的相位条件下的阻抗分量。判断此句表述是否正确。

7. 电表指针指示型涡流探伤仪属于阻抗幅值型涡流探伤仪。判断此句表述是否正确。

8. 数字表头读数型涡流探伤仪属于阻抗幅值型涡流探伤仪。判断此句表述是否正确。

4.11 磁记忆检测技术实验

金属磁记忆检测技术一经问世，便受到世界各国同行的普遍重视。目前，国际焊接学会批准执行的欧洲规划 EN-RESS——应力和变形检测中，已明确规定金属磁记忆法为切合实用的设备和结构应力变形状态检测方法。中国也已经开始对这项技术进行研究和应用。这项集无损检测、断裂力学、金属学等学科于一体的无损检测技术必将在各工业部门得到普及与广泛的应用。

【实验目的】

1）了解磁记忆检测原理及方法。

2）掌握磁记忆检测方法在对接焊缝中的应用。

3）应用磁记忆检测方法检测汽轮机叶片的应力状态。

【实验设备与器材】

磁记忆检测仪（图 4-36）是基于磁记忆效应原理开发出来的新型无损检测设备，它与其他电磁检测设备一样，都是由感测器、主机及其他辅助设备组成的。图 4-37 是典型的磁记忆检测仪器的原理框图，它包括由磁敏感测器、温度感测器、测速装置组成的探头，由滤波器、放大器及 A/D 转换器等组成的信号处理电路，显示及键控装置，CPU 系统等。其中，感测器是磁记忆检测仪器中相当重要的部件，其性能的好坏对检测

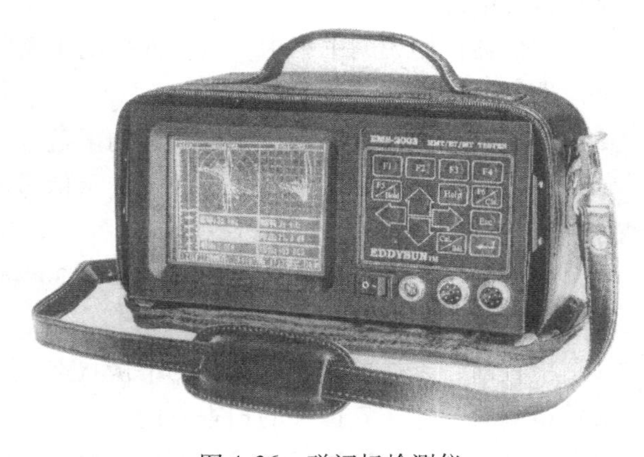

图 4-36　磁记忆检测仪

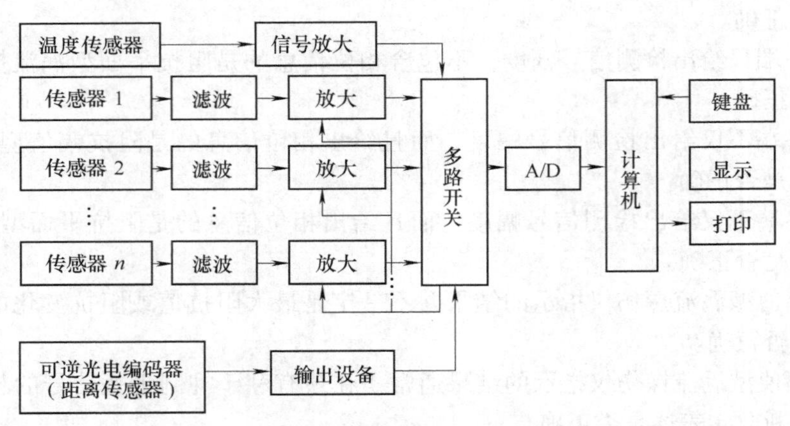

图 4-37　典型的磁记忆检测仪器原理图

结果的影响非常大。

本实验所用设备有：

1）EMS—2000 金属磁记忆检测仪。

2）载入后铁磁金属构件若干块。

【实验原理】

金属磁记忆检测可以准确可靠地探测出被测对象上以应力集中区为特征的危险部件和部位，是迄今为止对金属部件进行早期诊断惟一行之有效的无损检测方法。因此，金属磁记忆检测不仅可以用来准确确定在役运行设备上正在形成或发展中的金属缺陷区段，然后通过其他无损检测方法进一步确定具体缺陷的存在，并根据对构件应力变形状态的评定，及时对构件的受损部件进行强化处理或更换；也可以在设备或构件的疲劳试验中准确确定应力集中的部分，对疲劳分析、设备定寿及结构与工艺设计发挥起到的先导作用。

【实验方法与步骤】

1）将电源电缆线、探头等插接在相应的位置上。

2）打开电源开关。

3）按仪器使用说明书要求，调整探头的平衡状态。

4）选择显示方式。

5）将探头放置在试件上，调节合适的增益。

6）用探头平衡扫试试件表面，发现显示信号经过零点，即用信号笔记录，并在该区域反复扫查，直到出现应力集中线。

7）对不同试件进行检测时，应重复步骤 3）~6）。

本实验应注意以下几点：

1）检查前，首先要调节好探头的平衡状态。

2）检测时，应注意探头的扫查方向。

3）检测过程中，应注意调整仪器的增益，不宜过大。

【实验分析与处理】

1）记录铁磁构件表面存在应力集中部位的位置。

2）画出示意图，并对检测结果进行分析。

3）填写实验报告（表4-14）。

表4-14 磁记忆实验报告

工件名称		材料名称		
使用仪器		检测时间		
检测方法		检测部位		
灵敏度试块		检测结果		
缺陷数量				
零件示意图				
检测人		审查人		

【实验思考题】

1. 磁记忆检测技术与涡流检测有什么区别？
2. 磁记忆检测技术与涡流检测各有什么特点？

第 5 章　磁 粉 检 测

磁粉检测（Magnetic Particle Testing，MT）是常规无损检测方法之一。磁粉检测法利用磁现象来检测工件中的缺陷，是漏磁检测方法中最常用的一种。磁粉检测的物理基础是缺陷处漏磁场与磁粉间的相互作用。当铁磁性工件被磁化后，由于材料不连续性的存在，使工件表面和近表面的磁力线发生局部畸变而产生漏磁场，吸附施加在工件表面的磁粉形成磁痕，从而显示出材料不连续性的位置、形状和大小，通过对这些磁痕的观察和分析，就能得出被检工件的缺陷评价，如图 5-1 所示。磁粉检测的对象是铁磁性材料，包括未加工的原材料、加工后的半成品和成品及在役使用中的零部件。

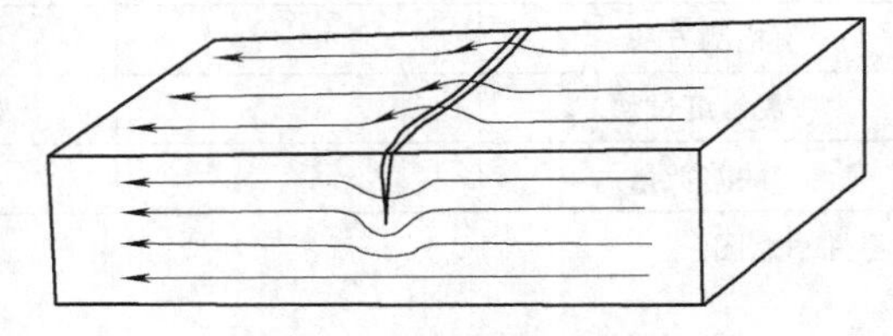

图 5-1　磁粉检测原理

磁粉检测的特点是：①显示直观，可通过磁痕直观地显示缺陷的形状、位置、大小；②检测灵敏度高，磁痕具有“放大”作用，可检测的最小缺陷宽度达 0.1μm；③适应性好，几乎不受工件大小和几何形状的限制，且能适应各种场合的现场作业；④效率高，成本低，设备简单，操作方便，检测速度快。

通过磁粉检测实验，学生可以对所学的理论知识进行验证和巩固，有利于加深。对磁化电流方向、磁场方法和最有利发现的缺陷方向，检测常用的触头法、磁轭法、交叉磁轭旋转磁场法和线圈法的磁化范围选择，工件长径比 *L/D* 对线圈开路磁化和退磁场的影响等内容的理解。通过自己动手实验，有利于提高动手能力和增加感性认识。

5.1　磁粉检测综合性能测定

在实施磁粉检测时，为了确保检测的质量和检测结果的可靠性，必须对影响检测过程和结果的各项因素逐一加以控制。其中包括：检测人员必须通过培训和资格鉴定，设备的精度和材料的性能应该符合要求，从磁粉检测的预处理到后处理的检测工艺全过程都必须按标准规范严格执行，检测环境也需要满足要求等。即必须从人、机、料、法、范等五个方面进行控制，从而保证磁粉检测的质量和检测结果的可靠性。

【实验目的】

1. 掌握使用标准刻痕试片、直流试块、交流试块测定磁粉探伤综合性能的方法。
2. 了解和比较使用交流电和整流电实施磁粉检测的灵敏度。

【实验设备与器材】

1）交流磁粉探伤仪。

2）直流（或整流电）磁粉探伤仪。

3）自然缺陷样件。

4）标准试片（A 型或 M1 型）一套。

5）标准铜棒一根。

6）磁悬液。

7）透明胶带纸。

【实验原理】

磁粉检测的综合灵敏度是指在选定的条件下进行检测时，通过自然缺陷和人工缺陷的磁痕显示情况来评价和确定磁粉探伤设备、磁粉及磁悬液和探伤方法的综合性能。通过对交流和直流试块孔的深度磁痕显示，了解和比较使用交流电和直流电磁粉探伤的检测灵敏度。

【实验方法及步骤】

1）测量被检试件的尺寸，按照标准计算被检部位所需的磁化电流值。

2）将带有自然缺陷的样件按规定的磁化规范磁化，用湿连续法检验，观察磁痕显示情况。

3）将交流试块穿在标准的铜棒上，夹在磁化夹头之间，用700A（有效值）或1000A（峰值）交流电磁化，并依次将第一、二、三孔放在12点中位置，用湿连续法检验，观察试块环周围上有磁痕显示的孔数。

4）将直流试块穿在标准的铜棒上，夹在两磁痕夹头之间，分别用表5-1中所规定的磁化规范，用直流电（或整流电）和交流电分别磁化，并用湿连续法检验，观察试块环周围上有磁痕显示的孔数。

5）分别将标准试片贴在交流试块、直流试块及自然样件上，用连续法检验，观察试块磁痕显示。

6）将标准刻痕试片贴在被检试件合适的位置上，从小到大调节磁痕电流值，记录刻痕刚清晰显示时的磁化电流值。将数据填入表5-1、表5-2中。

【实验数据分析与处理】

相关实验数据见表5-1、表5-2。

表5-1 实验数据

磁悬液种类	磁化电流/A	交流电显示孔数	直流电显示孔数
非荧光	1400		
	2500		
	3400		
荧光	1400		
	2500		
	3400		

表 5-2 磁化规范（电流）确定

试件名称		标准试片名称	
试件尺寸		磁化电流大小	

【实验报告要求】

1）对三种磁痕电流方式得到的磁化电流结果进行讨论。

2）讨论电流种类和大小对自然缺陷检测灵敏度的影响。

3）比较直流磁化和交流磁化的检测深度。

4）比较荧光磁悬液与非荧光磁悬液的检测灵敏度。

【实验思考题】

1. 对磁粉检测中使用的磁粉性能有什么要求？
2. 磁粉如何分类？
3. 磁粉探伤质量控制的意义是什么？主要控制哪些方面？
4. 磁粉探伤应做好哪些防护措施？
5. 综合性能实验可以对哪几种样件进行检测？
6. 综合性能实验的目的是什么？

5.2 磁粉磁性及粒度的测定

磁粉是磁粉检测中用以显示缺陷形态的显示物质，它的性能优劣对检测效果影响很大。因此，磁粉在使用前，必须对其性能进行鉴定后才能使用。磁粉性能的主要指标有磁性、粒度、颜色、杂质、悬浮液等。磁性的鉴定应由磁粉微粒的磁导率、剩磁及矫顽力等参数评定，也可以用磁性称量法和磁粉束长测量法进行测量。磁粉的粒度一般通过酒精沉淀法进行测定。

【实验目的】

磁粉检测用的磁粉不是普通的铁粉末，而是经过处理的，具有适当大小、形状、颜色和高磁粉的氧化铁粉，如 Fe_2O_3 或 Fe_3O_4 铁粉。在磁粉检测中，磁粉的磁性、粒度、颜色和悬浮性等因素，对工件表面缺陷处磁粉痕迹的显示有很大的影响。因而，检测用的磁粉需符合一定的技术要求。通过本实验，学生应了解并掌握测定磁粉质量（磁性和粒度）的方法，根据磁粉的悬浮性判定磁粉的质量。

1）了解磁粉的磁性特点。

2）掌握磁粉称量法测定磁粉磁性的方法。

3）掌握用酒精沉淀法测定磁粉的粒度。

【实验设备与器材】

1）760#磁粉。

2）磁性称量用电磁铁。

3）滑线变阻器。

4）安培表，开关一只。

5）调压器。

6）工业天平。

7）玻璃圆缸两个。

8）长400mm、内径为10mm的玻璃管两只。

9）酒精若干。

【实验原理】

磁粉的磁性及粒度对磁粉检测的灵敏度影响很大。其中，磁粉磁性的大小直接决定缺陷漏磁场对磁粉的吸附作用；而磁粉颗粒的大小，也对磁粉的吸附作用影响很大。磁粉粒度的大小，决定了磁粉在磁悬液中的悬浮性。由于酒精对磁粉的润滑性好，所以可以作为分散剂，可通过测量磁粉在酒精中的悬浮情况来表示磁粉粒度大小和均匀性。一般规定，酒精中的磁粉悬浮液在静置3min后，磁粉沉淀高度不低于180mm为合格。

【实验方法与步骤】

1. 磁性称量法测定磁粉磁性

1）如图5-2所示接好线路，电磁铁放在支架上，铜板位于下方。

2）在玻璃缸内倒入磁粉，用钢直尺刮平磁粉，使之与玻璃缸边缘齐平。

3）使电磁铁通电，调压器输出电压调到220V；利用变阻器将电流调整到1.3A后断电。

4）将装有磁粉的玻璃缸移到电磁铁的铜板下，使玻璃缸与铜板相接触，然后接通电流5min。

5）将装有磁粉的玻璃缸慢慢向下移至原处。这时，电磁铁的铜板下吸住一些磁粉，继续通电1min，使被吸住的磁粉稳定下来。

6）电磁铁断电，被吸住的磁粉落入事先准备好的纸上，然后用工业天平称其质量。

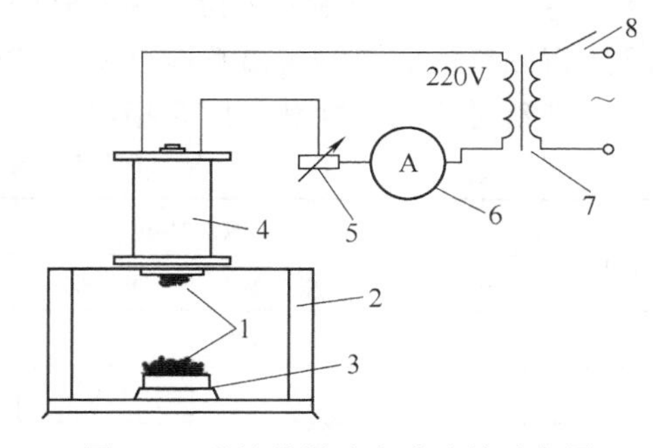

图5-2　磁性称量法实验连接示意图

1—磁粉　2—玻璃缸　3—支架　4—电磁铁　5—变阻器　6—安培表　7—调压器　8—开关

7）重复步骤2）~5）三次，每次更换新磁粉。

8）求出三次测量结果的平均值。如果磁性称量的磁粉不少于7g，则为合格。

2. 酒精沉淀法测定磁粉粒度

1）将酒精注入400mm高的玻璃管内，至150mm的高度。

2）用工业天平称3g磁粉倒入管内并摇晃。

3）继续注入酒精至300mm高度。

4）堵好橡胶塞，上下颠倒玻璃管数次，充分摇晃悬液；然后立即将玻璃管垂直放在支架上，并用橡皮筋固定好。

5）静置3min，测量明显分界处的磁粉柱高度。

6）重复步骤1）~5）三次，每次更换新磁粉；然后取其平均值。磁粉柱高度不低于180mm为合格。

实验仪器如图5-3所示，不同的磁粉沉淀状态如图5-4所示。

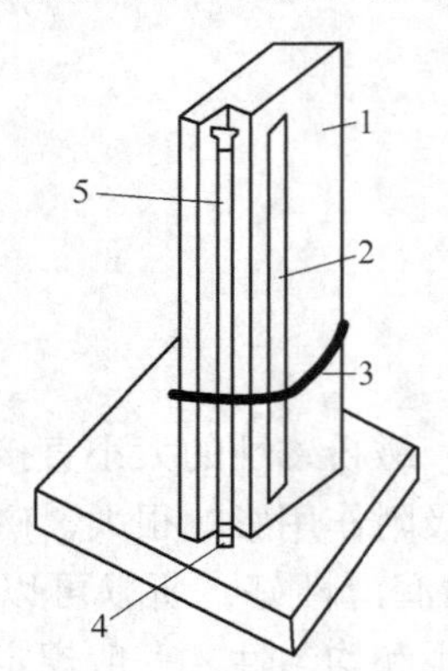

图5-3 酒精沉淀法实验仪器

1—支架 2—钢直尺 3—橡皮筋

4—橡胶塞 5—玻璃管

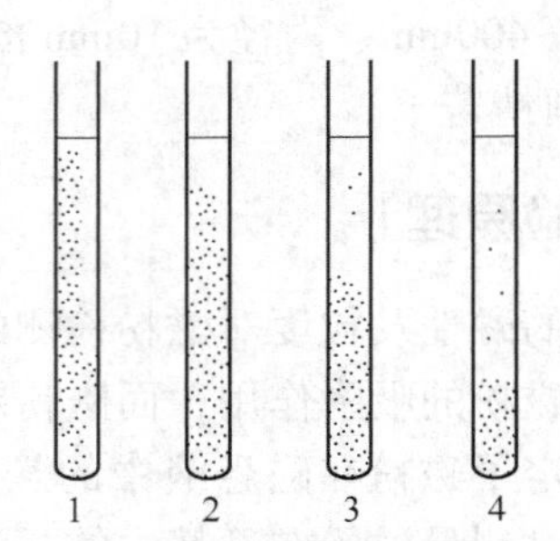

图5-4 不同的磁粉沉淀状态

1—悬浮于酒精中的磁粉 2—粒度不均匀的磁粉沉淀

3—粒度均匀的磁粉沉淀 4—粒度均匀且粗大的磁粉沉淀

【实验数据分析与处理】

1）将磁性称量法测定磁粉磁性实验中的数据填入表5-3中。

2）将酒精沉淀法测定磁粉粒度实验中的数据填入表5-4中。

3）判断磁粉的磁性和粒度合格与否。

表5-3 磁性称量法实验数据

磁粉种类	磁性称量				磁性/g	判断是否合格
	第一次	第二次	第三次	平均值		

表5-4 酒精沉淀法实验数据

磁粉种类	磁粉柱高度/mm				磁粉悬浮及颗粒均匀性	判断是否合格
	第一次	第二次	第三次	平均值		

【实验报告要求】

1）实验报告内容包括磁粉的规格型号、实验方法和步骤、实验数据记录。

2）对实验中所得的数据进行分析。

3）分析影响实验结果的因素。

【实验思考题】

1. 磁悬液溶度如何测定?

2. 磁悬液的污染如何测定?

3. JB/T 6061—2007 规定的非荧光磁粉磁悬液的浓度一般应为多少?

4. JB/T 4730.4—2005 规定磁粉粒度应均匀，湿法用磁粉的平均粒度为多少？最大粒度应不大于多少?

5. JB/T 4730.4—2005 规定，应定期对循环使用的磁悬液进行测定，测定前对磁悬液要进行充分搅拌，搅拌时间不少于多少?

5.3 磁悬液性能的测定

磁粉和载液按一定比例混合而成的悬浮液称为磁悬液。磁悬液是磁粉悬浮液的简称。所谓磁悬液，是将一定量的磁粉或膏状磁粉与某种液体（载液）混合，让磁粉颗粒在液体中呈分散状。这样在检测时，由于工件表面漏磁场的吸引，分散在液体中的磁粉将聚集在缺陷处形成磁痕。磁悬液分为油剂型和水剂型两大类。一般油剂型磁悬液采用无味煤油、变压器油等配制，水剂型磁悬液采用清洁的水加上各种添加剂配制而成。

【实验目的】

1）掌握磁悬液浓度的测量方法。

2）熟悉磁悬液浓度范围，了解磁悬液污染的特征和掌握磁悬液实验方法。

3）了解水剂型磁悬液润湿性能的水断实验方法、性能及意义。

【实验设备与器材】

1）磁粉沉淀管2只。

2）已知浓度的标准磁悬液，荧光磁悬液按比例1mL/L: 2mL/L: 3mL/L配制，非荧光磁悬液按比例10mL/L: 20mL/L: 30mL/L配制，各取样品500mL。

3）在用磁悬液若干（含油剂型、水剂型两种），样品取500mL。样品的配制方法和成分与标准磁悬液相同。

4）量杯、量筒。

5）紫外灯和白光灯各一台。

6）碳结构钢试棒（ϕ40~80mm），要求试棒表面光滑，允许棒面上有油污。

7）清洗剂、添加剂、消泡剂、缓蚀剂和乳化剂等。

【实验原理】

磁悬液在平静状态时，磁粉会发生沉淀，根据沉淀的多少可以判定磁悬液的浓度。磁粉沉淀量随时间增加而增多，当达到一定时间后，将全部沉淀。磁粉沉淀管中的磁粉沉淀高度与磁悬液浓度呈线性关系。

当磁粉在使用时发生了污染，则在磁粉沉淀过程中，沉淀物将出现明显的分层。当上层污染物体积超过下层磁粉体积的30%时，为污染。

【实验方法与步骤】

1. 在用磁悬液浓度测定

1）将在用磁悬液充分搅匀。

2）注入梨形管（磁粉测定管）100mL。

3）静置30min。

4）判断固体磁粉的沉淀量，非荧光磁悬液浓度应在1.0～2.5mL/100mL之间，荧光磁悬液浓度应在0.1～0.3mL/100mL之间。

5）可将水磁悬液、煤油磁悬液和变压器油磁悬液（浓度分别为X_1、X_2、X_3）放置24h，到时后，读出磁粉的沉淀高度分别为h_1、h_2、h_3。

6）将磁悬液的浓度及对应的磁粉沉淀高度分别作为纵坐标和横坐标，可以得到磁粉沉淀高度和磁悬液浓度的关系曲线。

2. 磁悬液润湿性测定

在使用水磁悬液时，如果试棒表面上有油污或水磁悬液本身润湿性差，则该磁悬液不能均匀地润湿试棒的整个表面。此时会出现磁悬液覆盖层的破损断裂，在检测时容易造成缺陷的漏检。所以，对于用水磁悬液进行检测的试棒，必须先清洗去除其表面的油污，然后对水磁悬液进行润湿性能的实验。

1）在1L干净的自来水中加入50mL清洗剂搅拌均匀，配制水温为40℃。

2）将试棒放入清洗剂中清洗，两试棒可采取不同的清洗剂和清洗时间。

3）将清洗过后的试棒放入含有润湿剂、缓蚀剂和消泡剂的水磁悬液中浸泡，取出后观察试棒表面的水磁悬液薄膜是连续的、断开的还是破损的。

【实验数据分析与处理】

将在用磁悬液浓度实验数据填入表5-5，并作进一步分析与处理。

表5-5 在用磁悬液浓度测定实验数据

磁悬液种类	磁悬液浓度/(mL/100mL)				磁粉沉淀高度
	第一次	第二次	第三次	平均值	

【实验思考题】

1. 磁悬液的浓度对缺陷的检出能力有何影响？
2. 磁悬液中磁粉浓度如何测定？
3. 试述校验磁悬液浓度的程序。
4. 什么是磁悬液和磁悬液浓度？磁悬液浓度不同对磁粉探伤有何影响？
5. 水磁悬液的优点有哪些？

6. 影响磁悬液浓度及润湿性能的因素有哪些?

5.4 直流和交流磁粉检测灵敏度的比较

磁粉检测灵敏度是指探伤时所能发现最小缺陷的能力。它是以工件上不允许存在的表面和近表面缺陷能否得到充分显示来进行评定的。其检测效果是通过缺陷处磁粉的堆积来显示的，而这种显示又与缺陷处的漏磁场的大小和方向有密切关系。

磁化电流是影响磁粉探伤灵敏度的主要因素。其影响主要包括磁化电流的大小、种类和方向等诸多方面的因素。磁化电流的大小决定了磁化磁场的大小，它直接影响探伤的灵敏度。磁化电流种类很多，常用的是交流和直流两种。本实验通过直流和交流磁粉探伤灵敏度的比较，了解磁化电流对磁粉探伤灵敏度的影响。

【实验目的】

1）了解磁粉探伤的基本原理和操作步骤。
2）比较直流和交流磁粉探伤的灵敏度。

【实验设备与器材】

1）磁力探伤机。
2）多用磁化电源。
3）磁悬液。
4）空心圆钢环灵敏度试件两块。
5）圆铜棒一根。

【实验原理】

由磁粉探伤原理可知：要检查铁磁工件表面（或近表面）存在的缺陷，必须使被磁化工件表面（或近表面）的磁场强度能在缺陷处产生足够的漏磁场，从而吸附磁粉，形成缺陷，显示缺陷。可见，磁粉探伤灵敏度与缺陷处漏磁场达到的最大值有关，即与采用正确的磁化规范时，被磁化工件表面（或近表面）的磁场强度有关。

被磁化工件表面（或近表面）的磁场强度取决于磁化电流的种类和大小。一般来说，增大磁化电流，会使工件表面（或近表面）的磁场强度增加，提高探伤灵敏度。但是，对于不同种类的磁化电流来说，在被磁化工件内产生的磁场强度是不一样的，因而具有不同的探伤灵敏度。

利用交流电磁化工件时，相当于将工件置于交流电所产生的交变磁场中。这时，由于电磁感应，在工件内会产生涡流，从而使工件内部电流减弱，表层电流增强，引起交变电流趋向于工件表层的效应——集肤效应。集肤效应的存在促使工件内靠近表层的磁力线变密，离表层越远，磁力线就越疏。即表层的磁场强度很大，一旦离开表层，磁场强度便急剧下降，如图 5-5 所示。

利用直流电磁化工件时，在工件内形成的磁场没有集肤效应，虽然表层的磁场依然最强，但随着离开表层距离的增加，磁场的减弱是均匀的，因而直流电比交流电的穿透能力大得多。利用直流电磁化工件时，能够检查工件表层下较深处的缺陷。而利用交流电磁化工件时，由于集肤效应的影响，检查工件表面缺陷的灵敏度较高，而对于表面以下缺陷的检查则不敏感。

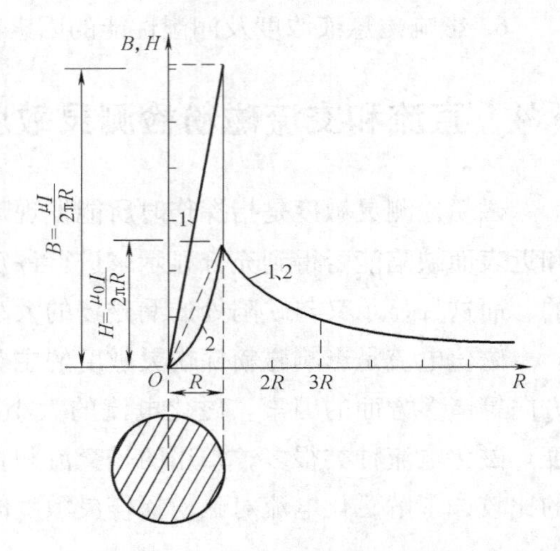

图 5-5　实心钢棒内外磁场的分布
1—直流　2—交流

【实验方法与步骤】

1. 交流磁化湿粉显示的磁粉检测

1）实验前，清除试件表面的油垢、铁锈、金属屑、氧化皮等杂物。

2）接好多用磁化电源，接通配电板开关和仪器“电源”开关。红灯亮，表示仪器主电路已接入电网。

3）根据需要将“测量选择开关”调至“峰值 F”或“有效值 X”的位置。

4）将“工作选择开关”转到“交流”位置，“电流”调节旋钮调到 Φ 表指示合适的位置。Φ 表指示仅用来估算充磁电流大小，准确的充磁电流值由峰值-有效值电流表指示（电流表读数的单位为 kA）。

5）把电流插头分别插入“交流”和“交直流”插座，旋紧螺母，并在电缆的另一端接入支杆触头。

6）按下绿色按钮，绿灯亮，红灯灭。此时，若按下充磁开关或脚踏开关，触发电路有触发脉冲触发可控硅，可以进行探伤。

7）用铜棒作心杆，穿过试块内孔，与支杆触头相接触；按一下“充磁”开关，接通磁化电流，对试件充磁（通电 2s，间歇 20s），并在充磁的同时施加磁悬液。观察试块上相应孔对应的外表面上磁痕的显示情况。

8）记录充磁电流大小、磁痕显示对应的孔数及显示清晰度，填入表 5-6 中。

9）调节“电流”旋钮，逐步增大充磁电流，重复步骤 7）、8），直至充磁电流为 2000A 为止。

2. 直流磁化湿粉显示的磁粉检测

1）用另一块空心圆钢环试件进行直流磁化检测。这时，只要将“工作选择开关”调到“直流”位置，电流插头从“交流”插座拔出，插入“直流”位置，重复上述步骤 6）~9）即可。

2）退磁。在红灯亮时，将“工作选择开关”转至“退磁”位置，按上述步骤 4）~7）进行操作。其通电退磁时间为 3s、间歇 6s，可自动进行。

3）实验结束，关闭仪器电源开关及配电板上总开关。

【实验数据分析与处理】

相关实验数据见表5-6。

表5-6　交直流磁化湿粉显示磁痕显示记录

工件名称		材料			
使用仪器		磁粉种类		探伤方法	
磁化方法		触头间距		磁化时间	
检测次数	Φ表指示	磁化电流/A		孔离表层距离/mm	
第一次					
第二次					
第三次					
缺陷显示示意图					

【实验报告要求】

1）做好实验记录。

2）画出交流和直流磁化湿粉显示磁粉检测的灵敏度曲线。

3）写出体会和建议。

【实验思考题】

1. 何谓磁化电流？常用的磁化电流有哪几种？各有什么特点？
2. 影响磁粉探伤灵敏度的主要因素有哪些？
3. 交流电有哪些主要特点？它对磁粉检测有哪些优点和局限性？
4. 为什么要选择最佳磁化方向？选择工件磁化方法应考虑的主要因素有哪些？
5. 有哪些常见的多向磁化方法？其磁场变化的轨迹是怎样的？
6. 为了检查工件表面的淬火裂纹和疲劳裂纹，宜用何种电流磁化？为什么？

5.5　周向和纵向磁粉检测

在磁粉检测中，经常用到两种不同方向的磁场，即周向磁场和纵向磁场。所谓周向磁场，是指产生在工件与轴向垂直的圆周方向的磁场。这种磁场主要由电流通过的导体（心棒）产生。其磁场方向遵循导体右手螺旋法则，即以导体为中心，磁力线沿着与工件轴垂直的圆周方向闭合。纵向磁场是指与工件轴向一致（或平行）的磁场，如条形磁铁的磁场、

U 形磁铁的磁场以及螺线管的磁场。这种磁场方向一般符合螺线管右手螺旋法则，即磁力线通过工件轴线并经由工件两端在空气中闭合。本实验通过周向和纵向磁粉检测来加深对磁粉检测工艺过程的了解。

【实验目的】

1）加深了解磁粉检测的基本原理。
2）了解各种工件检测的磁化方法、检验方法和磁化规范的选择。
3）掌握磁粉检测的操作步骤。

【实验设备与器材】

1）磁力探伤机。
2）760#探伤用黑色磁粉和煤油配制成的磁悬液。
3）试块（棒料）、曲轴盖若干。

【实验原理】

当工件被磁化后，随着工件上缺陷与磁力线方向之间的夹角不同，引起的漏磁通也不一样。如果缺陷方向与磁场方向垂直，产生的漏磁通最强；如果缺陷方向与磁场方向平行，则几乎无漏磁通产生。因此，进行磁粉检测首先必须在被检工件内部及其周围建立一个磁场，使工件磁化；同时，必须正确选择磁化方向，即尽可能选择有利于发现缺陷的方向对工件进行磁化。通常，对于纵向缺陷，常采用周向磁化方法进行磁粉检测；而对于横向缺陷，则多采用纵向磁化的方法。周向磁化法和纵向磁化法的分类分别如图 5-6 和图 5-7 所示。

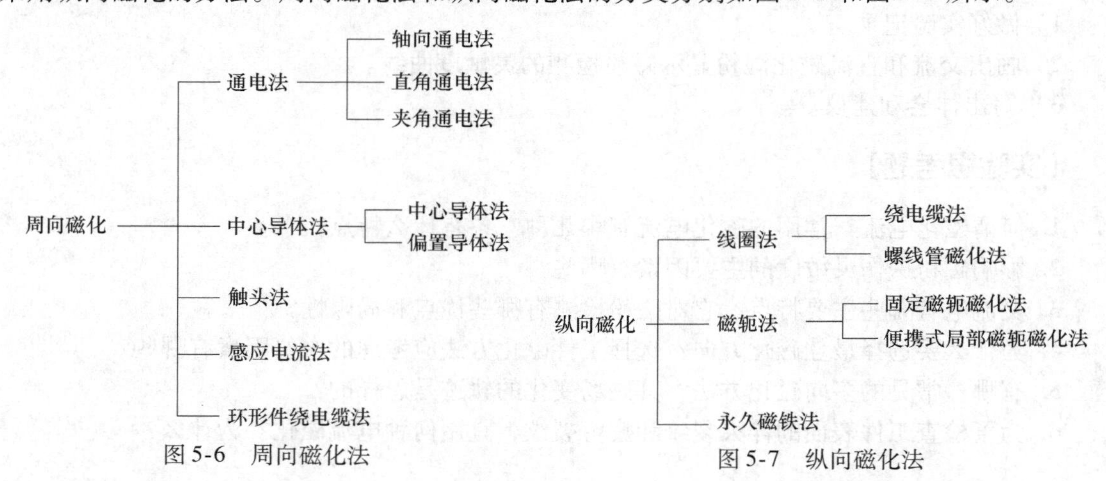

图 5-6　周向磁化法　　图 5-7　纵向磁化法

根据铁磁材料的磁化曲线和磁滞回线可知，决定缺陷所产生的漏磁场大小与外加磁场的强度有直接关系。为了使工件上不允许存在的缺陷能得到充分的显示（即在缺陷部位形成能被观察到的磁痕），需要施加一定强度的外加磁场。对于不同的材料，采用不同的磁化方法进行检测。为了满足不同的检测要求，需要施加的磁化磁场强度是不一样的。因此，在实际应用中，需要根据被检工件的材料热处理状态、形状与几何尺寸、技术要求、磁化方法及检验方法等来选择磁化磁场（或推算磁化电流）。这通常称为磁化规范的限定。

对圆柱形零件周围进行磁化，其表面磁场强度近似值的计算公式为

$$H=\frac{1}{5R} \quad 或 \quad I=\frac{HD}{4}$$

式中，I 是电流（A）；D 是零件直径（mm）；H 是磁场强度（A/m）。

用螺线管纵向磁化零件时，线圈的中心磁场强度的计算公式为

$$H=\frac{IN}{\sqrt{L^2+D^2}}(\text{A/m}) \quad 或 \quad H=\frac{0.4\pi NI}{L}\cos\alpha$$

式中，L 是线圈长度（cm）；N 是螺线管的匝数；I 是电流（A）；α 是线圈轴与其对角线之间夹角。

【实验方法与步骤】

1. 预处理

检测前，应将试件表面用干布擦净，并保证两端头（周向）磁化有足够良好的接触面。

2. 选择电流

将电流调节手轮沿顺时针方向旋转至极限，使其电流最小。

3. 接通电源

按下总电流电源按钮接通电源，绿色指示灯亮，同时打开工作灯。

4. 磁化

1）周向磁化。将工件置于夹头间，调节夹头距离，夹紧工件并固定。打开周向磁化开关，关闭纵向磁化开关，踩下励磁开关的脚踏杆，调节电流手轮，使电流表指针读数达到所选定的电流值，对零件进行通电磁化。

2）纵向磁化。打开纵向磁化开关，关闭周向磁化开关，将转换开关旋至“纵向磁化”位置。然后踩下励磁开关的脚踏杆，对零件进行磁化。

5. 浇洒磁悬液

（1）连续法检测：边磁化边给零件浇洒磁悬液。

（2）剩磁法检测：磁化后将零件浸入磁悬液内，或给零件浇洒磁悬液。

6. 观察、记录

观察零件上的磁痕并加以判断，记录相关数据。

7. 退磁

将转换开关旋至“交流退磁”，然后使试件与退磁器轴向保持平行，从线圈中心慢慢抽出试件，直到试件离开线圈1.5m以后，再切断电源。

【实验数据分析与处理】

1）周向磁化用连续法检测时，磁化电流值见表5-7。

表5-7 周向磁化时的磁化电流

工件名称		工件材料	
$I=(12\sim20)D$(峰值)		$I=(8\sim15)D$(交流有效值)	
工件直径/mm	电流/A	工件直径/mm	电流/A

2）纵向磁化用剩磁法检验时，应考虑零件长度与直径比值（L/D）的影响。在装有零件的情况下，线圈中心的磁场强度可按表 5-8 中的值选取。

表 5-8　线圈中心的磁场强度选取值

$\frac{L}{D}>10$	<150Oe	<12kA/m
$5<\frac{L}{D}\leqslant 10$	<200Oe	<16kA/m
$2<\frac{L}{D}\leqslant 5$	<300Oe	<24kA/m
$\frac{L}{D}\leqslant 2$	<450Oe	<36kA/m

注：磁场强度的法定计量单位为安每米（A/m），奥斯特（Oe）为非法定计量单位，1Oe = 79.5775A/m。

磁化电流的计算公式为

$$NI=\frac{45000}{\frac{L}{D}}$$

式中，I 是线圈中电流有效值（A）；N 是线圈匝数；$\frac{L}{D}$ 是零件长度与直径的比值，当 $\frac{L}{D}>10$ 时，按 10 计算，当 $\frac{L}{D}<2$ 时，用接长方法计算。

【实验报告要求】

1）画出缺陷磁痕的位置和形状。

2）说明磁痕的特征，对实验结果进行讨论。

3）分析影响磁化电流大小的因素。

4）写出体会和建议。

【实验思考题】

1. 一定的电流通过一导体，如导体的直径增加一倍，则其表面上的磁场强度将会如何变化?
2. 什么是周向磁化？它包括哪几种磁化方法?
3. 什么是纵向磁化？它包括哪几种磁化方法?
4. 使用偏置心棒法应注意哪些事项?
5. 纵向磁化线圈法有哪些要求?
6. 影响磁化电流大小的因素是什么?
7. 若要对空心管进行周向磁化，可采用什么方法?

5.6　螺线管磁场分布和有效磁化范围的测试

【实验目的】

1）了解空载螺线管横截面上和中心轴线上的磁场分布规律。

2）了解螺线管的有效磁化范围。

3）掌握螺线管磁场分布和有效磁化范围的测试方法。

【实验设备与器材】

1）螺管线圈（或缠绕线圈）一个。

2）特斯拉计一台。

3）标准试片（A 型或 M1 型）一套。

4）长度≥500mm 钢棒一根。

5）磁悬液一瓶。

【实验方法与步骤】

1）用特斯拉计测量空载短螺线管横截面上的磁场分布。设线圈中心为 O 点，分别测量从线圈中心 O 点到线圈内壁为 0mm、20mm、50mm、100mm、150mm 及内壁的磁场强度。

2）用特斯拉计测量空载有限长螺线管横截面上的磁场分布。取与步骤 1）中相同的测量点进行测量。

3）用特斯拉计测量空载螺线管中心轴线上的磁场分布。设线圈中心为 O 点，从中心向一侧测量，测量距中心分别为 0mm、50mm、100mm、150mm、200mm、250mm、300mm、400mm、500mm 处的磁场强度。

4）将长度≥500mm 的钢棒或工件置于线圈内壁，并与线圈轴线平行，将标准试片贴于钢棒表面上的不同点，磁化并用湿连续法检测，测试工件表面上磁场强度能达到 2400A/m，且中灵敏度标准试片上磁痕显示清晰的有效磁化范围。

【实验数据分析与处理】

1）记录磁化螺线管横截面上的磁场强度（表 5-9）。

表 5-9　磁化螺线管横截面上的磁场强度　（单位：A/m）

短螺线管	测量点/mm	0	20	50	100	150	内壁处
	H						
有限长螺线管	测量点/mm	0	20	50	100	150	内壁处
	H						

画出螺线管横截面上磁场分布的对称曲线。

2）记录磁化螺线管中心轴线上的磁场强度（表 5-10）。

表 5-10　磁化螺线管中心轴线上的磁场强度　（单位：A/m）

测量点/mm	0	50	100	150	200	250	300	400	500
H									

画出螺线管中心轴线上磁场分布的对称曲线。

3）记录中灵敏度标准试片磁痕显示清晰的点距线圈中心 O 点的距离，及表面磁场强度达到 2400A/m 处距线圈中心 O 点的距离。

【实验报告要求】

1）分析采用线圈的磁场能进行检测的类型。

2）根据测量结果，分析从线圈中心到最外侧测量点的磁场变化规律。

3）改变磁化电流，观察记录各点的磁场变化情况。

【实验思考题】

1. 触棒法磁化比较适合什么场合？
2. 通电法和触头法产生打火烧伤的原因是什么？其预防措施有哪些？
3. 磁场方向与缺陷的关系是什么？
4. 简述中心导体法在不同工件中的应用。
5. 通电法和中心导体法有何差异？磁场分布有何不同？如何计算磁化电流？
6. 线圈法磁化时，其磁场是怎样分布的？
7. 固定式磁轭和便携式磁轭有何异同？使用中应注意哪些问题？

5.7 线圈开路磁化 L/D 值对退磁场影响的测试

当工件在线圈内进行纵向磁化时，在其端面会形成磁极，从而在工件内产生退磁场，并减弱工件内的磁化场，有可能使有效磁场强度小于磁化场。退磁场的大小取决于工件长度与直径的比值（长径比）L/D，所以，在线圈法纵向磁化中，所有的磁化规范都与 L/D 有关。

【实验目的】

1）了解工件长径比 L/D 对退磁场的影响。

2）了解测试退磁场影响的实验方法。

3）掌握克服退磁场影响的方法。

【实验设备与器材】

1）螺线管（或缠绕线圈）一个。

2）特斯拉计一台。

3）标准试片（A 型或 M1 型）一套。

4）带自然缺陷的短工件一件。

5）直径相同，长度不同，L/D 值分别为 2、5、10 和 15 的钢棒各一根，材料为经淬火的高碳钢或合金结构钢。

6）磁悬液一瓶。

【实验方法与步骤】

1）对螺线管进行通电，使线圈中心磁场强度达到 20000A/m，分别将 L/D 值不同的 4 根钢棒放在线圈内壁处，使钢棒方向与线圈轴线方向平行，进行磁化。

① 用特斯拉计测量 4 根钢棒表面磁场强度的差异。

② 用特斯拉计测量4根钢棒端面的剩磁大小。

③ 将标准试片分别贴在4根钢棒中间的表面上，用湿连续法检测，观察磁痕显示的差异。

2）在 L/D 值不同的4根钢棒中间的表面上贴同型号（如7/50型）的标准试片，并分别放在线圈中同一位置进行磁化，用湿连续法检测，通过调节磁化电流大小来改变线圈中的磁场强度。当4根钢棒表面上的标准试片上磁痕显示程度相同时，记录所用磁化电流的大小。

3）将带自然缺陷的短工件放在线圈中进行磁化和检测。若磁痕显示不清晰，可在工件两端用直径接近的铁磁性材料将短工件接长，并用同样的磁化电流和检测方法重新检测，这样能使磁痕显示更清晰。

【实验数据分析与处理】

1）将螺线管内磁场强度相同时4根钢棒的磁场强度、剩磁和磁痕显示的相关数据填入表5-11中。

表5-11 螺线管内磁场强度相关数据

L/D	2	5	10	15
磁场强度/(A/m)				
剩磁/(mT)				
磁痕显示				

2）在 L/D 值为2、5、10和15的钢棒表面上贴7/50型标准试片，当磁痕显示相同时，将所需要的磁化电流填入表5-12中。

表5-12 磁化电流值 （单位：A）

L/D	2	5	10	15
磁化电流				

3）记录带自然缺陷的短工件接延长块与不接延长块时磁痕显示的差异。

【实验思考题】

1. 在线圈中磁化实心圆棒，棒长250mm，直径75mm，线圈为5匝，其电流为多少？

2. 如果将一导体穿过空心的圆柱体并通以电流，则不论导体的尺寸及它与圆柱体内壁的距离，在圆柱体内部的磁场强度和磁场图形总是相等的吗？

3. 哪类磁化方法可以使用公式安匝数＝45000/（L/D）进行计算？

4. 经过周向磁化的零件与经过纵向磁化的零件相比较，在不退磁的情况下，哪种磁化方式保留残余磁场更有害？

5.8 钢板焊缝的磁粉检测

焊接技术是一种普遍应用的技术，它是在局部熔化或热加压的情况下，利用原子之间的扩散与结合，使分离的金属材料牢固地连接起来，成为一个整体的过程。良好的焊接件是焊接质量的重要保证，因此，加强对焊接件的检测，可以及时发现与排除危害焊接质量的缺陷。

焊接件检测的主要对象是焊缝，包括其连接部分和热影响区。焊接缺陷主要有裂纹、未焊透和未熔合、气孔、夹渣等。本实验通过采用不同方法对钢板焊缝进行磁粉检测以加深对钢板焊缝磁粉检测过程的了解。

【实验目的】

1）了解灵敏度试片的用途和使用方法。
2）加深理解支杆法、交叉磁轭旋转磁场法检测的基本原理和适用范围。
3）掌握钢板焊缝磁粉检测的操作步骤。

【实验设备与器材】

1）CYD—1 型和 CAC—1 型多用磁化电源。
2）CDX—Ⅲ型旋转磁场检测仪。
3）A 型灵敏度试片。
4）磁悬液。
5）45 号焊接钢板若干块。

【实验原理】

1. 支杆法

支杆法是一种直接通电的磁化法。磁化时，电流在磁锥与工件接触的两点之间流过，从而在工件上产生局部磁场，对工件的局部区域进行磁化，如图 5-8 所示。运用支杆法检查工件，灵敏度高、设备简单、操作方便、机动灵活。支杆法是一种用途很广的磁粉检测方法。特别是在检测大型或形状复杂的工件时，若采用整体磁化，目前在设备和技术上都存在很多问题，因此，支杆法磁粉检测就更显示出它的优越性。

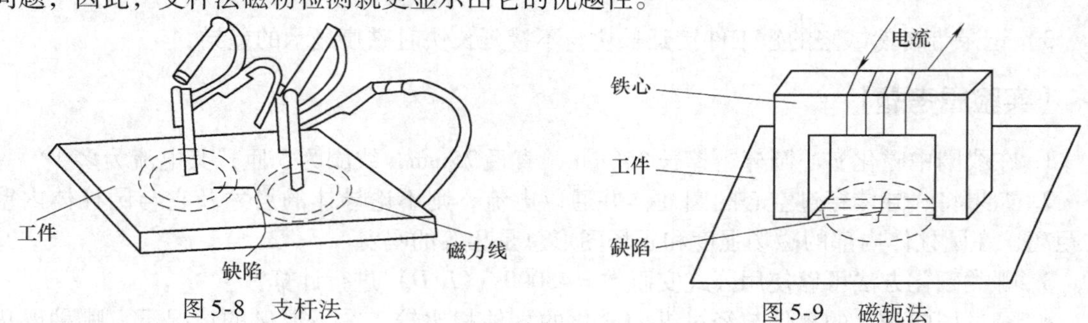

图 5-8　支杆法　　　图 5-9　磁轭法

2. 交叉磁轭旋转磁场法

交叉磁轭旋转磁场法是一种间接磁化法。它是将工件的全部或局部置于电磁铁的磁极上进行磁化的一种方法，如图 5-9 所示。交叉磁轭旋转磁场法的检测设备小型轻便，适合于野外、高空作业，可以大大减轻劳动强度并简化操作程序，因而广泛用于锅炉、船舶、压力容器焊缝的表面或近表面缺陷的磁粉检测。

磁粉检测时，磁化电流的选择是否正确，通常可以用两种方法加以判断。一种方法是直接测定工件表面的磁场强度，另一种方法是采用灵敏度试片进行鉴别。

灵敏度试片由一定厚度的纯铁薄片制作而成，在其一侧刻有一定深度的细槽。以A型灵敏度试片为例，它有三种规格，其形状和尺寸如图5-10所示和见表5-13。在实际使用时，有刻槽的一侧平面与零件被检表面紧贴。磁化时，零件表面的磁化磁场使试片磁化，当浇洒磁悬液后，灵敏度试片未刻槽表面便会出现与刻槽位置相一致的磁粉痕迹（磁痕与磁化磁场方向有关）。观察磁痕出现的方向和磁痕的深浅程度，即可判别磁场的方向和强度，以判断磁化方向和磁化电流的选择是否正确。

表5-13 A型灵敏度试片规格

（单位：μm）

规格 \ 型号	A型		
槽深	15	30	60
试片厚	100	100	100

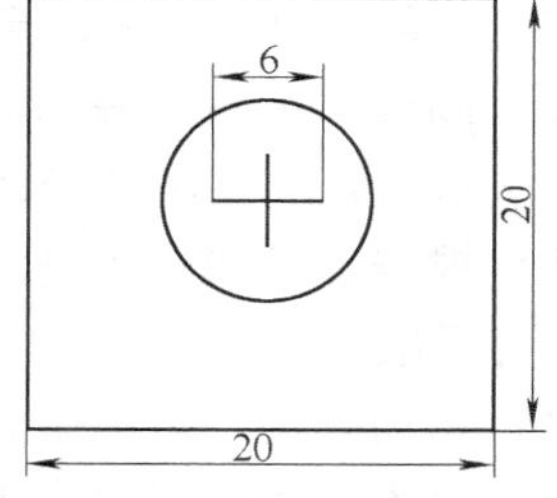

图5-10 标准试片示意图

【实验方法与步骤】

1. 实验提示

CYD—1型多用磁化电源是便携式多用磁力检测设备，它能对工件进行交流磁化、直流磁化和自动退磁，能进行连续法和剩磁法检测。该设备配有断电相位控制器，交流磁化时剩磁稳定；并可利用调整晶闸管导通角的大小来调整磁化电流、退磁电流的大小。

仪表板上指示移相角的Φ表未按下“充磁-退磁”按钮，在没有磁化电流时，它用来估计磁化电流或退磁电流的大小。准确的磁化电流或退磁电流则由“峰值F-有效值X”表示。其中，“F”表示检测时电流峰值为0～3000A，“X”表示检测时电流有效值为0～2100A。

检测时，将两根横截面积为95mm^{2}电缆的两个大电流插头分别插入“交流”和“交直流”插座并旋紧螺母，电缆的另一端按要求接支杆接头，在调整好仪表板上的开关后即可对工件进行检测。

支杆法检测时，触头和工件表面必须互相垂直，防止磁场干扰。同时，接触要良好，必须在磁化电流断开，触头离开工件后，方可结束实验，这样可防止受检表面烧伤。两触点的间距不宜过大，以防触头间产生的磁场出现干扰现象。如间距过大，则要求磁化电流也很大，这样容易烧伤工件表面。两触点的间距一般以15～20cm为宜。另外，为了检查焊缝缺陷，触头与工件的接触点应在焊缝两侧热影响区内分别选取；为了检查不同方向的缺陷，触头应上下移动，作多次探测，并注意移动触头前应切断磁化电流。

2. 支杆法检测焊缝缺陷

1）对被检工件进行预处理。

2）接好电源插头，接通配电开关，设备主电路接入电网。

3）按灵敏度要求，将相应A型灵敏度试片带有刻槽的一面紧贴工件表面，用胶纸固定。

4）接通仪器“电源”开关，红灯亮，仪器触发电路已接通。

5）根据需要将“测量选择开关”调至“峰值F”或“有效值X”的位置。

6）将“工作选择开关”调至“交流”位置，“电流”调节旋调至 Φ 表指示最小或合适的位置。

7）把大电流插头分别插入“交流”和“交直流”插座，旋紧螺母；在电缆另一端接好支杆触头。

8）按下绿色按钮，绿灯亮，红灯灭，此时表示当按下充磁开关或脚踏开关时，触发电路有触发脉冲触发晶闸管，可以进行交流充磁检测。

9）将支杆触头接触好焊接钢板，按一下“充磁”开关，接通磁化电流对钢板充磁（通电 1～2s，间歇 20s），并在充磁的同时施加磁悬液。然后对灵敏度试片进行观察。

10）调节“电流”调节旋钮，逐步增大磁化电流，重复步骤 9），直至灵敏度试片刻槽部位有清晰的磁痕显示出来，记录磁化电流大小和磁痕形状，将数据填入表 5-14 中。

11）根据确定的磁化电流值和触头间距，对钢板焊缝进行检测，重复步骤 9），并观察焊缝上有无缺陷。

12）移动触头，对整条焊缝进行检测。

13）退磁。在红灯亮的情况下，将“工作选择”开关调至“退磁”位置，重复步骤 6）～9），其断电退磁时间为 3s，且可自动进行。

14）实验结束。关闭仪器电源开关及配电板上总开关。

3. 交叉磁轭旋转磁场法检测焊缝缺陷

1）将钢板焊缝两侧各 100mm 范围的锈污清除。

2）将钢板焊缝倾斜摆放，使磁悬液能在焊缝及热影响区内全覆盖流动。

3）将交叉磁轭（即探头）骑马式置于焊缝上，并使焊缝位于磁轭中央。

4）进行磁化的同时浇洒磁悬液，探头以 2～3m/min 的速度缓缓推移。

5）在磁化洒液的同时进行观察，发现磁痕后应及时校验。

6）探测完一定范围后，应立即对已确认的缺陷磁痕作好准确定位记录，将数据填入表 5-15 中。

【实验数据分析与处理】

1）灵敏度试片实验相关数据见表 5-14。

表 5-14　灵敏度试片实验数据

A 型试片规格			触点间距	
磁化电流				
磁痕形状				
磁痕清晰度				

2）交叉磁轭旋转磁场法检测焊缝缺陷相关数据见表 5-15。

表 5-15　交叉磁轭旋转磁场法检测焊缝缺陷实验数据

工件名称		材料			
使用仪器		磁粉种类		检测方法	
磁化方法		触头间距		磁化时间	
灵敏度试片		磁化规范			
结果					

【实验报告要求】

1）画出检测记录图。
2）对实验结果进行分析。

【实验思考题】

1. 简述磁粉检测的主要工艺流程。
2. 为什么要对检测的工件进行预处理？预处理主要有哪些内容？
3. 连续法和剩磁法有哪些特点？主要区别是什么？
4. 哪种方法所产生的外部磁场太强，以致会妨碍对工件进行良好检验？
5. 通常对焊缝的表面采用哪种措施就可以获得满意的磁粉检测结果？
6. 交叉磁轭旋转磁场法检测的优点是什么？
7. 触棒法磁化比较适合于什么工件的检测？
8. 在考虑焊接件检测时，对其表面粗糙度的要求应作如何处理？
9. 怎样区分表面缺陷与近表面缺陷？
10. 一缺陷位于50mm厚对接焊缝的表面下6mm处，对此缺陷进行磁粉检测，相比于它在12mm厚对接焊缝表面下6mm处，此时能否检测出该缺陷？

5.9　退磁及剩磁的测量

铁磁性材料在磁化力的作用下较易磁化，一旦磁化，即使除去外加的磁场，某些磁畴仍然保持新的取向而不恢复原来的随机取向，于是该材料就保留了剩磁。剩磁的大小与材料的磁特性、磁化方向和工件的几何形状等因素有关。退磁的目的就是将工件内部的剩磁减小到不影响使用的程度。它是通过使材料中的磁畴产生无规则的取向来完成的。

【实验目的】

1）了解各种退磁技术的操作和应用范围。
2）熟悉各种剩磁测量仪器的使用方法。
3）了解工件允许剩磁大小的标准。

【实验设备与器材】

1）交直流磁粉探伤机。
2）便携式磁粉探伤机。
3）退磁机。
4）磁强度计。
5）试件若干。

【实验原理】

工件中的剩磁在外加交变磁场作用下，其方向也在不断地改变。当外加交变磁场逐渐减少至零时，工件中的剩磁也逐渐衰减趋近于零。成分不同的钢材料的退磁效果不一样，可以依靠磁场测量仪器测量出工件中的剩磁，以确定退磁效果。不同用途的工件所要求的剩磁标准不同。

【实验方法与步骤】

1. 周向磁化剩磁的退磁

1）周向磁场退磁法。它是指在工件中通以不断减少至零的交流电，或通以不断改变方向且逐渐减少至零的直流电的方法。退磁时的初始化电流应大于该工件的磁化电流。

2）纵向磁场退磁法。它是指在工件中纵向施加一个强大的磁场，然后逐渐改变该磁场方向并逐渐减少至零，用来退掉纵向剩磁的方法。开始施加的磁场一般不小于20000A/m。

3）测量剩磁的方法。工件周向退磁后，将剩磁测量仪器的测头靠近工件刻槽，并沿着刻槽移动，这样可以测量周向剩磁的大小。

2. 纵向磁化剩磁的退磁

1）工件穿过线圈法。将工件从通以交流电的线圈一侧移近并通过线圈到另一侧，至离开线圈1.5m即可达到退磁目的。工件在移动时应平稳，其轴线和线圈轴线一致，同时要求线圈中心磁场强度不小于20000A/m。

2）纵向磁场衰减法。工件置于线圈中心，其轴线与线圈轴线重合。若线圈通以交流电，则使交流电逐渐减小并降为零；若线圈通以直流电，则在不断改变方向的同时逐渐使电流减小并降为零，这样便可达到退磁的目的。在退磁开始时，线圈中心磁场强度应大于工件充磁强度，一般要求不低于20000A/m。

3）工件翻动退磁法。利用直流磁化线圈进行纵向退磁，可将工件从线圈穿过并水平移出，同时，每移动50mm工件头尾相调一次，直至工件离开线圈1.5m以外。此种退磁法也要求线圈的退磁场强度不小于工件充磁时磁场强度。

4）测量剩磁的方法。工件纵向退磁后，将剩磁测量仪器的测头靠近工件两端，不断移动或翻动测头，找出仪器最大的剩磁指示值。

3. 工件磁化区域的局部分段退磁

利用便携式磁粉探伤机检测需要退磁的被磁化部位，可将磁粉探伤机垂直于工件表面慢慢提起脱离工件，至工件表面1m以外停止供电，便可达到局部退磁的效果。此种办法可用于大型工件磁化区域的部分退磁，也适合小型工件单件纵向退磁。

【实验数据分析与处理】

相关实验数据见表5-16。

表5-16　实验数据

退磁方法	周向剩磁退磁		纵向剩磁退磁			局部退磁
	周向磁场退磁法	纵向磁场退磁法	工件穿过线圈法	纵向磁场衰减法	工件翻动退磁法	马蹄形交流电磁轭退磁法
剩磁						

【实验报告要求】

1）讨论各种退磁方法的优缺点。

2）简述各种退磁方法的使用方法。

3）简述退磁的基本条件。

【实验思考题】

1. 什么是退磁？为什么要退磁？

2. 列举磁粉检测后工件不需要退磁的情况。

3. 由于冷加工而形成的磁痕，可在退磁后再重新检测吗？

4. 退磁操作要注意哪些问题？

5. 已磁化的圆棒需要无磁性时，将其置于通以逐步减小电流的线圈中进行退磁，圆棒的安置方向最好是东—西向吗？

6. 要达到有效的退磁，线圈的长度应大于它的内径吗？

7. 两个工件，一个进行周向磁化，另一个进行纵向磁化，如果不加退磁，哪一个剩磁场更为有害？

8. 两个工件，一个进行周向磁化，另一个进行纵向磁化，如果只考虑剩磁的方向，哪一个更容易退磁？

第6章　微波检测

微波是无线电频谱的一部分。它是指频率在300MHz（波长为1m）~300GHz（波长为1mm）的电磁波。微波技术是基于微波的特点发展而成的一门技术。它的研究内容包括微波的产生、传输、传播、辐射、检测及应用等。

微波检测（Microwave Detection）技术可追溯到20世纪50年代，这项技术在检测领域是一项新技术，但这些年来已有了进一步发展。

微波无损检测是将在330~3300 MHz中某段频率的电磁波照射到被测物体上，通过分析反射波和透射波的振幅和相位变化以及波的模式变化，了解被测物体的裂纹、气孔等缺陷，确定分层媒质的脱粘、夹杂等的位置和尺寸，以检测复合材料内部密度不均匀程度的技术。微波的波长短、频带宽、方向性好，贯穿介电材料的能力强，类似于超声波。微波可以同时在透射和反射模式中使用，但是微波不需要耦合剂，避免了耦合剂对材料的污染。由于微波能穿透对声波有很大衰减作用的非金属材料，因此，微波检测技术最显著的特点在于它可以进行最有效的无损扫描。微波的特性使材料纤维束方向的确定和生产过程中非直线性的监控具有可能性。微波检测还可提供精确的数据，使缺陷区域的大小和范围得以准确测定。此外，使用该技术进行检测，无需作特别的分析处理就可随时获得缺陷区域的三维实时图像。微波无损检测设备简单，费用低廉，易于操作，便于携带。但由于微波不能穿透金属和导电性能较好的复合材料，因而不能检测此类复合结构内部的缺陷，只能检测金属表面裂纹缺陷及表面粗糙度。

随着军事工业和航空航天工业中各种高性能复合材料、陶瓷材料的应用，微波无损检测的理论、技术和硬件系统都有了长足的进步，从而大大推动了微波无损检测技术的发展。

6.1　电磁波反射和折射的研究

【实验目的】

1）研究电磁波对良导体表面的反射，验证电磁波的反射定律。
2）研究电磁波对无损耗介质表面的反射和折射。

【实验设备与器材】

1）扬声器。
2）振荡器。
3）衰减器。
4）金属平板。
5）无损介质平板（玻璃板）。
6）小平台。

【实验原理】

1）电磁波在传播过程中如遇到障碍物，则要产生反射和折射。均匀平面电磁波在两种不同介质分界面上斜入射时，所遵循的一般规律如图 6-1 所示。

反射定律：$\theta_i = \theta_r$

折射定律：$\dfrac{\sin\theta_i}{\sin\theta_t} = \dfrac{k_1}{k_2} = \dfrac{\sqrt{\mu_1\varepsilon_1}}{\sqrt{\mu_2\varepsilon_2}} = \dfrac{\eta_1}{\eta_2}$

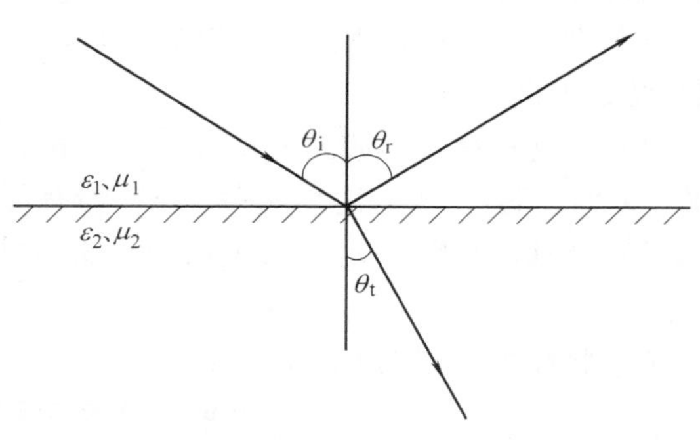

图 6-1 电磁波产生反射和折射

2）当平行极化波斜入射到两种介质的分界面上时，其反射率为

$$r = \frac{-\eta_2\cos\theta_i + \eta_1\cos\theta_i}{\eta_2\cos\theta_i + \eta_1\cos\theta_i}$$

当平面波斜入射到两种介质分界面上不产生反射波时，称为全折射。这时，入射波全部折射到两种介质中。根据 $r = 0$ 及折射定律，可求出全折射时的入射角 θ_p——布鲁斯特角，θ_p 为

$$\theta_p = \arcsin\sqrt{\frac{\varepsilon_2}{\varepsilon_2 + \varepsilon_1}}$$

3）当均匀平面电磁波垂直入射到厚度为 d 的介质表面上时（图 6-2），介质片的反射性能可利用传输线输入阻抗公式来表示。即

$$Z_{in} = \eta_2\frac{\eta_1 + jn_2\tan(k_2d)}{\eta_2 + jn_1\tan(k_2d)}$$

其中 $k_2 = \dfrac{2\theta\pi}{\lambda'}$，$\lambda' = \dfrac{\lambda}{\sqrt{\varepsilon_r}}$

当介质片厚度为 $d = \dfrac{\lambda'}{2} = \dfrac{1}{2}\dfrac{\lambda}{\sqrt{\varepsilon_r}}$时，得到 $Z_{in} = \eta_1$。这说明平面电磁波可以无反射地透过厚度为 d 的介质片。

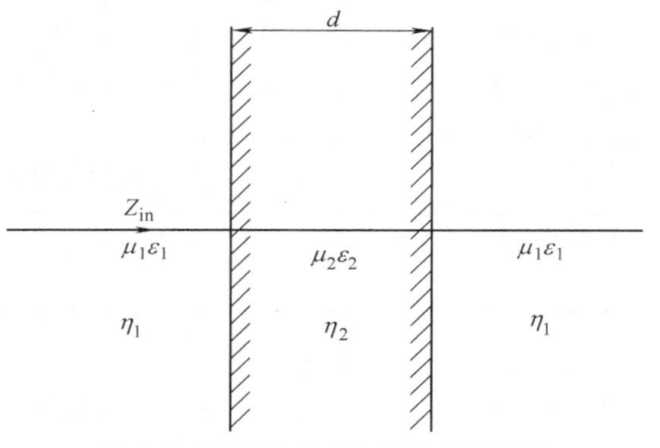

图 6-2 电磁波垂直入射到介质表面

利用介质片 $d = \dfrac{\lambda'}{2}$的全折射效应，可以测试介质的相对介电常数 ε_r 值。

把含有未知数 ε_r 的介质片垂直放置在平面电磁波的传播路径上，调节入射波的波长，使 $d = \dfrac{1}{2}\dfrac{\lambda}{\sqrt{\varepsilon_r}}$，则可求得

$$\varepsilon_r = \left(\frac{\lambda}{2d}\right)^2$$

这时，入射角和折射角的关系为

$$\theta_p + \theta_t = \frac{\pi}{2}$$

【实验方法与步骤】

1. 良导体表面反射特性的测试

1）调整电磁波收、发装置的天线，使它们分别处于小平台两侧 90°刻度处（位于一条

直线上)，口面正对。

2）把衰减器调至最大衰减量处，打开振荡器开关，按下“预热”开关。再将衰减器的衰减量稍调小一些，调动检测器螺钉，使接收端表针指示为最大；然后再调小衰减量，使接收端表针指示接近满刻度。

3）把金属板放在支座上，使金属板平面与小平台90°线对齐，这时小平台的0°线与金属板法线方向一致。

4）转动小平台，使固定臂指针在某角度处，此角度的读数即为入射角。入射角最好在30°~65°之间，因为入射角太大，扬声器有可能直接接收入射波。

5）转动活动臂，在表头上找到一最大指示，此时活动臂上指针所指的刻度就是反射角。

6）将相关数据填入表6-1中。

表6-1 良导体表面反射特性实验数据

入射场$\|E_{io}\|$								
反射场$\|E_{ro}\|$								
入射角 θ_i	30°	35°	40°	45°	50°	55°	60°	65°
反射角 θ_r								

2. 无损介质表面斜入射电磁波全折射的测试

1）换下金属板，用与金属板相同的放置方法把无损介质板（玻璃板）放于小平台上。

2）调整小平台和活动臂，改变入射波的入射角和折射角，使接收到的折射波强度为$|E_{to}| = |E_{io}|$、$|E_{ro}| = 0$，从而得到全折射的入射角θ_p及折射角θ_t。把测得的数据填入表6-2中，并与计算值进行比较。

表6-2 无损介质表面斜入射电磁波全折射实验测试

入射场$\|E_{io}\|$	θ_p 测试值	θ_p 计算值	折射场$\|E_{ro}\|$	θ_t 测试值	θ_t 计算值

3. 垂直入射介质板测ε_r

1）把介质板放在平台上，使发射和接收扬声器正对。

2）调节振荡器波长，使接收端表头指示与介质板的指示相等。将波长λ值填入表6-3中。

表6-3 垂直入射介质板测ε_r实验数据

	第一次测量	第二次测量	第三次测量
波长 λ			
$\varepsilon_r = \left(\frac{\lambda}{2d}\right)^2$			

4. 注意事项

1）因电磁波易受外界条件影响，故实验时，在波的传播路径上尽量避免外界干扰。

2）移动活动臂及可动金属板时，应做到平稳缓慢，使指针保持缓慢变化。

3）读数力求准确。

【实验报告要求】

1）列出实验数据表，并对实验数据进行分析。
2）比较电磁波斜入射到良导体表面及无损介质表面时的差别。

【实验思考题】

1. 实验中，若将入射波改为垂直极化波，能否产生全折射？为什么？
2. 设计一个测全反射特性的实验，并说明设计方案。

6.2　电压驻波比的测量一

【实验目的】

掌握测量大、中电压驻波比的常用方法。

【实验设备与器材】

1）信号发生器。
2）隔离器。
3）可变衰减器。
4）频率计。
5）精密可变衰减器。
6）测量线。
7）功率放大器。
8）短路板。
9）全匹配负载。
10）选频放大器。
11）单螺钉调配器。

【实验原理】

驻波测量是微波检测中最基本和最重要的内容之一。电压驻波比（以下简称驻波比）是传输线中电场强度最大值与最小值之比，表示为

$$\rho = \left|\frac{E_{\max}}{E_{\min}}\right| \tag{6-1}$$

测量驻波比的方法与仪器种类繁多，本实验使用驻波测量线，根据直接法、等指示度法及功率衰减法测量大、中驻波比。

1. 直接法

直接测量沿线驻波的最大电场强度和最小电场强度（图6-3），根据式（6-1）直接求出驻波比的方法称为直接法。该方法适用于测量中、小驻波比。

如果驻波腹点和节点处指示电表读数分别为 $I_{\max}$ 和 $I_{\min}$，二极管为平方律检波，则式

(6-1) 可改写为

$$\rho = \frac{I_{\max}}{I_{\min}} \tag{6-2}$$

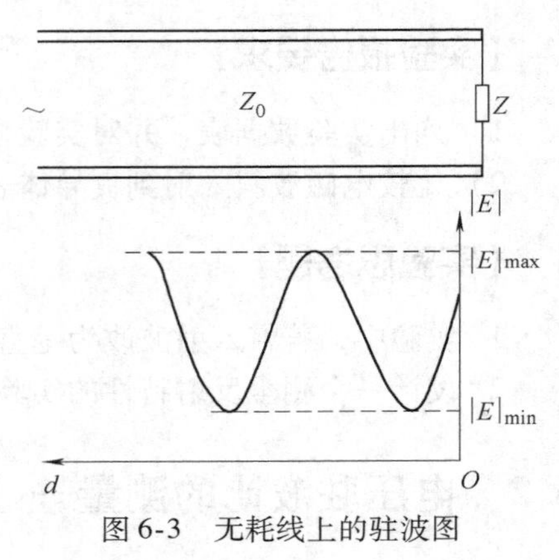

图6-3 无耗线上的驻波图

当1.05 <ρ≤1.5时，驻波的最大值和最小值相差不大，且波腹、波节平坦，难以准确测定。为了提高测量准确度，可移动探针测出几个波腹和波节的数据，然后取平均值。即

$$\bar{\rho} = \sqrt{\frac{I_{\max1} + I_{\max2} + I_{\max3} + \cdots + I_{\max n}}{I_{\min1} + I_{\min2} + I_{\min3} + \cdots + I_{\min n}}} \tag{6-3a}$$

或

$$\bar{\rho} = \frac{1}{n}\left(\frac{I_{\max1}}{I_{\min1}} + \frac{I_{\max2}}{I_{\min2}} + \frac{I_{\max3}}{I_{\min3}} + \cdots + \frac{I_{\max n}}{I_{\min n}}\right) \tag{6-3b}$$

当1.5 <ρ<6时，可直接读出电场强度的最大值和最小值。

2. 等指示度法

等指示度法适用于测量大、中驻波比（ρ>6）。如果被测器件驻波比较大，驻波腹点和节点电平相差悬殊，因而在测量最大点和最小点电平时，使晶体工作在不同的检测律，故仍按直接法测量大驻波比误差较大。等指示度法是指测量驻波图像节点两旁附近的电场强度分布规律，从而求得驻波比的方法。等指示度法能克服直接法测量的缺点。

根据传输线上电场强度和终端反射率 Γ 的关系，并确定驻波节点两旁等指示度之间的距离，可得线性关系式

$$k^{\frac{2}{n}} = \left(\frac{I_{右或左}}{I_{\min}}\right)^{\frac{2}{n}} = \frac{1 + |\Gamma|^2 - 2|\Gamma|\cos\left(\frac{2\pi W}{\lambda}\right)}{(1-\Gamma)^2} \tag{6-4a}$$

式中，$I_{\min}$为驻波节点指示值；$I_{左}$、$I_{右}$为驻波节点相邻两旁的等指示值；W为等指示度之间的距离。

经过三角变换，式（6-4a）变为

$$\rho = \frac{k^{\frac{2}{n}} - \cos^2\left(\frac{\pi W}{\lambda_g}\right)}{\sin\left(-\frac{\pi W}{\lambda_g}\right)} \tag{6-4b}$$

图6-4所示为驻波节点附近的电场强度分布曲线和需要测量的有关量。通常，测量 $I_{左或右} = 2I_{\min}$ 的两个等指示度点所对应的探针位置间的距离 $W = |d_2 - d_1|$。当探头晶体为平方律检波时，传输线中驻波比可按式（6-4c）计算。这种方法也可称为“二倍最小值法”或“三分贝法”。

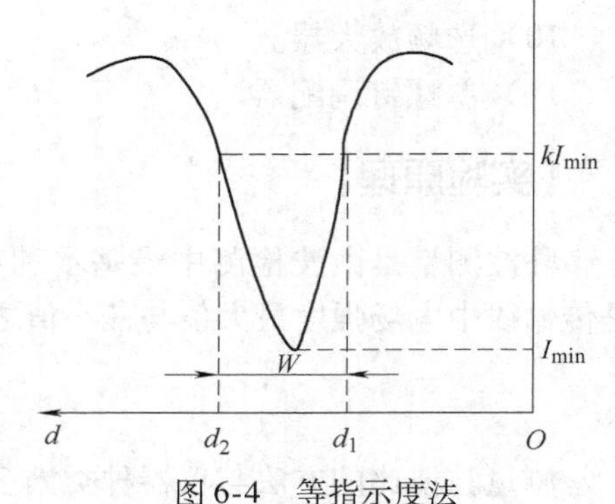

图6-4 等指示度法

$$\rho = \sqrt{1 + \frac{1}{\sin^2\left(\frac{\pi W}{\lambda_g}\right)}} \tag{6-4c}$$

当$\rho>10$时，$\sin\left(\frac{\pi W}{\lambda_g}\right)$很小，则式（6-4c）又可简化为

$$\rho=\frac{\lambda_g}{\pi W} \tag{6-5}$$

由式（6-4a）和式（6-5）可知，等指示度法测量驻波比时，等指示度间的距离W与波导波长λ_g的测量准确度对测量结果影响很大，因此，必须用高精度的探针位置指示装置（如千分测微仪）进行读数。

3. 功率衰减法

功率衰减法适用于任意驻波比值的测量。

用直接法和等指示度法测量驻波比的准确度与晶体检波律有关，因而要求在同一测量中必须保持同一检波律，这给测量带来一定的困难。等指示度法虽然在一定程度上解决了这一矛盾，但当驻波比很大时，对W值的测试要求很高，如取$n=2$，$\lambda_g=36\text{mm}$，$\rho=50$，则$W=0.23\text{mm}$。而使用指针式测微计，通常只能达0.01mm的准确度，因此，引进的误差至少在5%以上；若ρ更大，测量误差也更大。

功率衰减法测量驻波比能克服上述两种方法的缺点。它可用精密可变衰减器测量驻波腹点和节点两个位置上的电平差，因而与晶体检波律无关。驻波比的测量准确度主要取决于衰减器的准确度和系统的匹配情况。

改变测量系统中精密可变衰减器的衰减量，使探针位于驻波腹点和节点时指示电表的读数相同，则驻波比ρ的计算式为

$$\rho=10^{\frac{A_{max}-A_{min}}{2}} \tag{6-6}$$

式中，A_{max}和A_{min}分别为探针位于驻波腹点和驻波节点时精密衰减量读数（dB）。

【实验方法与步骤】

1. 微波测试系统调整

1）按图6-5所示检测测试系统，测量线终端接匹配负载，开启电源，预热各仪器。

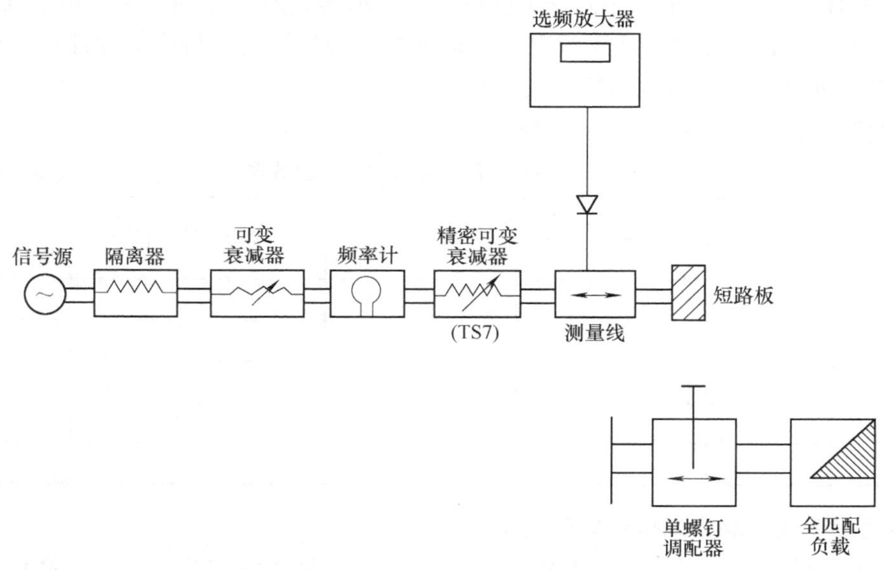

图6-5　测试装置图

2）按操作规程使信号工作在方波调制状态，并获得最佳输出。

3）调整测量线，调谐探针电路，使测量线工作在最佳状态。调整输入功率电平，使晶体工作在平方律检波范围内。

4）用直读式频率计计算工作频率f_0，并记录数据。

5）测量线终端接短路板，用交叉读数法测量两个相邻波节点的位置，计算波导波长λ_g。重复五次，将数据填入表6-4中。

表6-4 计算波导波长λ_g相关实验数据 （单位：mm）

次数 n	d_1	d_{01}	d_2	d_{02}	λ_{gn}	λ_g
1						
2						
3						
4						
5						

2. 用直接法测量开口波导及单螺钉的驻波比

1）测量线终端开口，移动探针至波腹点，调整指示器灵敏度，使指示电表读数达满刻度（或近满刻度）。

2）分别测定驻波腹点和节点的幅值I_{max}和I_{min}，并记录数据。

3）测量线终端接单螺调配器和全匹配负载（图6-5），单螺钉穿伸度约2.5mm。重复步骤1）、2），并测量两次，记录测量数据。

3. 用等指示度法测量单螺钉的驻波比

1）调节单螺钉穿伸度约为7mm，测量线探针至驻波节点。调整微波可变衰减器、指示器灵敏度，必要时可调整测量线探针穿伸度（一般不调），使指示电表指针接近满刻度的一半，读取驻波节点幅值I_{min}。

2）缓慢移动探针，在驻波节点两旁找到电表指示读数为$2I_{min}$的两个等指示度点，应用测量线标尺刻度及指示测微计（千分表）读取这两个等指示度点对应的探针位置读数值d_1和d_2。重复此步骤五次，将数据填入表6-5中。

3）根据公式$\rho=\overline{\lambda}_g/\pi W$计算驻波比。

表6-5 等指示度法测驻波比实验数据 （单位：mm）

次数 n	I_{min}(%)	$2I_{min}$对应的探针位置		$W_n=\|d_2-d_1\|$	$\overline{W}$
		d_1	d_2		
1					
2					
3					
4					
5					

4. 用功率衰减法测量单螺钉的驻波比

1）不改变测量线终端待测负载状态，移动测量线探针驻波节点，调整微波可变衰减器、指示器灵敏度，使指示电表读数大于满刻度的三分之二。读取电表指示值 I_{min} 及精密可变衰减器衰减量 A_{max}，并记录数据。

2）缓慢移动测量线探针，并跟踪调整精密可变衰减器，使电表指示值不超过满刻度，直至探针移到波腹点处，仔细调整精密衰减器衰减量，使指示电表读数仍然为 I_{min}。读取此时精密可变衰减器衰减量 A_{max}，并记录数据。根据式（6-6）计算驻波比 ρ。

5. 注意事项

1）功率衰减法必须用已校准的精密可变衰减器测量衰减量（如 TS7 型等），用一般可变衰减器不能保证测量准确度。

2）根据波导波长 λ_g 及二倍最小点间距 W 的测量方法，二者均不能作为等准确度直接测量数据。为简化计算，本实验中计算 $\overline{\rho}$ 的方均根值误差和算术平均值的相对误差时，可将 $\overline{\lambda}_g$、$\overline{W}$ 作为等准确度测量数据处理。

【实验思考题】

1. 试述直接法、等指示度法及功率衰减法测量电压驻波比的特点。
2. 用等指示度法测量 W 时，移动测量线探针位置应注意什么？
3. 在测量单螺钉驻波比时，为什么要在单螺钉调配器后面紧接上一全匹配负载？
4. 试推导公式（6-6）。
5. 开口波导的驻波比 $\rho \neq \infty$，这说明什么问题？若想在波导终端获得一个真正的开路面，应采用什么方法？
6. 用等指示度法测量驻波比时，如果 I_{min} 太小，可加深测量线探针的穿伸度，这样并不会给测量结果带来大的误差，为什么？
7. 用功率衰减法测量大驻波比与晶体检波律有关吗？可否用低频衰减器（如测量放大器的输入衰减器）代替微波衰减器？为什么？
8. 比较用直接法和用等指示度法测量单螺钉驻波比的结果，并分析讨论。
9. 根据等精度直接测量误差计算方法，用表 6-4、表 6-5 中的数据 λ_{gn} 和 W_n 分别计算算术平均值 $\overline{\lambda}_g$ 和 $\overline{W}$；用方均根值误差 σ_{λ_g} 和 σ_W 计算算术平均值的方均根值误差 $\overline{\sigma}_{\lambda_g}$ 和 $\overline{\sigma}_W$。然后以波导波长 $\overline{\lambda}_g$ 及二倍最小点距离 $\overline{W}$ 作为等精度直接测量数据，用间接测量误差理论公式计算大驻波比算术平均值（$\rho = \overline{\lambda}_g / \pi W$）的方均根值误差及算术平均值的相对误差。

6.3　电压驻波比的测量二

【实验目的】

掌握用节点偏移法（S 曲线法）测量小驻波比。

【实验设备与器材】

1）信号发生器。

2）隔离器。

3）频率计。

4）精密可变衰减器。

5）选频放大器。

6）测量线。

7）匹配负载。

8）短路板。

9）可变短路器。

实验测试装置图如图6-6所示。

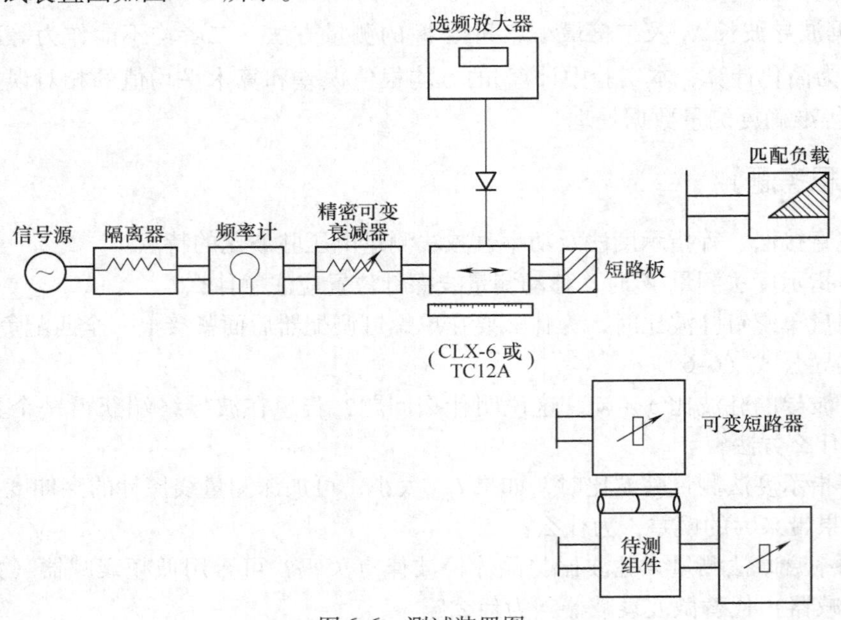

图6-6 测试装置图

【实验原理】

1. 正切关系网络参量 r 与电压驻波比的关系

微波传输线中，经常会遇到接头、波导、扭曲、拐弯、螺钉等不连续性情形。根据网络理论，上述不连续性可用一无耗二端口网络来表征其外特性。正切关系网络是直接用测量数据来表示网络外特性的一种形式，即用可变短路器获得三个实数参量 d_0、l_0 和 r，它们可表示网络输入端和输出端的互相关系。网络正切参量关系可表示为

$$\tan\beta_1(d-d_0)=r\tan\beta_2(l-l_0) \tag{6-7}$$

式中，β_1 是输入波导的相位常数，$\beta_1=2\pi/\lambda_{g1}$；$\beta_2$ 是输出波导的相位常数，$\beta_2=2\pi/\lambda_{g2}$；$d_0$ 是输入端口 T'_1 与特性端面 T_{01} 的距离；l_0 是输出端口 T'_2 与特性端面 T_{02} 的距离；l 是以 l_r 为原点输出波导中短路活塞所在位置；d 是以 d_r 为原点输入波导中相应波节点的位置。

式（6-7）的原理如下：图6-7中无耗二端口网络输入引线、输出引线的波导波长分别为 λ_{g1}、λ_{g2}。T'_1、T'_2 分别为网络输入端口、输出端口在输入波导及输出波导上的等效位置，在测量线及可变短路器上，相应的标尺刻度为 d_T、l_T。T_{01}、T_{02} 分别为网络输入端口、输出端口的特性端面，可采用下述方法选取：当网络输出端口接匹配负载时，在输出波导中只有

行波，而在输入波导中则由于网络的反射产生驻波，选定第一个驻波腹点（或与之相距$\lambda_{g1}/2$的整数倍处）为特性端面T_{01}，T_{01}与T'_1的距离为d_0；将匹配负载换接可变短路器，并移动可变短路器活塞，直至T_{01}处出现驻波节点，选定这时活塞位置（或与之相距$\lambda_{g2}/2$的整数倍处）为特性端面T_{02}，T_{02}与T'_2的距离为l_0。

当l改变时，d也随着改变，然而由于不连续处存在反射，l与d间的变化不是线性的比例关系，而是正切变化关系。故正切参量关系式也是联系网络两端驻波节点位置之间的普遍关系式，适用于驻波比大小不同的网络。r则是该式的比例常数，可以证明其负值就等于网络输出端接匹配负载时输入端的驻波比。即

$$-r=\rho \tag{6-8}$$

由上述可知，如果测出微波组件的网络正切参量（d_0、l_0、r），即可求得待测组件的输入驻波比。d_0、l_0、r原则上可按定义测定，即先在终端接匹配负载，用测量线直接测出驻波比ρ和驻波腹点位置（T_{01}），然后用短路活塞定出T_{01}出现驻波节点时的T_{02}位置即可。但这种直接测量方法不适于小驻波比的测量，当ρ很小时，ρ值和T_{01}位置都不易测准，所以实际上常采用节点偏移法来测量。

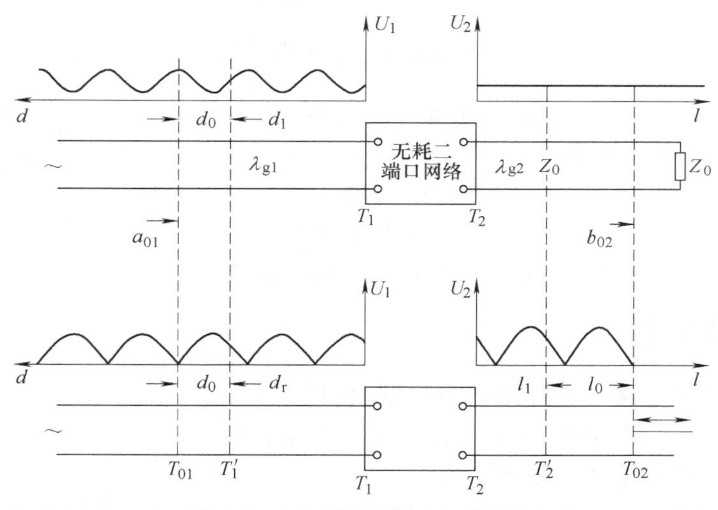

图6-7　正切关系网络原理说明图

2. 采用节点偏移法（即S曲线法或短路活塞法）**测量网络正切参量d_0、l_0、r**

由式（6-7）可知，待测网络输出波导中短路活塞位置（即l值）改变时，输入波导中驻波节点也沿相同方向移动（表示d值相应变化），但l与d并不呈线性比例关系，而是正切关系。将测得的一系列d、l值在$[(d+l)+Kl]-l$直角坐标平面上逐点描绘，即可得到如图6-8所示的S曲线。其中，$K=(\lambda_{g1}/\lambda_{g2})-1$，$\lambda_{g1}$、$\lambda_{g2}$分别为输入波导和输出波导的波导波长，当$\lambda_{g1}\approx\lambda_{g2}$时，可简化为$(d+l)-l$关系曲线。

网络正切参量d_0、l_0可以由S曲线的最大负斜率P（即曲线的负斜率部分和中线的交点）的坐标值求得。即

$$l_0=P\text{点的横坐标值} \tag{6-9}$$

$$d_0=P\text{点的纵坐标值}-\frac{\lambda_{g1}}{\lambda_{g2}}l_0 \tag{6-10}$$

网络正切参量 r 可以根据曲线峰点与谷点偏离中线距离之和 Δ 来计算，即

$$\rho=-r=\frac{1+\sin\left(\frac{\pi\Delta}{\lambda_{g1}}\right)}{1-\sin\left(\frac{\pi\Delta}{\lambda_{g1}}\right)} \quad (6\text{-}11a)$$

当 $\Delta\leqslant 0.03\lambda_{g1}$ 时，可应用近似计算式。即

$$-r\approx\frac{1+\frac{\pi\Delta}{\lambda_{g1}}}{1-\frac{\pi\Delta}{\lambda_{g1}}}\approx 1+\frac{2\pi\Delta}{\lambda_{g1}} \quad (6\text{-}11b)$$

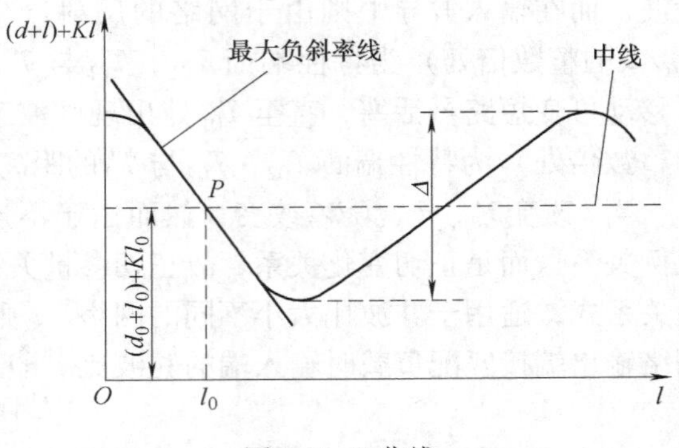

图 6-8　S 曲线

实际测量中，通常把测量线可变短路器标尺上直接读出的数据点在$[(d'+l')+Kl']-l'$的直角坐标平面上画成 S 曲线。与图 6-7 相比，该曲线仅沿坐标轴平移了 d_T 及 l_T，S 曲线的形状并未发生变化，因而新的最大负斜率 P 点的横、纵坐标关系式为

$$l'_0=P\text{ 点的横坐标值} \quad (6\text{-}12)$$

$$d'_0=P\text{ 点的纵坐标值}-\frac{\lambda_{g1}}{\lambda_{g2}}l'_0 \quad (6\text{-}13a)$$

或

$$d'_0=P\text{ 点的纵坐标值}-l'_0-Kl'_0 \quad (6\text{-}13b)$$

则网络正切参量 d_0、l_0 为

$$l_0=l'_0-l_T \quad (6\text{-}14)$$

$$d_0=d'_0-d_T \quad (6\text{-}15)$$

待测组件驻波比仍按式（6-11a）或式（6-11b）计算。

【实验方法与步骤】

1. 调整微波测量系统——测量线终端匹配负载

按操作规程调整测量系统，并测定信号源工作频率 f。

2. 用可变短路器测量驻波节点偏移

1）测量线终端换接短路板，按交叉读数法测定测量线中两个相邻波节点位置，计算输入波导波长 λ_{g1}，并选定测量线中央某波节点位置读数为 d_T，记录测量数据。

2）取下短路板，测量线终端接可变短路器。仔细移动测量线探针，使之置于 d_T 位置。可变短路器活塞由“0”刻度开始缓慢移动，不改变测量线探针位置，观察探针检测值的变化，直至测量线上 d_T 位置又出现驻波节点；在可变短路器上，按交叉读数法确定此可变短路器活塞位置刻度值，该值即为 l_T，同时也作为可变短路器活塞的第一个波节点位置 l_{01}，记录测量数据。

3）继续移动可变短路器活塞，使探针在 d_T 位置再次出现驻波节点，按交叉读数法确定此波节点的位置刻度值 l_{02}，计算输出波导的波导波长 λ_{g2}，记录测量数据。

4）取下可变短路器，测量线终端接待测微波组件，其后再接可变短路器。可变短路器活塞自“0”刻度开始从左向右，在大于 $\lambda_{g2}/2$ 的行程内，每隔 2mm 取一个测量点，同时在测量线上自 d_T 开始向右逐点跟踪驻波节点，按交叉读数法确定在每一短路活塞位置 l_k 时，

测量线上的波节点位置刻度值 d_k，将数据填入表6-6中。

3. 注意事项

1）必须准确测量输入波导和输出波导的波导波长 λ_{g1} 和 λ_{g2}，否则所绘制的S曲线的中线将发生倾斜。

2）节点偏移法的测量准确度主要取决于测量驻波节点位置的准确度。为了减少误差，测量时应使微波衰减器准确度处于测量值最小挡；使用高精度的指针式千分测微计，并采用交叉读数法来确定驻波节点位置 d。使用可变短路器时，活塞始终沿一个方向移动，以避免回差。

3）采用稳频、移幅信号源。如果不具备这一条件，可用反射速调管信号源，但需预热30min以上。在精密测量中要调配信号源，使其驻波比小于1.02。信号源与测量线之间一般希望有60dB的隔离度，以防短路面移动而引起频率牵引。

4）当测量线的标尺从左到右移动时，则应采用以$[(d'-l')-Kl']$为纵坐标、l'为横坐标的坐标系，并且中线与正斜率线的交点为最大斜率点 P。

【实验数据分析与处理】

实验相关数据见表6-6。

表6-6 实验数据 （单位：mm）

数据点	1	2	3	4	5	6	7	8	9	10
L_k										
d_{1k}										
d_{2k}										
$d_k=$										
$(d+l)+Kl$ 或 $(d-l)-Kl$										

计算待测微波组件的网络正切参量 d_0、l_0、r_0。

1）表6-6中数据，在方格纸上作出$[(d'+l')+Kl']-l'$或$[(d'-l')-Kl']-l'$曲线。

2）作出S曲线的中心线，该线与负（或正）斜率处的交点即为最大负（或正）斜率点 P。

3）分别找出 P 点的纵、横坐标值及峰、谷点的偏移值 Δ。按式（6-11）、式（6-14）、式（6-15）分别计算 $-r$（或 $+r$）、l_0、d_0。

待测微波组件的输入驻波比 $\rho=-r$（或 $+r$）。

【实验思考题】

1. 阅读本实验内容，参考有关微波测量书籍，了解网络正切参量极小驻波比的原理及方法。

2. 同轴测量系统中应怎样分别确定网络输入端口在测量线上的等效位置 d_T 及输出端口在可变短路器上的等效位置 l？

3. S曲线的峰点与谷点横坐标之间的差值应为何量？

4. 影响节点偏移法测量准确度的因素有哪些？为保证驻波节点偏移的测量准确度，应采取哪些措施？如果测量节点偏移的时间太长，则将会引入什么误差？

5. 正切关系法能否用于测量有耗波组件的驻波比？

6.4 阻抗的测量及匹配技术

【实验目的】

1）掌握用测量线测量阻抗的原理和方法。
2）学习匹配技术。

【实验设备与器材】

1）信号发生器。
2）隔离器。
3）可变衰减器。
4）频率计。
5）精密可变衰减器。
6）测量线。
7）选频放大器。
8）短路板。
9）匹配负载。
10）单螺钉调配器。
11）双T型调配器。
12）晶体检波器。

实验测试装置图如图6-9所示。

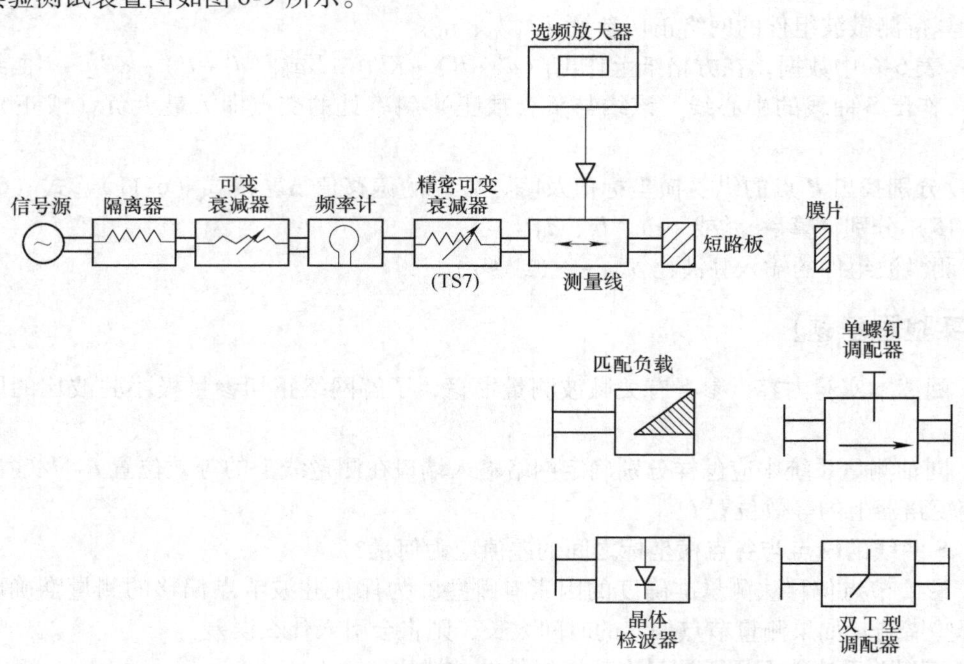

图6-9 测试装置图

【实验原理】

1. 阻抗测量的基本原理

微波组件或天线系统的输入阻抗是微波工程中的重要参数，因而阻抗测量也是很重要的内容。本实验学习用驻波测量线测量端口微波组件输入阻抗的方法。

根据传输线理论，传输系统中驻波与终端负载阻抗直接有关，表征驻波特性的两个参量是ρ及βl_{min}，它们与负载阻抗的关系为

$$Z_L = \frac{1 - j\rho\tan\beta l_{min}}{\rho - j\tan\beta l_{min}} \tag{6-16}$$

式中，Z_L为归一化负载阻抗，即单端口微波组件的输入阻抗；β为相位；ρ为驻波比；l_{min}是终端负载至相邻驻波节点的距离，如图6-10所示。

只需在测量线的输出端接上待测组件，分别测定驻波比ρ、波导波长λ_g及距离l_{min}，即可用式（6-16）或根据阻抗（或导纳）圆图计算待测组件的输入阻抗（或输入导纳）。

测量l_{min}时，由于测量线结构的限制，直接测量待测组件输入端两相邻驻波节点的距离有困难，因此，实际测量中常用“等效截面法”来计算。首先让测量线终端短路，沿线驻波分布如图6-11a所示，因而移动测量线探针可测得某一驻波节点d_T，它与终端距离为半波长的整数倍$n\lambda_g/2$（$n=1$，2，3…），此位置即为待测组件输入端面在测量线上的等效位置T。当测量线终端换接负载时，系统的驻波如图6-11b所示，用测量线测得d_T左边（向波源方向）的相邻驻波节点位置d_{min}即为终端相邻驻波节点的等效位置，所以$l_{min}=|d_{min}-d_T|$。

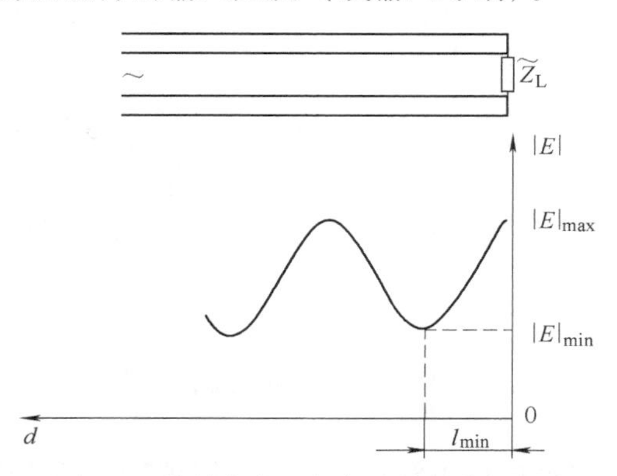

图6-10　终端负载至相邻驻波节点的距离

由式（6-16）可以计算待测组件的输入阻抗Z_L。但在工程设计中为方便起见，通常用Smith圆图来求解。图6-12所示为导纳圆图，图中A点的读数即为待测组件的归一化导纳Y_L，B点的读数即为归一化阻抗Z_L。

2. 匹配技术

匹配是微波技术中的一个重要概念，通常包含两方面的含义：一是微波源的匹配，二是负载的匹配。通常，微波系统中都希望采用匹配微波源（检测匹配源），这样可使波源不再产生二次反射，从而减少测量误差；同时，匹配负载可以从匹配微波源中取出最大功率。在传输微波功率时，希望负载也是匹配的，当负载匹配时，传输效率最高，功率容量最大，微波源的工作也较稳定。

在小功率时，构成微波匹配源最简单的办法是在信号源（本身并非匹配源）的输出端接一个衰减量足够大的吸收式衰减器或一个隔离器。使负载反射的波通过衰减进入到信号源后的第二次反射已微不足道，可以忽略。负载的匹配是要解决如何消除负载反射的问题，因而调配过程的实质就是使调配器产生一个反射波，其幅度和适配组件产生的反射波幅度相等、相位相反，从而抵消适配组件在系统中引起的反射而达到匹配。

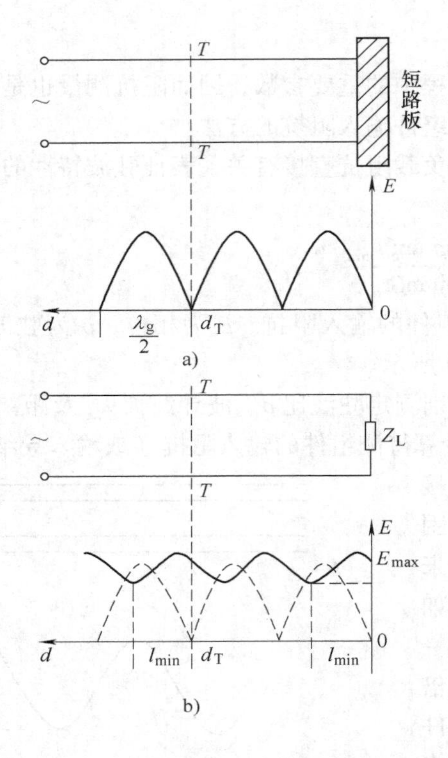

图 6-11　等效截面法示意图

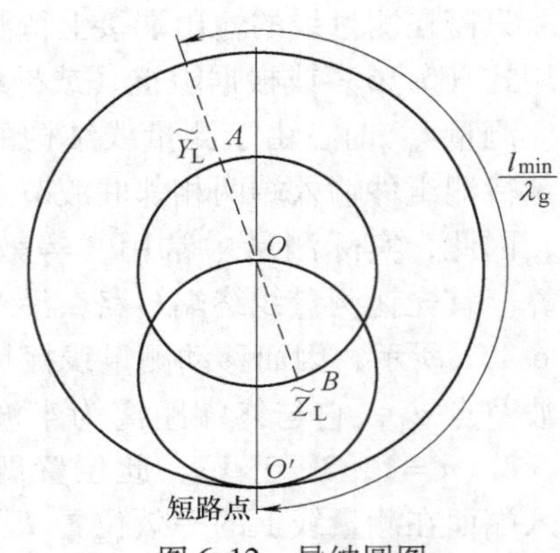

图 6-12　导纳圆图

匹配的方法有很多，可以根据不同的场合和要求灵活选用。对于固定的负载，通常可在系统中接入隔离器、膜片、销钉、写真窗，以达到匹配目的；而在负载变动的情况下，可以接入滑动单螺钉、多螺钉及单短截线等各种类型的调配器。

本实验利用滑动单螺钉（或三螺钉）及双 T 型调配器调配终端负载。

（1）滑动单螺钉调配器：滑动单螺钉调配器结构如图 6-13a 所示，它是插入矩形波导中的一个穿伸度可以调节的螺钉，并可沿着矩形波导宽壁中心的无辐射缝作纵向移动。其调配原理如图 6-13b 所示。设系统终端导纳$\widetilde{Y}_L$在圆图上的对应点为 A，当参考面从负载向波源移动时，传输线输入导纳由 A 点沿 ρ 圆顺时针方向移动，在到达位置 B-B 面时（与电导 $G=1$ 的圆相交），输入导纳为 $Y_B=1-\mathrm{j}b$，电磁为感性。又因为当波导宽壁插入一直径 $d\ll\lambda_g$、插入深度 $t<\lambda_g/4$ 的螺钉时，等效于在传输线上并联一容性电纳，改变螺钉深度，即可改变容性电纳 $+\mathrm{j}b'$，因而 B-B 截面上总的归一化导纳为 $\widetilde{Y}'_B=Y_B+\mathrm{j}b'=1-\mathrm{j}b+\mathrm{j}b'$。若调节螺钉深度 t，直至 $b'=b$，则该调配器能对任何有耗负载进行调配，故在理想情况下没有禁区。

（2）三螺钉调配器（同轴系统采用三短电路短截线调配器）　三螺钉调配器是在矩形波导宽壁中心处，由三个彼此相距 $\lambda_g/4$（或 λ_g/G）、穿伸度可调的螺钉组成，其等效电路如图 6-14 所示。

为说明三螺钉调配器的匹配原理，首先简述滑动双螺钉调配器（仅利用螺钉 B、C）的匹配

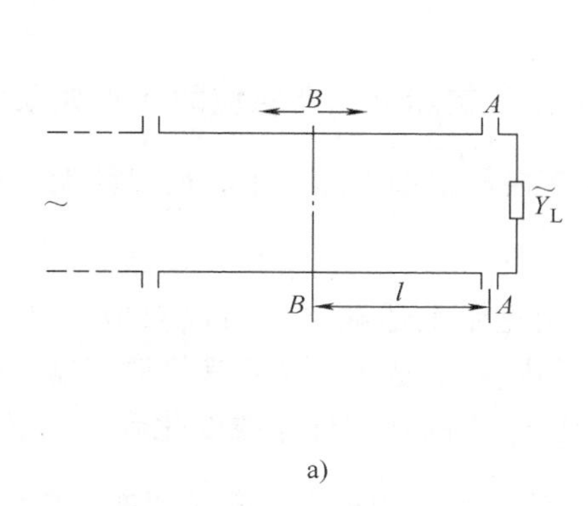

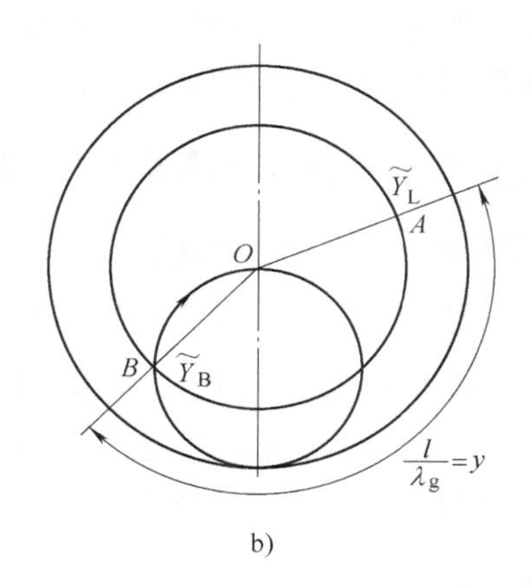

图6-13　滑动单螺钉调配器

a）结构示意图　b）匹配原理图

过程，如图6-15所示。为了达到匹配，必须使 C-C 面向负载看的总输入归一化导纳 $\widetilde{Y}'_C=1$，故必须使 C-C 面右侧向负载看的输入导纳 $\widetilde{Y}_C$ 位于 $G=1$、电纳为感性的半个单位圆上；同时，必须使 B-B 面左侧向负载看的输入导纳 $\widetilde{Y}_B$ 位于“辅助半圆”上（如图6-15中虚线所示）。依据上述结论，设 B-B 面右侧向负载看的负载输入导纳 $\widetilde{Y}_B$ 位于导纳源中的 A 点（$\widetilde{Y}_B$ 与负载导纳 $\widetilde{Y}_L$ 不同，彼此相距的长度为 l_0/λ_g），第一步调节并联容性电纳 $\mathrm{j}b_B$，使 B-B 面左侧向负载看去的总导纳 $\widetilde{Y}'_B=\widetilde{Y}_B+\mathrm{j}b'_B=G\pm\mathrm{j}b_B+\mathrm{j}b'_B$ 对应的点 B 恰好位于“辅助半圆”上，B 点是通过 A 点的等 G 圆与“辅助半圆”的交点。第二步将参考面从 B-B 面移至 C-C 面，相应的输入阻抗 $\widetilde{Y}_B$ 变为 $\widetilde{Y}_C$，对应点从“辅助半圆”上的 B 点移到 $G=1$ 圆上的 C 点，恰好沿等驻波比圆旋转了180°，C 点对应的 $\widetilde{Y}_C$ 是 C-C 面右侧向负载看的输入导纳，由于 $G=1$，故 $\widetilde{Y}_C=1-\mathrm{j}b_C$。第三步再调节并联容性电纳 $\mathrm{j}b_C$，

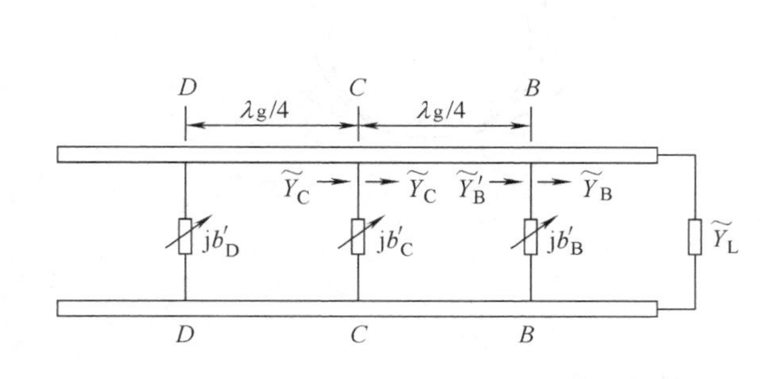

图6-14　三螺钉调配器等效电路图

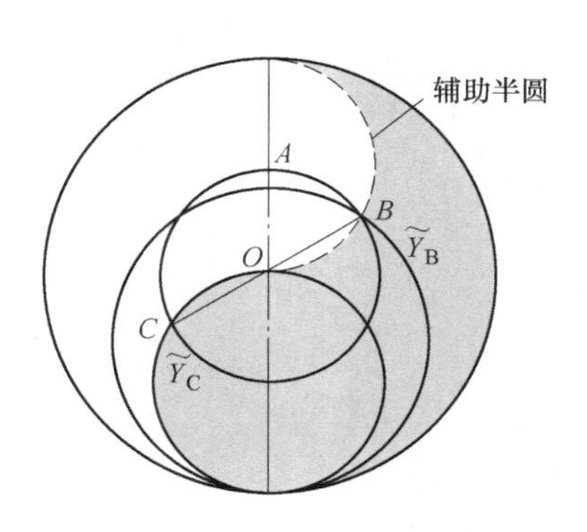

图6-15　滑动双螺钉调配器匹配原理图

使 $b'_C = b_C$，这时，C-C 面左侧向负载看的总输入导纳为$\widetilde{Y}'_C = 1 - jb_C + jb'_C = 1$，其对应点是圆图中心匹配点 O，因而系统达到匹配。

但并非所有的有耗负载都能利用双螺钉进行调配，实际上$\widetilde{Y}_B$所对应的 A 点如果落在圆图的阴影区中，因为无法改变 jb_B，使$\widetilde{Y}_B$对应点 B 落在“辅助半圆”上，所以就无法对这种负载进行匹配，故阴影区称为“匹配盲区”。

如果利用螺钉 D 进而构成三螺钉调配器，即能克服上述缺点。当$\widetilde{Y}_B$对应的 A 点落在“匹配盲区”中，这时可以利用 jb'_C 和 jb'_D（不利用 jb'_B）组成另一个双螺钉调配器。因为当 B-B 面对应的 A 点落在“匹配盲区”时，经过长度 $\lambda_g/4$ 的均匀传输线变化到 C-C 面右侧，其输入导纳$\widetilde{Y}_C$的对应点是 A 点沿等 ρ 圆旋转 180°，故$\widetilde{Y}_C$的对应点肯定不在“匹配盲区”内，因此，一定可以利用由 jb'_C 和 jb'_D 组成的双螺钉调配器进行调配。

用调节三螺钉来实现匹配，一般的方法是从第一个螺钉调起，并依次反复调节，以达到匹配。

（3）双 T 型调配器（E-H 型调配器） 双 T 型调配器的结构示意图如图 6-16a 所示。根据微波网络知识，其中 E-T 的作用等效于在传输线上串接一纯电抗，H-T 的作用等效于在传输线上并联一纯电纳，它们位于同一截面 A-A 处。首先不考虑 E-T、H-T 的作用，传输线 A-A面向负载看的归一化导纳$\widetilde{Z}_C = r + jx$，在圆图上的对应点为 A。调节 E 面短路活塞，仅改变 jx 值，A 点沿等 r 圆移动至 A_1 点（或 A_2 点），即与辅助圆相交。为分析方便，将 A_1 点（或 A_2 点）的阻抗值化为导纳值，在圆图上找到位于 $G = 1$ 圆上的对称点$\widetilde{Y}_C = 1 - jb$，然后调节 H 面短路活塞，即改变 jb 值，使总电纳为零，圆图上表现为沿 $G = 1$ 的圆移至匹配点。

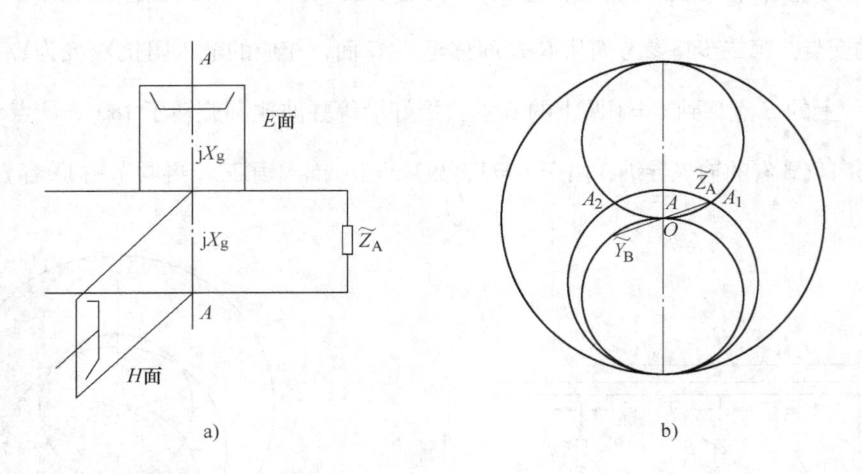

图 6-16 双 T 型调配器

a）双 T 型调配器结构示意图 b）双 T 型调配器调配原理图

以上分析适用于 $r<1$ 的情况。当 $r>1$ 时，可先调节 H 面短路活塞，然后调节 E 面活塞，使 $\widetilde{Z}_A$ 到达匹配点。

从理论分析可知，除纯电阻负载时，双T型调配器能调配任意有损耗的负载阻抗。

（4）调配方法　以上利用阻抗圆图说明了单螺钉（或三螺钉）调配器和双T型调配器的调配原理，但这并不是实用的调配方法。实际工作中常采用逐步减小驻波比的方法，即先将驻波测量线的探针置于波节（或波腹）位置，调整适配器，指示器读数增大（如探针位于波腹处，则应使指示读数减小）就说明调配器活塞或螺钉移动的方向正确，反复调节E臂和H臂短路活塞或者单螺钉位置及螺钉穿伸度，直至达到所要求的驻波比。应在每次调配过程中注意，驻波的相位也会随之改变，因此，每当用测量线观察波节（或波腹）电平时，要移动探针位置，使之真正位于波节（或波腹）点。

【实验方法与步骤】

1. 调整微波检测系统

1）测量线输出端接匹配负载，按操作规程调整测量系统，并用频率计测量信号工作频率。

2）测量线终端换接短路板，用交叉读数法测量波导波长 λ_g，并确定位于测量线中间的一个波节点位置为 d_T，记录测量数据。

2. 测量电感（或电容）膜片及晶体检波架的输入阻抗

1）取下短路板，测量线输出端接如图6-17所示的“电感（或电容）膜片+匹配负载”。测出 d_T 左边（信号源与 d_T 之间）相邻驻波节点的位置 d_{min}，计算 $l_{min}=|d_{min}-d_T|$，记录测量数据。

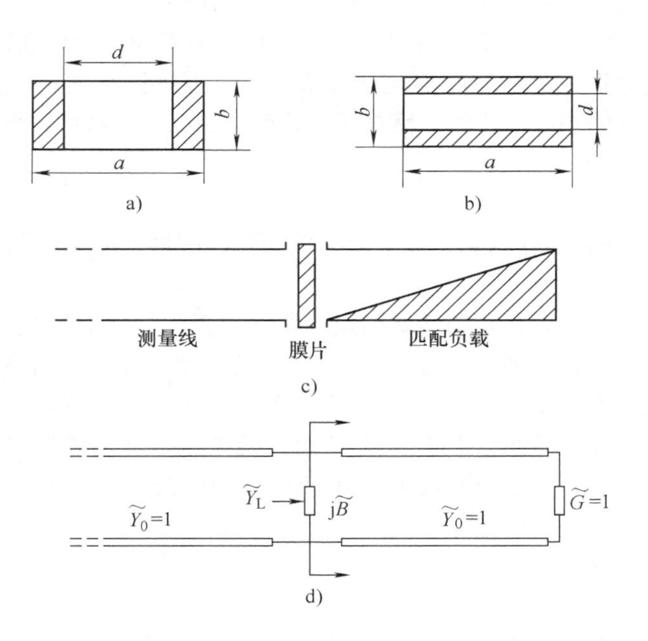

图6-17　测量电感（电容）膜片阻抗结构示意图及等效电路图

a）感性膜片　b）容性膜片　c）电路结构示意图　d）膜片阻抗等效电路

2）用微波衰减器调整功率电平，使测量线探头晶体处于平方检波律范围。用直接法（或功率减法）测量驻波比ρ，记录测量数据。

3）根据ρ、l_{min}、λ_g，应用导纳圆图计算“电感（或电容）膜片+匹配负载”的归一化导纳$\widetilde{Y}_L$。将步骤1）~3）的数据填入表6-7中。

4）测量线终端换接晶体检波器（若用BD—20波导晶体检波器，可退出三个调配螺钉，并调整其短路活塞，使晶体检波器输出量最大），重复步骤1）~3），将数据填入表6-7中。

3. 用滑动单螺钉调配器（或三螺钉调配器）**和双T型调配器调配晶体检波器**（驻波比小于1.05）

1）不改变晶体检波器工作状态，将滑动单螺钉调配器接于测量线和晶体检波器之间，单螺钉完全退出波导。晶体检波器端面导纳为$\widetilde{Y}_L$，如图6-13b所示，计算$\widetilde{Y}_L$与$\widetilde{Y}_B$相距的波长数x，将数据填入表6-7中。

表6-7　滑动单螺钉调配晶体检波器

调配方法	晶体检波器输入导纳$\widetilde{Y}_L$ =		ρ =	
由圆图首先确定螺钉与终端负载距离l后调配	波长数x	$x\lambda_g$	实际测量L/mm	螺钉穿伸度l/mm
直接调配				

2）如图6-13a所示，$l=(n\lambda_g/2)+x\lambda_g(n=0,1,2,3\cdots)$，估算调配螺钉应离开终端负载的距离$l$，并调节螺钉于此位置。将数据填入表6-7中。

3）缓慢调节螺钉穿伸度，并微调螺钉位置，用测量线跟踪驻波节点，使电表指示读数逐步增加；再用测量线跟踪驻波腹点，使电表指示读数逐步增加；再用测量线跟踪驻波腹点，使指示电表读数逐步下降。反复数次，直至驻波比$\rho<1.05$。

4）不用圆图，直接用单螺钉调配晶体检波器。调配器单螺钉穿伸度置于1~2mm，移动其位置，并用测量线分别跟踪驻波腹点与驻波节点，直至螺钉在某一位置时驻波腹点有下降、而驻波节点有上升的趋势。这时，反复调整螺钉穿伸度，并微调位置，用测量线跟踪驻波大小，直至驻波比$\rho<1.05$。

4. 操作方法

1）不改变晶体检波器工作状态，取下滑动单螺钉调配器，测量线与晶体检波器之间换接双T型调配器。

2）首先将E面（或H面）短路活塞固定在某一位置，缓慢地调整H面（或E面）短路活塞，并用测量线跟踪，找到一个出现驻波节点上升、腹点下降趋势的活塞位置及其调整方向。仍缓慢地朝这一方向调整H面（或E面）活塞，直至驻波节点不再上升，驻波腹点不再下降。此时，改换成缓慢调整E面（或H面）活塞，不断用测量线跟踪，使驻波节点上升，驻波腹点下降。重复上述步骤数次，使终端负载驻波比$\rho<1.05$。记录数据I_{max}、I_{min}和ρ。

【实验思考题】

1. 测量微波组件阻抗时，为什么首先需要确定“等效截面”？

2. 测量待测组件驻波节点位置d_{min}时，是否必须在“等效截面”d_T左边？为什么？用圆图计算组件阻抗（或导纳）时，二者有何区别?

3. 如果终端负载导纳是感性的，则滑动单螺钉调配器的螺钉与终端负载输入端的距离必须满足什么条件? 为什么?

4. 了解双 T 型调配器的调配原理和步骤。

5. 前述各项测量中，均以驻波图形中的驻波节点为基准，为什么? 是否可用驻波腹点作为基准?

6. 测量膜片阻抗时，为什么后面要接匹配负载? 如果不接，测得的阻抗代表什么? 试讨论步骤 2 中 3）测得的导纳值$\widetilde{Y}_L$。

7. 若在同轴测量系统上进行本实验，测量线终端采用什么方法才能测得测量线上的"等效截面"位置 d_T?

8. 上述滑动单螺钉调配器、双 T 型调配器能否适用于宽频带调配? 为什么?

9. 通过实验，试总结匹配技巧。

第7章　渗透检测

渗透检测（Penetrant Testing，PT）是常规无损检测方法之一。渗透检测是以毛细作用原理为基础的用于检测非疏孔性金属和非金属试件表面开口缺陷的无损检测方法。将溶有荧光染料或着色染料的渗透液施加于试件表面，由于毛细现象的作用，渗透液渗入到各类开口于表面的细小缺陷中；然后清除附着在试件表面上多余的渗透液，经干燥后再施加显像剂，缺陷中的渗透液在毛细现象的作用下被重新吸附到试件的表面上，形成放大的缺陷显示；在黑光或白光下观察，缺陷处可分别发出黄绿色的荧光或呈现红色显示图像。用目视检测即可观察出缺陷的形状、大小及分布状态。渗透检测的基本原理及步骤如图7-1所示。

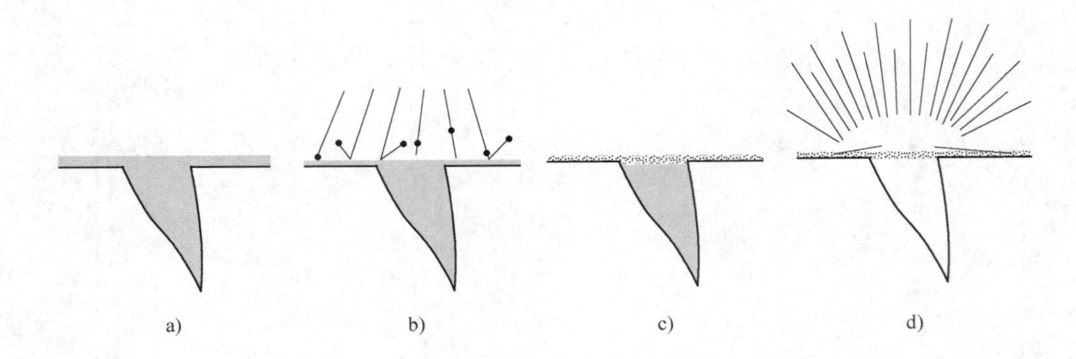

图7-1　渗透检测的基本原理及步骤

a）渗透　b）去除　c）显像　d）观察

渗透检测按缺陷显示方法不同分为荧光法和着色法。荧光法和着色法按其渗透液清洗方法不同，各可分为水洗型、后乳化型和溶剂清洗型三类。无论哪种渗透法，都只能检测出材料的表面开口缺陷，对于埋藏在材料内部的缺陷，渗透法是无能为力的。必须指出，液体渗透检测不适合检查多孔性表面缺陷，其原因是缺陷图像显示很难判断。

渗透检测的特点是：不受被检测零件形状、大小、组织结构、化学成分和缺陷方位的限制；操作方便，设备简单；缺陷显示直观，灵敏度高。一次操作能检测出各个方向的缺陷。

7.1　渗透液性能测定——运动粘度的测定

渗透液是在渗透检测中必备的能迅速而均匀渗透到某种固体物质表面的活性液体。渗透液的应用效果直接影响到产品的质量。如果渗透液质量不可靠，产品工作中的缺陷，甚至危害性的缺陷就不能被发现，这就失去了渗透检测的意义。渗透液的性能包括润湿性、运动粘度、含水量、容水量、耐腐蚀性、去除性、色泽和灵敏度等极为重要的指标，为此，必须寻求一种高效性能的渗透液来满足检测技术及工艺的需要。对渗透液性能进行分析和合理优选，其内容包括外观检查、润湿性、运动粘度、含水量、容水量、耐腐蚀性、去除性、无污染、无刺激性气味等。

运动粘度是对液体在重力作用下流动时内摩擦力的量度，即在液体润滑状态下，液体的粘性决定着摩擦的承载能力。运动粘度是表示油料粘稠度的指标。油料的运动粘度大，流动慢；运动粘度小，流动快。运动粘度的测定就是利用油料这一性质，在规定的温度下，使一定量的试油流过一定直径和长度的毛细管，根据试油通过毛细管的时间和毛细管常数，来计算试油的运动粘度。

【实验目的】

1）了解运动粘度的性质。

2）掌握测量运动粘度的方法。

【实验设备与器材】

1）毛细管粘度计。毛细管粘度计为U形玻璃管，在管的一边有一段较细的毛细管。毛细管的上端和两个扩张部分中间各有一条刻线，如图7-2所示。常用毛细管粘度计的内径为0.6mm、0.8mm、1.0mm、1.2mm、1.5mm、2.0mm。测定运动粘度时，应根据试油在实验温度下运动粘度的大小，选用不同内径的粘度计。

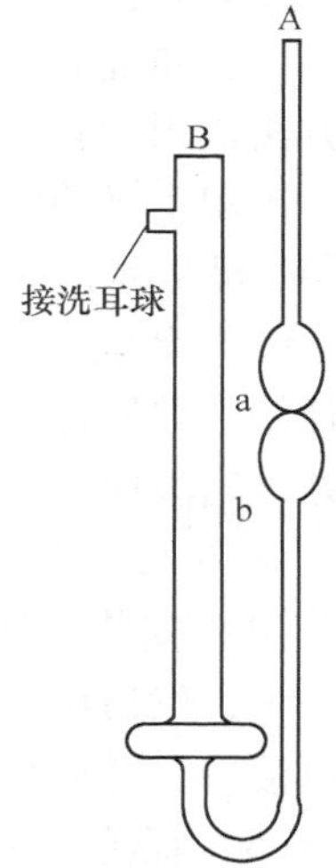

图7-2　毛细管粘度计示意图

选用粘度计的原则是：实验时，试油在粘度计内流动时间应在（300±180）s范围内，但测定液体燃料在20℃下的运动粘度时，所用的流动时间允许减短到不少于60s。

2）水银温度计（分度值为0.1℃，标尺范围为0~50℃）。

3）秒表。

4）恒温浴槽。恒温浴槽是浸放毛细管粘度计的电动搅拌装置。其高度不低于180mm，容积不小于2000mL，并附有分度值为0.1℃的精密温度计。在缺乏专用保温浴槽时，可以用1000mL以上的高型烧杯代替（高度不低于170mm）。保温浴槽中应根据测定温度选择适当的保温液。通常测定20℃和50℃的运动粘度时，用水作保温液；测定100℃透明矿物油的运动粘度时，用甘油或饱和食盐水作保温液。选用饱和食盐水作保温液时，应在液面上覆盖一层透明矿物油，以防止溶液中水分蒸发。

【实验原理】

粘度为液体内部阻碍其相对流动的一种特性，一般分为动力粘度和运动粘度。

动力粘度是指液体以1s流动1cm时在1cm^{2}上需要切向力的大小，单位为泊（P）。

$$1\text{P}=100\text{cP}=1\frac{\text{dyn}\cdot\text{s}}{\text{cm}^2}=1\frac{\text{g}}{\text{cm}\cdot\text{s}}$$

其中，P（泊）、cP（厘泊）、达因（dyn）为非法定计量单位。它们与法定计量单位的换算

关系为

$$1\mathrm{P} = 10^{-1}\mathrm{Pa \cdot s}$$

$$1\mathrm{cP} = 10^{-3}\mathrm{Pa \cdot s}$$

$$1\mathrm{dyn/cm^2} = 10^{-1}\mathrm{Pa}$$

运动粘度是指液体密度除该液体的动力粘度得到的商，单位为斯（St）。

$$1\mathrm{St} = 100\mathrm{cSt} = 1\frac{\mathrm{P \cdot cm^2}}{\mathrm{g}}$$

其中，St、cSt 为非法定计量单位。它们与法定计量单位的换算关系为

$$1\mathrm{St} = 10^{-4}\mathrm{m^2/s}$$

$$1\mathrm{cSt} = 10^{-6}\mathrm{m^2/s}$$

【实验方法与步骤】

（1）洗涤和干燥粘度计　选择合适的粘度计并用汽油将其洗涤干净。如果粘度计沾有污垢，可用铬酸、蒸馏水或精制乙醇等洗涤。然后放入烘箱内，注意温度不宜太高，一般在 70～80℃为宜。

（2）准备试油　试油中含有水分或机械杂质时，在实验前必须进行脱水和过滤。脱水的方法适用于容易流动的试油。将新煅烧而冷却后的硫酸钠加入试油中，摇动，静置沉降后，再用干燥的滤纸过滤。对运动粘度大的润滑油，可先预热到不高于 50℃，然后再经食盐层过滤脱水。

（3）装油　将不含水分和机械杂质的试油装入清洁干燥的粘度计中，其方法是：将粘度计倒置并用拇指堵住 B 管；将 A 管插入试油中，用洗耳球在粘度计的支管上将试油吸到 b 线处；当液面到达 b 线时，迅速提起粘度计，擦去 A 管外部沾附的试油，迅速将粘度计顺置（图 7-2）。在吸油过程中，要防止吸入气泡。

（4）安装仪器　将试油的粘度计浸入保温液中，浸入深度应使保温液浸没粘度计上球的一半，然后用夹子固定在铁架台上，用铅垂线将粘度计调成垂直状态，将温度计垂直插入保温液中，并使水银球位于粘度计的毛细管中部的水平处。

（5）保温　用电或喷灯加热保温液至规定实验温度（室温高于 20℃时，测定 20℃的粘度需用冰进行降温），在不断搅拌情况下，控制保温液温度偏差不超过 ±0.1℃。温度计有误差时，实验温度应按温度计的校正值换算为示值。

为了使试油的温度和测定温度一致，应将装有试油的粘度计按表 7-1 中规定的时间进行保温。

表 7-1　运动粘度测定保温时间表

测定温度/℃	粘度计在保温液中应保持的时间/min	记录运动粘度中渗透液从 a 至 b 的时间/min
20	10	
50	15	
100	20	

（6）测定流动的时间　准确保温至规定的时间后，利用 A 管上的胶管将试油液面小心移至稍高于 a 线的位置，并注意不要使毛细管和扩展部分产生气泡。

仔细观察试油向下流动的情况，当液面正好下降到 a 线时，立即启动秒表，当液面下降

到b线时，立即停止秒表。测定过程中要不断搅拌保温液，并使其温度保持偏差不超过±0.1℃。

每次装油至少重复测定四次流动时间，其中每次流动时间与各次流动时间的平均值之差，不应超过平均值的0.5%。如果其中有一次超出误差，可取其余三次的平均值作为试油的流动时间。如果秒表有修正数，还应对平均时间加以修正。

实验完毕，取出粘度计，将试油倒出，立即用洗涤剂把粘度计清洗干净。

每一实验至少应重复装油测定一次。

【实验数据分析与处理】

1. 试油运动粘度的计算

试油运动粘度的计算公式为

$$\nu = ct$$

式中，c 为粘度常数（cSt/s）；t 为试油的平均流动时间（s）。

例 粘度常数为0.4779cSt/s，试油在50℃时的流动时间为318.0s、322.4s、322.6s、321.0s，秒表修正数为+0.05s/min，求试油粘度。

解 四次流动时间平均值为

$$t_{50} = \frac{318.0 + 322.4 + 322.6 + 321.0}{4}\text{s} = 321.0\text{s}$$

各次流动时间与平均流动时间的差（不应超过平均值的±0.5%）为

$$\frac{321.0 \times 0.5}{100}\text{s} = 1.6\text{s}$$

因为318.0s与平均流动时间之差已超过1.6s，所以应放弃这个读数。计算平均流动时间只采用322.4s、322.6s、321.0s三个读数，它们与算术平均值之差都没有超过1.6s。

平均流动时间为 $$t_{50} = \frac{322.4 + 322.6 + 321.0}{3}\text{s} = 322.0\text{s}$$

秒表修正后的流动时间为 $$\left[322.0 + \left(\frac{322.0}{60} \times 0.05\right)\right]\text{s} = 322.27\text{s}$$

试油的运动粘度为 $$0.4779 \times 322.27 = 154.01\text{cSt}$$

2. 准确度

平行测定的结果与平均值之差不应超过平均值的±0.5%。

3. 取平行测定的两个结果的平均值

试油运动粘度取值时，一般应准确到小数点后两位。

4. 测定试油的运动粘度

要获得准确的结果，除要对温度计、粘度计、秒表仪器等进行定期校正外，在操作中还必须注意以下几点：

1）仪器安装要正确，粘度计、温度计浸入保温液的深度要适当，粘度计必须调整成垂直状态；在测定流动时间的过程中，搅拌保温液时，要防止搅拌器抖动。

2）做到五无，即试油无水、无机械杂质，粘度计中无残留溶剂、无气泡和无分离薄膜。为此，粘度计应保持清洁和干燥；试油含有水分和机械杂质时，应进行脱水过滤，吸油时要防止产生气泡和分离薄膜。

3）保温准确。温度高，测定的结果会偏小；温度低，测定的结果会偏大。因此，整个实验过程中，必须准确控制保温液的温度。为了使保温液很快达到规定的温度，当温度上升至稍低于规定温度前时，应适当降低加热温度。在实验中，应根据温度上升和下降的趋势，及时调节加热温度，并注意搅拌保温液，使温度变化处于相对静止状态，控制在允许误差范围（±0.1℃）内。

4）按动秒表要准确。当试油在粘度计中流动时，要仔细观察液面，使按动表的动作与试油流动相配合。为了使秒表计时准确，防止在实验中出现由于发条未上紧而停止的情况，实验前应将发条上紧。

【实验思考题】

1. 动态渗透参量公式（即渗透速率）为 $k_p = f_1 \dfrac{\cos\theta}{\eta}$（$k_p$ 为动态渗透参量，f_1 为表面张力，θ 为接触角，η 为动力粘度），那么渗透液的渗透速率是否与运动粘度有关？是否与表面张力有关？

2. 决定液体渗透性能是否良好的两个重要性能指标是什么？

3. 被检物体和标准渗透材料应处于规定的温度范围内，如果渗透液温度低于规定温度，则会导致哪个参数升高？

4. 检查渗透材料系统综合性能的常用方法是（　　）。

A. 确定渗透液的运动粘度　　B. 测量渗透液的湿润能力
C. 用人工裂纹试块的两部分进行比较　　D. 用新月试验法

5. 渗透液对于表面缺陷的渗入速度受渗透液的哪个参数影响最大？（　　）

A. 密度　　B. 运动粘度　　C. 表面张力　　D. 润湿能力

7.2　渗透液性能测定二——闭口闪点的测定

燃油闪火点（Flash point of fuel oil）简称闪点。闪点是指在燃油加热过程中，当点火源接近燃油蒸气和周围空气所形成的混合气体时，可产生瞬间即来的闪火现象的最低温度。闪点是有关安全防火的一个重要指标。按使用开口杯（油表面暴露在大气中）或闭口杯（油表面封闭在容器内）测定闪点，闪点可分为开口闪点和闭口闪点，前者通常要比后者低15～25℃。闪点高低对燃油的储存和输送安全性具有重要意义，闪点越低，起火危险性越高。

开口闪点是指用规定的开口闪点测定器所测得的结果，以℃为单位，常用于测定润滑油。闭口闪点是指用规定的闭口闪点测定器所测得的结果，以℃为单位，常用于测定煤油、柴油、变压器油等。

通过本实验可了解渗透液闭口闪点的性质、闪点与燃点区别，从而在渗透液的使用、储存、运输中加强管理，注意渗透液的使用及安全保管。

【实验目的】

1）掌握闪点的测量方法。

2）了解闭口闪点的特殊性质。

【实验设备与器材】

1）测定闭口闪点仪器。
2）测定开口闪点仪器。

【实验原理】

测定闪点时，将试油装入闪点器中，在规定的条件下进行加热，使生成的试油蒸气与空气形成可燃的混合气，用小火焰与其接触，取混合气与小火焰接触时开始闪光的温度作为试油的闪点。闪点测定根据使用仪器的不同，可分为开口杯法与闭口杯法。

【实验方法与步骤】

闭口闪点测定所用的仪器由空气浴、油杯、油杯盖三部分组成。油杯内部有一环标线，用以指示试油的注入高度；油杯盖上安装有温度计、点火器、搅拌器以及点火时打开盖孔用的弹簧杆。

（1）准备试油　试油中水的质量分数超过0.05%时，测定前必须进行脱水处理。方法是用新煅烧并冷却过的食盐、硫酸钠进行脱水处理。

（2）洗涤与干燥油杯　将油杯盖用不含铅水的汽油洗涤吹干。

（3）注油　将试油小心注入油杯至杯状线处。注油的时侯，试油和油杯的温度都不能过高。闪点在100℃以下的，试油和油杯温度不应高于室温；闪点在100℃以上的，也不应高于80℃。

（4）安装仪器　用油杯盖盖好装有试油的油杯，将温度计插入油杯盖的孔中，然后将油杯放入空气浴中。测定闪点在80℃以下的试油时，空气浴应事先冷却至20℃±5℃。安装好后，把仪器放在空气不流动及光线较暗的地方，并在仪器的周围围上挡风板。

（5）准备点火器　将煤气或预先加工过的轻质润滑油的灯芯引火点燃，并调整火焰使之成为直径3～4mm的球形。

（6）记录大气压　根据实验室的气压计或气象台测量的数据记录，记下当时的大气压力。

（7）进行加热　用灯或电炉加热空气浴，并正确控制加热强度。试油闪点在50℃以下时，从实验开始到终结要不断搅拌，加热强度应使试油温度每分钟上升1℃。试油闪点在50～150℃时，开始加热强度为使试油温度每分钟上升5～8℃，并每分钟搅拌一次。试油闪点在150℃以上时，开始加热强度为使试油温度每分钟上升10～12℃，并定期搅拌；当试油温度比估计闪点低30℃时，控制加热强度，使试油温度每分钟上升2℃，同时不断进行搅拌。

（8）点火实验　试油温度达到低于估计闪点10℃时，开始点火实验。试油闪点的测试方法是：停止搅拌，打开盖孔1s，将火苗放到盖孔上方，仔细观察试油液面，如果不闪火时，立即关闭盖孔，继续搅拌和加热试油。对闪点在50℃以下的试油，温度每上升1℃时，进行一次点火实验；对闪点在50℃以上的试油，温度每上升2℃时，进行一次点火实验。当试油液面上最初出现蓝色火焰时，读取温度计上所示的温度作为试油的闪点。获得最初闪火后，为了证实这一次闪火，应继续重复上述步骤。当试油温度上升1℃（或2℃）后再进行一次点火实验，此时，试油应能继续闪火。如果试油不继续闪火，则更换试油重新实验。在第二次实验中，如果与第一次情况完全相同，即在重复点火实验时同样继续闪火，才能认定测定有效。

（9）注意事项

1）严格控制加热强度和试油温度上升速度。速度太慢，所需时间较长，杯内积聚的试油蒸气较多，会使得闪点偏低；相反，如果速度上升太快，则使得闪点偏高。

2）打开盖孔的时间要适当，不能太快，否则点火器容易熄灭，且不易看清楚是否出现闪火；但也不能太慢，或在没有看到闪火时连续多次打开盖孔，这样会影响下一次正确闪火，使闪点增高。

3）实验前，油杯和杯盖用汽油洗过后，必须吹干，否则会使闪点降低。

【实验数据分析与处理】

1）将各次测定结果填入表7-2中。

表7-2　闪点温度

闪点	与平均值之差/℃	第一次	第二次	第三次	第四次
50℃以下	±1				
50℃以上	±2				

2）取平行测定的两个结果的平均值作为试油的闪点。

大气压对闪点影响的修正数值见表7-3。

表7-3　修正数值

大气压强/mmHg	修正数/℃	大气压强/mmHg	修正数/℃
630～658	+4	717～745	+1
659～687	+3	746～803	-1
688～716	+2		

注：压强的法定计量单位为帕（Pa），毫米汞柱（mmHg）为非法定计量单位，1mmHg＝133.322Pa。

表7-3中修正数的计算公式为

$$t = 0.0345 \times (760 - p)$$

式中，p为实际大气压强（mmHg）；0.0345为当气压变化1mmHg时，闪点变化的平均温度。

【实验思考题】

1. 从防火角度考虑，渗透液的闪点高好还是低好？渗透液的闪点高，能否说明渗透液的性能好？

2. 优质的渗透液应具备什么特点？

3. 为什么检测中要采取防火措施？

4. 渗透检测材料的储存应采用哪些防火措施?

5. 渗透检测现场应采取哪些防火措施?

7.3 渗透液性能测定三——相对密度的测定

固体和液体的相对密度是指该物质的密度与标准大气压下，3.98℃的纯水密度(999.972 kg/m^3的比值。气体相对密度是指气体的相对分子质量同空气的相对分子质量(28.9644)的比值。液体和固体的相对密度表明了它们在另一种流体中是下沉还是漂浮。相对密度无单位，一般情况下随温度、压力而变。

【实验目的】

1)通过实验掌握渗透液相对密度测定的原理、方法。

2)掌握液体相对密度天平的使用、维护和保养。

【实验设备】

液体相对密度天平如图7-3所示。

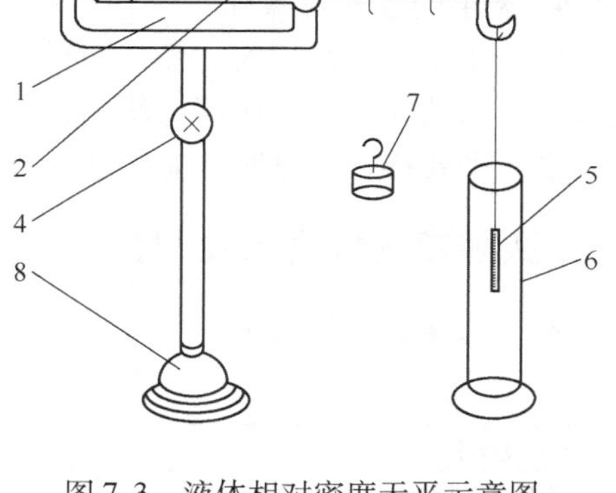

图7-3 液体相对密度天平示意图

1—托盘 2—横梁 3—刀座 4—支柱紧定螺钉 5—测锤 6—玻璃量筒 7—等量砝码 8—水平调节螺钉 9—平衡调节器 10—重心调节器

【实验原理】

液体相对密度天平的测量原理是：其标准测锤浸没于液体之中获得浮力后，其横梁失去平衡，然后在横梁的V形槽里放置各种砝码，使横梁恢复平衡，即可迅速正确测得液体的相对密度。

【实验方法与步骤】

1. 天平的安装和调整

天平经开箱拆包后，小心做好清洁工作，尤其是各刀刃及刀座处，应用麂皮、软刷、纯麻布等擦拭，严禁使用粗布、硬刷，防止擦伤撞坏。

天平应安装在温度正常的室内(20℃)，不能在一个方向受热或受冷，并使其免受气流及振动影响，应牢固地安装在实验台上，其周围不得有强力磁源及腐蚀性气体等。

1)使用时，先将盒内各种零件顺次取出，将测锤和玻璃量筒用纯水或酒精洗净，再将支柱紧定螺钉旋松，托盘升至适当高度后旋紧螺钉。横梁置于托盘上的刀座上，用等量砝码挂于横梁右端的小钩上，调整水平线至平衡。如无法调节平衡时，首先将平衡调节器上的定位小螺钉松开，然后略微转动平衡调节器，直至平衡，将中间定位螺钉旋紧，严防松动。

2)将等量砝码取下，换上整套测锤，此时必须保持平衡，但允许有0.05%的误差存在。如果天平灵敏度高，则将重心调节器旋低，反之旋高。

3)使用前要检查天平各零部件安装是否正确，然后调整平衡，方可使用。

2. 天平的使用

将需要测试的液体放入玻璃量筒内进行测试。将测锤浸入测试液体中，这时横梁失去平衡，在横梁V形槽与小钩上加放各种砝码使之恢复平衡，即可测得液体的相对密度。

3. 读数方法

横梁上V形槽与各种砝码的关系皆为十进位制，见表7-4。

表7-4 天平横梁上V形槽与各种砝码的关系

砝码质量	砝码放置的槽位									
	第十位	第九位	第八位	第七位	第六位	第五位	第四位	第三位	第二位	第一位
5g	1	0.9	0.8	0.7	0.6	0.5	0.4	0.3	0.2	0.1
500mg	0.1	0.09	0.08	0.07	0.06	0.05	0.04	0.03	0.02	0.01
50mg	0.01	0.009	0.008	0.007	0.006	0.005	0.004	0.003	0.002	0.001
5mg	0.001	0.0009	0.0008	0.0007	0.0006	0.0005	0.0004	0.0003	0.0002	0.0001

例如：测锤浸入20℃水时，其上所加的5g、500mg、50mg、5mg砝码分别位于横梁V形槽的第九位、第九位、第七位、第四位，则天平平衡时液体的相对密度为0.9974。

温度可由测锤表中的温度计直接读出。

4. 天平的维护和保养

根据使用的频繁程度，要定期对天平进行清洁和计量性能检测。当发现天平失真或有疑问时，在未消除故障前应停止使用，待修理检测合格后再使用。

当天平要移动位置时，应把易于分离的零部件及横梁等卸下分离，以免损坏刀刃。

【实验数据分析与处理】

相关实验数据见表7-5。

表7-5 相关数据

待测液体名称		检测质量		检测时间	
V形槽位置读数	第_位	第_位	第_位	第_位	第_位
第一次					
第二次					
第三次					
平均值					

【实验思考题】

结合缺陷的取向，简述渗透液相对密度对渗透深度的影响。

7.4 渗透液性能测定四——腐蚀性能的测定

在渗透检测过程中，腐蚀性介质影响被检工件的质量和安全使用，所以，加强对渗透液抗腐蚀性的研究变得至关重要。从实验中优选出抗腐蚀性主要指标，并进行各种腐蚀性能测定的实验，可对渗透液的抗腐蚀性有一定的了解。目前，对渗透率和腐蚀深度有更新的分析方法，如反光显微镜、X射线衍射等。

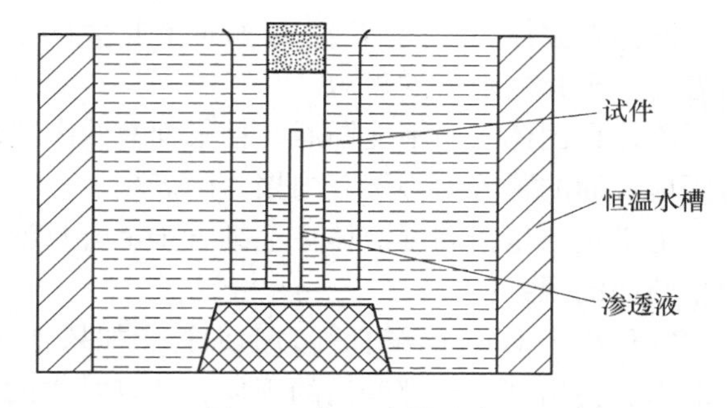

图7-4　恒温水槽示意图

【实验目的】

掌握腐蚀性能的实验方法和步骤。

【实验设备与器材】

1）恒温水槽（图7-4）。
2）试件。
3）大试管。
4）渗透液。
5）温度计。
6）时钟。

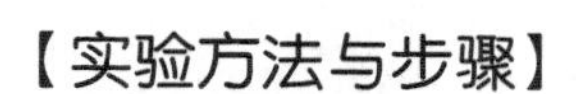

【实验方法与步骤】

1）将恒温水槽中充满水，接通电源加热并开动电动机。

2）用温度计控制水的温度，使恒温水槽的温度保持在50℃ ±1℃。

3）把镁合金、铝合金、钢加工成一定尺寸的试件，经磨光后置于玻璃试管中，一半浸在渗透液中，另一半留在液体面上，保持3h。

4）试管置于恒温水槽中，保持3h。

5）取出试管，冷却至室温。

6）将试件从渗透液中取出，擦净渗透液观察有无变化；然后把自乳化型渗透液用水直接冲洗，干燥；后乳化型渗透液经乳化后，再用水冲洗和干燥。

7）目测法观察，两边试件上有无变化，如光泽、变色腐蚀等现象。

8）恒温水槽不再使用时，先切断电源，放空水槽内的水，并将设备清理干净。

镍基高温合金在高温下工作时，硫、氯、钠等元素对镍基合金形成热脆，这种热腐蚀将对零件造成严重的破坏。因此，宇航、原子能工业对所用渗透液中的硫、氯、钠等元素含量应进行控制。如英国阿觉克公司将荧光液中氯的质量分数控制在0.0055%以下、硫的质量分数控制在0.013%以下、钠的质量分数控制在0.0125%以下；日本原子能用渗透液中硫的质量分数控制在0.001%以下、氯的质量分数控制在0.005%以下、钠的质量分数控制在0.01%以下。

【实验思考题】

1. 渗透检测中，应采取哪些卫生安全防护措施？
2. 渗透检测材料废液有哪些种类？列出几种处理方法。
3. 渗透检测后处理的意义是什么？

7.5　液体表面能力测定——毛细管法

固体表面与液体接触时，原来的固相—气相界面消失，形成新的固相—液相界面，这种现象称为润湿。润湿能力就是液体在固体表面铺展的能力。

液体在固体表面能铺展，接触面有扩大的趋势，就是润湿。润湿就是液体对固体表面的附着力大于其内聚力的表现。

液体在固体表面不能铺展，接触面有收缩成球形的趋势，就是不润湿。不润湿就是液体对固体表面的附着力小于其内聚力的表现。

毛细现象是指润湿液体在毛细管中上升且液面呈凹面和不润湿液体在毛细管中下降且液面呈凸面的现象。

内径小于1mm的细管称为毛细管。如果把玻璃毛细管插入到盛有水的容器中，玻璃管内的水位会出现比外部升高的现象，并且管中的液面呈凹面。这是因为水对玻璃来说是润湿的，水沿着玻璃管的内壁铺展开，对管内的液体产生拉力，故水会沿着管内壁自然上升。管子内径越小，管内的水位上升越高。如果把玻璃毛细管插入到盛有液态汞的容器中，则出现相反现象，其原因是液态汞对玻璃来说是不润湿的。

【实验目的】

1）通过实验了解液体的毛细现象。

2）了解润湿和不润湿现象。

【实验设备与器材】

1）毛细管一支（直径为0.1mm或0.2mm）。

2）放大镜。

3）渗透液。

4）恒温器。

5）试管、支架。

6）乳胶橡皮管。

7）液体相对密度天平。

8）注射器。

【实验原理】

对于润湿一种固体，当一固体垂直竖于液体中时，则液体会沿壁上升到一定的高度。如使用一根毛细管，则现象更为明显。

如图7-5所示，在平衡时，毛细管中液柱所受重力与表面张力的关系为

$$2\pi r\sigma\cos\theta = \pi r^2 hg\rho + W$$

式中，σ 为表面张力；h 为毛细管内的液体上升（如不能润湿则下降）高度；ρ 为液体的密度；r 为毛细管的半径；g 为重力加速度；θ 为润湿角；W 为弯月形中液体的自重。

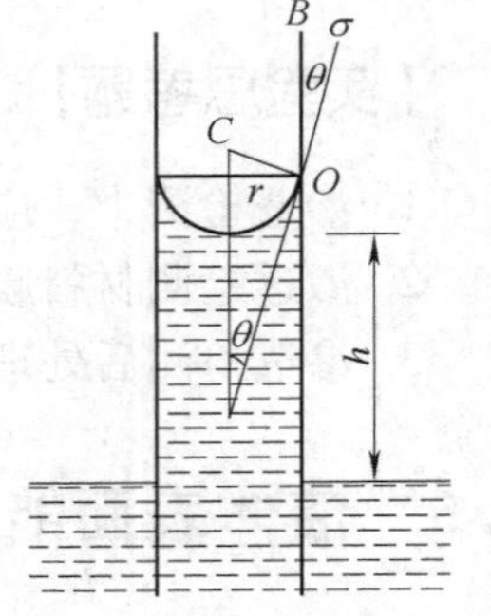

图7-5 毛细管液面上升示意图

由于毛细管很细，故 W 可略去。如果液体对毛细管润湿角 $\theta\to 0$，则 $\cos\theta=1$，则上式应为

$$2\pi r\sigma = \pi r^2 g\rho h$$

$$\sigma = hrg\rho/2 \tag{7-1}$$

只要知道毛细管半径 r，测得液体在毛细管上升高度 h 后，便可计算表面张力。具体实验时可用以下方法进行计算，

$$\sigma_{水} = h_{水} g\rho_{水} r/2$$

$$\sigma_{测} = h_{测} g\rho_{测} r/2$$

$$\sigma_{水}/\sigma_{测} = h_{水}\rho_{水}/(h_{测}\rho_{测})$$

$$\sigma_{测} = \sigma_{水} h_{测}\rho_{测}/(h_{水}\rho_{水}) \tag{7-2}$$

只要测出水及被测液体在同一毛细管中的上升高度，就可以算出被测液体的表面张力。若毛细管半径 r 未知，可用下述两种方法进行测量：一是将液态汞注入毛细管，测定毛细管内汞柱高 L 时的质量，已知汞的密度及汞柱的长度，根据圆柱体公式可算出毛细管半径；二是以水为基准物（即水在各温度下的表面张力为已知），用同一毛细管先对水进行测量，则可利用公式求出毛细管半径。

【实验方法与步骤】

1）先将试管冲洗干净，并用待测液冲洗（洗后管壁不留水珠），然后将毛细管洗净并干燥。在试管中倾入被测液体，置于恒温器中（注意垂直放置），如图7-6所示。

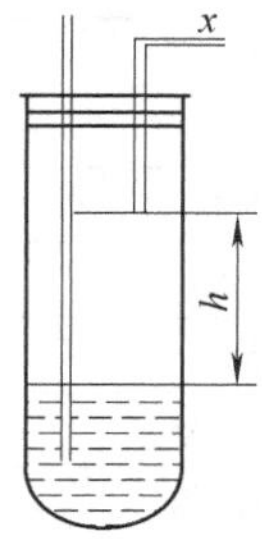

图7-6　毛细管法测量表面张力

用注射管或吸管通过 x 管慢慢将空气吹入试管中，待液体回到平衡位置时，用读数显微镜测量其高度 h。测定完毕后从 x 管吸气，降低毛细管内的液面；停止吸气，并使毛细管内、外压力相等，否则应清洗毛细管。

用上述方法测定数次，直到数据重现性较好为止。取出毛细管，用吸管将毛细管内液体吸出，清洗毛细管。

2）用同样方法测定蒸馏水和渗透液中的毛细管液面上升高度。

3）用液体相对密度天平测定在20℃时渗透液的相对密度。

7.6　液体表面能力测定二——滴体积法

【实验设备与器材】

1）刻度毛细管。

2）恒温槽。

3）大试管。

4）注射器和洗耳器。

【实验原理】

当液体受到重力作用从垂直放置的毛细管端向下降落时，因同时受到管端向上拉的表面张力的作用形成附于管端的液滴。当形成的液滴达最大而刚落下时，可以认为这时重力与表面张力相等。即

$$mg = 2\pi r\sigma \tag{7-3}$$

式中，m 为液滴质量；g 为重力加速度；r 为滴头半径；σ 为表面张力。

但实际上液滴不会全部落下（图 7-7），滴下来的仅仅是液滴的一部分，式（7-3）中给出的液滴是理想液滴。经实验证明，落下来的液滴大小是 V/r^3 的函数，即由 V/r^3 决定，其中 V 是液滴的体积。式（7-3）可变为

$$mg = 2\pi r\sigma f(V/r^3)$$

$$\sigma = \frac{mg}{2\pi r f(V/r^3)} = \frac{Fmg}{r} = \frac{FV\rho g}{r} \qquad (7\text{-}4)$$

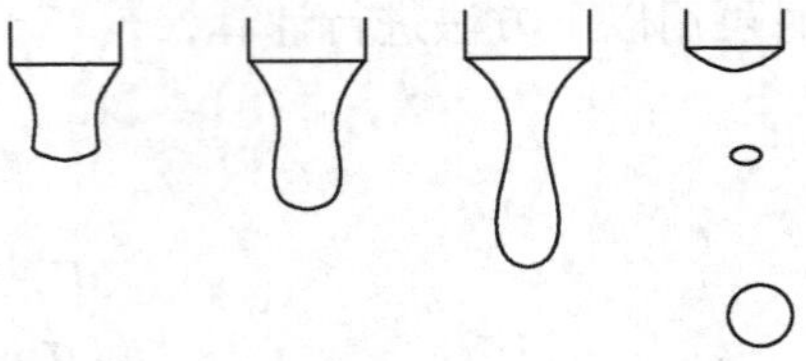

图 7-7　液体滴落示意图

式中，F 为校正因数，其值见表 7-6。

表 7-6　校正因数 F

V/r^3	F	V/r^3	F	V/r^3	F	V/r^3	F
0	0.159	6.662	0.2479	2.0929	0.2645	0.7940	0.2255
5000	0.172	6.035	0.2501	1.9530	0.2648	0.7513	0.2538
250	0.198	5.052	0.2514	1.8130	0.2650	0.7290	0.2517
58.1	0.215	5.400	0.2529	1.5720	0.2650	0.7119	0.2520
37.04	0.2166	4.653	0.2542	1.5545	0.2657	0.6750	0.2501
27.83	0.2218	4.630	0.2554	1.4670	0.2648	0.6404	0.2480
24.6	0.2256	4.000	0.2577	1.3760	0.2644	0.6085	0.2459
17.75	0.2283	3.433	0.2587	1.2433	0.2637	0.5935	0.2447
17.7	0.2305	3.079	0.2597	1.0952	0.2622	0.5786	0.2435
15.62	0.2328	2.955	0.2607	1.0480	0.2617	0.5410	0.2430
13.28	0.2552	2.916	0.2618	1.0000	0.2608	0.5120	0.2441
10.94	0.2397	2.579	0.2630	0.9154	0.2590	0.4550	0.2491
10.29	0.2398	2.191	0.2642	0.8395	0.2570	0.4030	0.2559
8.190	0.2440			0.8160	0.2550		
8.000	0.2458						

如果测得液体的密度、滴下来的液滴体积及毛细管外半径，就可以从表 7-6 中查出校正因数 F 的值。

根据表 7-6，按式（7-4）即可计算出准确的表面张力值。V 值由实验中直接测出，单位为 mL（cm^3）；ρ 为液体的密度，单位为 g/cm^3，一般液体（如水、苯等）的密度可自手册中查出，其余液体密度可在实验中测得；g 为重力加速度，其值为 $980cm/s^2$；乘积 $V\rho g$ 为液滴的重力，单位为达因（dyn），$1dyn = 10^{-5}N$。

【实验方法与步骤】

如图 7-8 所示安装好仪器，调节恒温槽温度至 32℃。

1）在洗净干燥（一般用弱酸混合液和蒸馏水清洗）的套管中加入数毫升待测液体，插入恒温槽中静置 5～10min。

2）将洗净干燥的滴体积管用软橡皮管与针筒相连，把滴头插入套管里的溶液中。不要让滴头与套管或其他硬物相碰，以免开裂，从而造成实验误差。

3）吸入液体，使液面稍高于刻度线（约 2/3 滴的体积）。

4）停止抽吸，提高滴管，使滴头离开液面约1cm，悬滴不至于触及液面；缓缓下移滴管，此时毛细管中液面应低于刻度线。

5）小心用针筒极慢抽吸，将滴头上残留液刚好全部吸入管中，同时记下毛细管中液面所在的位置，记下刻度值，此读数为起始读数。

6）滴下最后一滴后，将滴头上残留液吸入，再记下毛细管中液面的刻度值，此读数为终止读数。两读数之差即为数滴待测液体的总体积，除以滴数即可得每滴的体积。

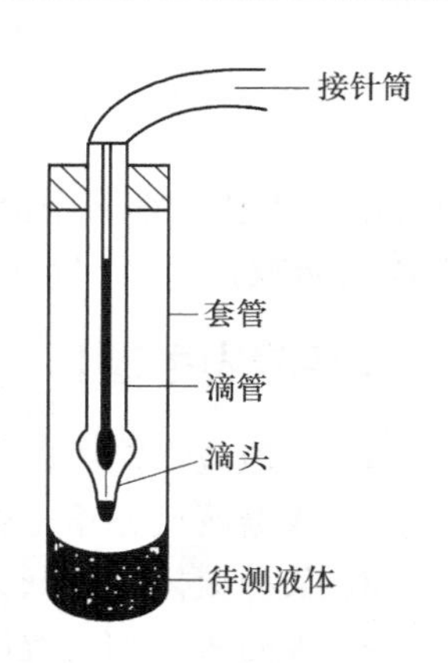

图7-8 测量液体表面张力示意图

进行测量时应注意以下事项：

1）在滴下每一滴时，让液滴在开始形成时的速度较快，而在将要滴下时的速度变得很慢，一般情况下，让9/10的液滴在较短时间（如30s）内形成。

2）液体滴下的速度一般最好不超过20滴/min。

3）测完一溶液的滴液体积量后，需用蒸馏水（或乙醇等）洗净毛细管，并用抽气泵抽干，将套管中的第二种待测溶液抽干后，再进行测量。

【实验数据分析及处理】

1）求出各次测量的滴液体积的平均值 V。

2）利用 F 和液滴体积 V 与滴头半径 r 的三次方的比值（V/r^3）关系，求出 F。

3）利用公式 $\sigma=\frac{V\rho g}{r}F$，计算出各溶液的表面张力。

4）用滴体积法测量荧光渗透液的表面张力。已知毛细管滴出的液体每滴的体积为 0.05cm^3，毛细管下端（滴头）的直径为0.3cm，$\rho=0.870\text{g/cm}^3$，$g=981\text{cm/s}^2$，求该液体的表面张力。

解 据题可知 $V/r^3=14.81$，查表7-6得到14.81在15.62和13.28之间，则根据线性插值公式可得校正因数 $F=0.2406$。将已知数据代入式（7-4），可得液体的表面张力为

$$\sigma=\frac{FV\rho g}{r}=\frac{0.2406\times0.05\times0.870\times981}{0.15}\text{g/cm}^2=68.45\text{g/cm}^2$$

在具体实验中，常用已知表面张力的标准液体来测定待测液体的表面张力。

标准液体 $$\sigma_0=\frac{F_0m_0g}{r}$$

待检液体 $$\sigma=\frac{Fmg}{r}$$

两式相除 $$\frac{\sigma}{\sigma_0}=\frac{Fm}{F_0m_0}$$

因 V 对 F 的影响很小，当使用同一毛细管时，可认为 $F=F_0$，这时

$$\frac{\sigma}{\sigma_0}=\frac{m}{m_0}=\frac{V\rho/n}{V\rho_0/n_0}$$

$$\sigma = \sigma_0 \frac{\rho n_0}{\rho_0 n} \tag{7-5}$$

式中，V为从毛细管中流出的体积（测量时流出体积相同）；n、n_0 分别为待测液体和标准液体的滴数；ρ、ρ_0 分别为待测液体和标准液体的密度。

【实验思考题】

1. 渗透液性能可以用渗透液在毛细管中上升高度来衡量吗?
2. 渗透液接触角是否表征渗透液对受检工件及缺陷的润湿能力?
3. 某种液体表面张力系数很大，是否可以判断液体在毛细管中上升的高度一定很大?
4. 表面张力和润湿能力是否为确定渗透液具有较高渗透能力的两个最主要因素?
5. 毛细管清洁与否对所测数据有何影响?
6. 为什么毛细管一定要垂直于液面?

7.7 荧光亮度的测定

荧光是指一种光致发光的冷发光现象。当某种常温物质经某种波长的入射光（通常是紫外线或 X 射线）照射，吸收光能后进入激发态，并且立即退激发并发出比入射光波长长的出射光（通常波长在可见光波段）；而且一旦停止入射光照射，发光现象也随之立即消失。具有这种性质的出射光称为荧光。光度通常是指光源发光强度和光线在物体表面的照度以及物体表面呈现的亮度的总称。光源发光强度和照射距离影响照度，照度大小和物体表面色泽影响亮度。荧光渗透液发光强度的实验是评价荧光渗透液灵敏度的一种方法。本实验通过黑点试验了解临界厚度，临界厚度越小，发光强度越大，灵敏度越高。

【实验目的】

掌握荧光亮度的测定方法和正确使用荧光检测仪。

【实验设备与器材】

1）紫外灯。
2）荧光检测仪。
3）滤纸。
4）二氯甲烷溶液。
5）标准渗透液。
6）使用过的渗透液。
7）曲率半径为 1.06m 的平凸透镜。
8）玻璃板一块。

【实验原理】

荧光液的亮度反映了荧光液的灵敏度。荧光液的亮度在使用中会降低，因此，将使用中的荧光液与未使用过的样品进行比较，可以知道荧光液亮度的变化。

【实验方法与步骤】

1. 黑点法

黑点法需要用一块曲率半径为1.06m的平凸透镜。测量时将荧光液滴在玻璃板上，再将平凸透镜压在荧光液上。凸透镜与玻璃板的接触点处，荧光液的厚度为零，接触点附近的荧光液层极薄，不能发出荧光，于是出现一个圆形黑点。亮度强的荧光液在很薄的情况下就能发出荧光，并达到最大亮度，其黑点就小且边缘清晰。

当小于临界厚度时，在紫外光下看不见荧光而呈黑点。临界厚度 $T=r^2/(2R)$，其中 r 为黑点半径，R 为凸透镜曲率半径。黑点直径可达1mm以下，甚至只有针尖大，其灵敏度低的黑点直径约为4～5mm。

2. 比较法

1）将两张干净的滤纸分别用使用过的荧光液和未使用过的标准荧光液浸湿并烘干，在紫外灯下比较。如果二者发光强度有明显差别，则进行进一步比较。

2）用90%体积的二氯甲烷溶液和10%体积的标准渗透液进行混合（即二氯甲烷溶液与标准渗透液的体积比为9:1），得一均匀混合液体。

3）用90%体积的二氯甲烷溶液和10%体积的使用过的渗透液进行混合（即二氯甲烷溶液与标准渗透液的体积比为9:1），又得到一均匀混合液体。

4）用上述两种溶液分别均匀地浸湿两张滤纸，并用吹风机吹干或放到85℃的烘箱中烘烤5min。

5）将荧光检测仪置于紫外灯下，移动荧光检测仪，使读数达到250lx，合上荧光板。重复2～3次，直到读数稳定为止。

6）将荧光板取出，用上述准备好的滤纸来代替荧光板，分别测出两种滤纸的读数。

7）假如两者的读数差大于25%，则使用的荧光液报废。

【实验数据分析与处理】

为了给检测提供一个参考标准，取一批（0.5kg）新的渗透液作为标准，分别装在密封的玻璃容器内，并防止温度过高或过低，也不要受阳光照射，贴上标签，写明材料的批号。

1）黑点法相关数据见表7-7。

表7-7 黑点法相关数据

	标准渗透液厚度	使用过的渗透液厚度	备注
第一次			
第二次			

2）比较法相关数据见表7-8。

表7-8 比较法相关数据

	标准渗透液的读数	使用过的渗透液的读数	判定（合格或报废）
第一次			
第二次			

【实验思考题】

1. 什么是着色强度？什么是荧光强度？
2. 什么是发光强度？什么是光通量和照度？
3. 试用摩尔定理推导荧光渗透液发光强度与液体、溶度之间的关系。
4. 评定一种渗透液发射荧光的能力时，通常需要进行检测的是（　　）。

A. 显示实际光量　　B. 使材料发荧光所需要的黑光
C. 荧光材料与其他渗透液的相对光量　　D. 荧光材料与背景的相对光量

7.8　紫外灯强度的测定

黑光强度是指一定距离处单位面积上的黑光功率。在荧光渗透检测过程中，为了保证被检工件表面上的紫外线强度不小于1000μW/cm²，必须处理紫外灯的有效区域，确保检测的可靠性。

【实验目的】

掌握紫外灯强度的测定方法；学会用 ZQJ—1 型、ZQJ—2 型检测仪，了解其检测原理。

【实验设备与器材】

1）ZQJ—1 型紫外灯强度检测仪。
2）ZQJ—2 型紫外灯强度检测仪。
3）紫外灯。

【实验原理】

ZQJ—1 型紫外灯强度检测仪为直接测量紫外灯强度的仪器，其测量范围为0～4500μW/cm²。直接测量法的紫外灯强度检测仪是将紫外光直接射到光敏电池上，并通过分度值为1μW/cm²的光强度表读出读数来。其检测原理如图 7-9 所示。

ZQJ—2 型紫外灯强度检测仪为间接测量紫外灯强度的仪器。间接测量法的紫外灯强度检测仪是将紫外光照射在一块荧光板上，激发荧光板上的荧光物质发出黄绿色的荧光，反射到光敏电池上，通过分度值为1lx 的照度计读出读数来。其检测原理如图 7-10 所示。

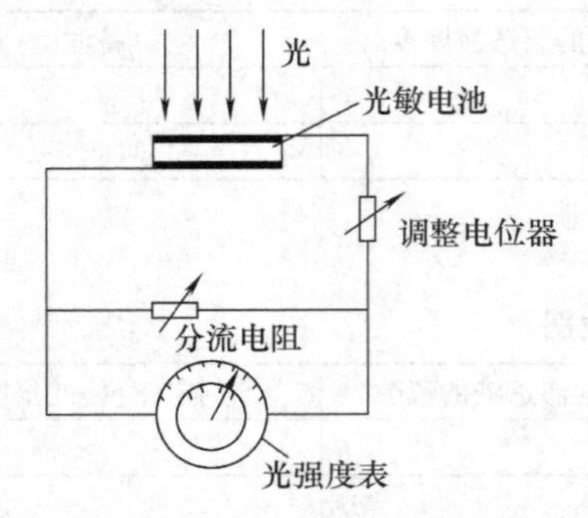

图 7-9　ZQJ—1 型紫外灯强度检测仪

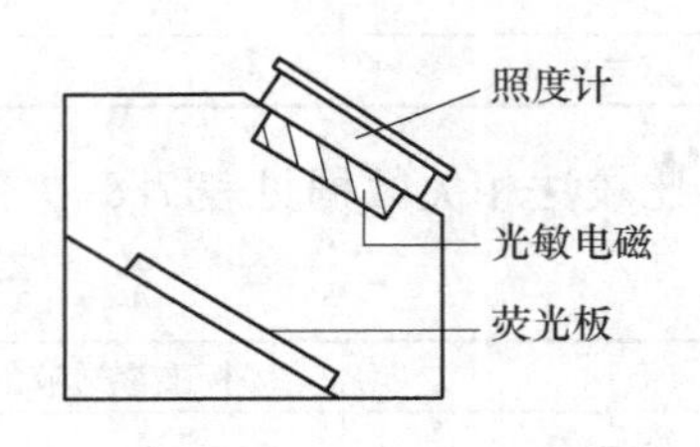

图 7-10　ZQJ—2 型紫外灯强度检测仪

间接测量仪常常用来比较荧光液的亮度。

【实验方法与步骤】

紫外灯强度的测定在工业上又称为紫外灯效率的效验。紫外灯效率可用 ZQJ—1 型和 ZQJ—2 型紫外灯强度检测仪测量。其测量方法如下：

1）将紫外灯接通电源，并预热 20min。

2）将 ZQJ—1 型紫外灯强度检测仪置于紫外灯下 40cm 处，如果紫外灯强度不低于 $800\sim1000\mu W/cm^2$，则紫外灯合格。

3）用 ZQJ—2 型紫外灯强度检测仪测量时将仪器置于紫外灯下，紫外灯与检测仪中的荧光板的距离为平时零件检测的高度。如果紫外灯强度不低于 80lx，则紫外灯合格。

4）在紫外灯使用一段时间后，用同一盏灯在同一距离进行第二次测量。比较两次的读数，如果输出功率低于 25%，则需要更换紫外灯。

ZQJ—1 型、ZQJ—2 型紫外灯强度检测仪在使用过程中要定期校正读数，以保证测量的精确度。

紫外灯照明有效区域应有一定范围。有效区域指的是在此区域内，各点的照明强度都必须大于 80lx 或 $100\mu W/cm^2$。有效区域可用下述方法测定：

1）将紫外灯强度检测仪置于紫外灯下，并移动到检测仪读数最大位置。

2）在工作台的最大读数位置上画两条互相垂直的直线。

3）把检测仪置于交点处，沿每条直线按 150mm 的间隔依次检测，记录下读数，直到检测仪读数为 $1000\mu W/cm^2$ 或 80lx 为止。记下这些点，将这些点连成圆形，此圆所覆盖的区域就是紫外灯照射的有效区域，如图 7-11 所示。

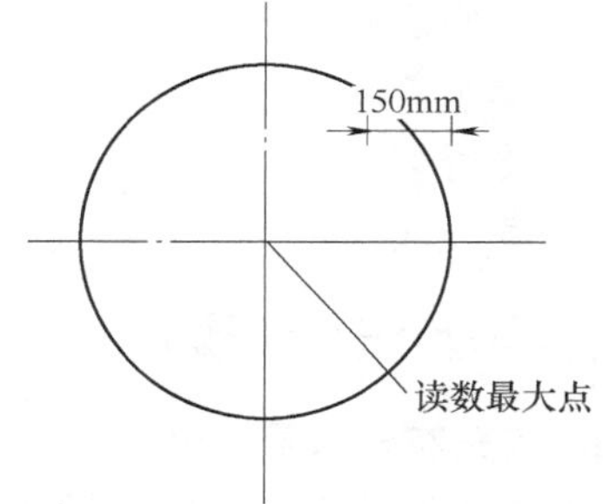

图 7-11　紫外灯照射的有效区域

【实验思考题】

1. 黑光强度检测仪有哪几种类型？分别简述其作用。
2. 为什么黑光灯要尽量减少开关次数？
3. 简述黑光灯镇流器的结构及作用。
4. 直接对着黑光灯看会造成（　　）。

A. 永久性的眼睛损伤　　B. 使眼睛视力下降

C. 引起暂时性的失明　　D. 以上都不会

5. 黑光灯的滤片能有效地去除（　　）。

A. 自然白光　　B. 波长超过 3300Å（$1Å=10^{-10}m$）辐射光

C. 渗透产生的荧光　　D. 渗透剂产生的荧光

7.9 荧光液含水量（体积分数）的测定

含水量是指油基渗透液中含水的体积占渗透液总体积的百分比。含水量主要对水洗型渗透液而言，它是指水洗型渗透液在实际使用过程中，渗透液中水的含量。在使用水洗型渗透液时，渗透液的污染物主要是水。渗透液的含水量太大，会使其性能变差，灵敏度降低。因此，要求对水洗型渗透液进行含水量的检查，证明该渗透液还可以使用。对渗透液的含水量有一定的要求，对新购置的水洗型渗透液，其含水量应控制在2%以下；使用中的水洗型渗透液，其含水量一般控制在5%以下。

【实验目的】

1）掌握渗透液含水量的测定方法。

2）使用中的荧光液可能遭到污染，荧光液会产生混浊或分离现象。因此，要效验荧光液的含水量，以保证荧光液质量，提高检测的灵敏度。

【实验设备与器材】

1）酒精灯。
2）圆底烧瓶。
3）集水管。
4）冷凝器。
5）荧光液。

【实验方法与步骤】

1. 荧光液含水量的测定

（1）水洗型荧光液含水量的测定　用蒸馏法测量含水量，如图7-12所示。取100mL使用中的荧光液置于150mL的圆底玻璃烧瓶中，加热到110℃，蒸馏1h，记下集水管中的读数，则

$$含水量=\frac{集水管读数}{100}\times 100\%$$

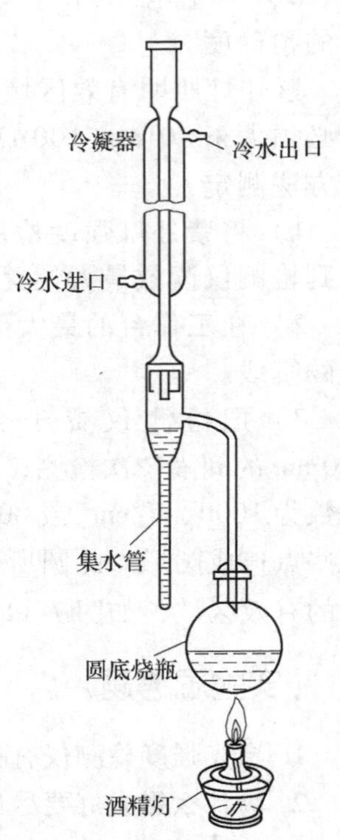

图7-12　蒸馏法测量含水量

（2）后乳化型荧光液含水量的测定　对于后乳化型荧光液，水进入后对荧光液性能影响比水洗型小。其含水量测定可用一根两端开口的内径为3mm的玻璃管，直立插入荧光液槽的底部，将上端封住吸入荧光液和水。从玻璃管中荧光液和水的分层处，可直接按比例计算出含水量。假如分层界线不明显，可在紫外灯下直接观测荧光液。

2. 容水量的测定

水洗型渗透液中水的含量达到刚刚使用渗透液产生混浊或凝固时的极限值称为容水量。容水量的测定方法是以一定量的水逐次加入到渗透剂中，每加一次便将渗透液与水摇晃均

匀，直到刚刚出现混浊或凝胶时为止。容水量的计算公式为

$$容水量=\frac{加入水的体积}{渗透液体积+加入水的体积}\times 100\%$$

渗透液的容水量要求在50%左右。

【实验数据分析与处理】

1）荧光液含水量的相关数据见表7-9。

表7-9 荧光液含水量的相关数据

次 数	集水管读数	含 水 量
第一次		
第二次		

2）容水量相关数据见表7-10。

表7-10 容水量的相关数据

次 数	渗透液名称	加入渗透液体积	水的体积	容 水 量
第一次				
第二次				

7.10 渗透液的清洗性能实验

渗透液应易清洗，具有良好的清洗性能。在渗透检测过程中，零件表面上多余的渗透液必须清洗掉，而在此过程中，要求渗入缺陷内的渗透液要保留在缺陷中不被清洗掉。水洗型渗透液直接用水清洗，乳化型渗透液需要先乳化后再用水清洗，溶剂型渗透液用溶剂擦除。无论使用哪种方法，都要防止过清洗或过乳化的情况发生。渗透液清洗性能实验包括水洗型渗透液的清洗性能实验、亲油基后乳化型渗透液的清洗性能实验、亲水性后乳化型渗透液的清洗性能实验、溶剂清洗型渗透液的清洗性能实验。

【实验目的】

掌握渗透液清洗性能的实验方法。

【实验设备与器材】

1）水压表。
2）试件。
3）秒表。
4）吹风机。

【实验方法与步骤】

渗透液清洗性能实验图如图7-13所示。

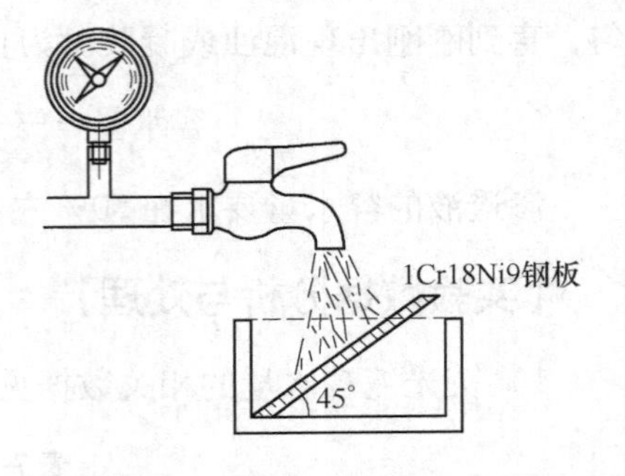

图 7-13　渗透液清洗性能实验图

1）对试件进行吹砂处理等清洗工作。

2）将渗透液涂于试件表面，停留 15min。

3）用压强为 1.5 ~ 3kgf/cm^2（1kgf/cm^2 = 0.0980665MPa）的自乳化型荧光液冲洗试件上的渗透液，冲洗角度为45°，冲洗时间为30s，冲洗后用吹风机吹干。观察是否有渗透液的残留痕迹，如有残留痕迹，则说明该渗透液的清洗性能不好。

4）冲洗试件上的后乳化型荧光渗透液时，先用水清洗 5s，再用乳化剂乳化 30min，以后步骤同上。

【实验思考题】

一般来说，在液体渗透检测方法中，应使用清洗剂的哪些性能？

7.11　水洗型荧光渗透检测实验

渗透检测方法包括水洗型渗透检测法、后乳化型渗透检测法、溶剂去除型渗透检测法以及一些特殊的渗透检测方法。

水洗型渗透检测法是当前广泛使用的渗透检测方法之一。它包括水洗型荧光渗透检测及水洗型着色渗透检测两种。由于水洗型渗透液中含有乳化剂成分，因此，可以用水直接清洗，不需要增加乳化工艺过程。

显像过程是用显像剂利用毛细作用原理将缺陷中的渗透液吸附至零件的表面，产生清晰可见的缺陷图像的过程。显像的方法有干式显像、湿式显像、自显像和特殊显像等。在渗透检测时，根据不同的零件、不同的要求，选择不同的显像工艺，达到检测目的。

本实验选择的是水洗型荧光渗透检测，干粉显像。

【实验目的】

1）了解并熟悉自乳化型荧光渗透检测的工艺和正确操作方法。

2）提高对缺陷识别、判断的能力。

【实验设备与器材】

1）荧光探伤自动流水线。

2）暗室、紫外灯。

3）时钟。

4）吹风机或恒温烘箱。

5）试件若干。

【实验原理】

渗透检测是以毛细作用原理为基础的用于检测非疏孔性金属和非金属试件表面开口缺陷的无损检测方法。将溶有荧光染料的渗透液施加于试件表面，由于毛细作用，渗透液渗入到各类开口于表面的细小缺陷中；清除附着在试件表面上多余的渗透液，试件经干燥后再施加显像剂，缺陷中的渗透液在毛细作用下重新被吸附到试件表面，形成放大的缺陷显示；在紫外灯光下观察，缺陷处可相应地发出黄绿色的荧光。渗透检测的原理及步骤如图7-14所示。

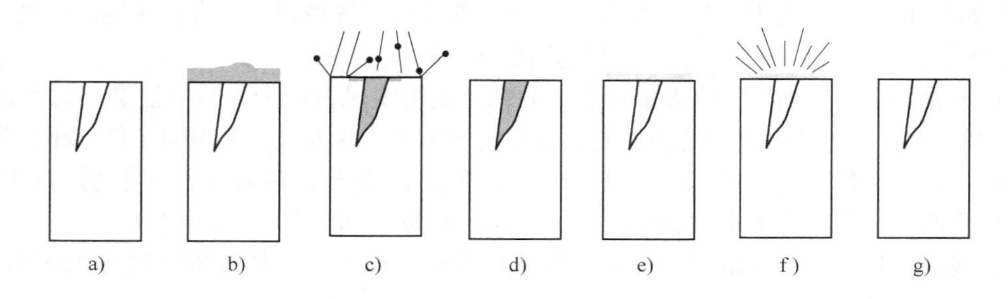

图7-14 渗透检测的原理及步骤

a）预处理 b）渗透 c）去除多余渗透剂 d）干燥 e）显像 f）检测观察 g）后处理

水洗型荧光渗透检测过程如图7-15所示。

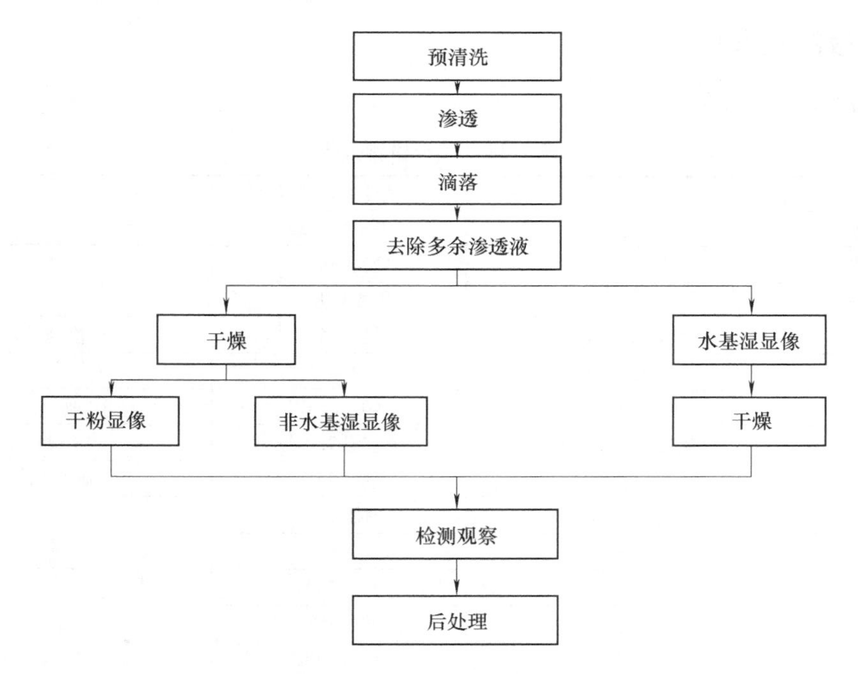

图7-15 水洗型荧光渗透检测过程框图

【实验方法与步骤】

1）预清洗。将试件清洗干净，除去妨碍渗透液渗透的污物、铁锈、油脂、涂层等表面覆盖物。

2）渗透。可按试件的尺寸和形状选择合适的渗透方式（浸、喷或涂洒等）进行渗透。保证在渗透时间内渗透液必须使试件表面湿润。通常，在15～40℃的温度范围内，渗透时间以5～20min为宜；在3～15℃的温度范围内，渗透时间要适当延长。

3）滴落。试件从渗透液中取出后，必须使渗透液滴落干净，滴落的时间可归为渗透时间。

4）去除。把多余的渗透液洗掉，在紫外灯下观察到带有轻微的零件底色为止。应特别注意试件的凹陷部位，如凹槽或不通孔等，这些部位的清洗最好使用带有角度的喷嘴，压强通常控制在 1.5～3kgf/cm^2 之间，水温保持在 15～40℃之间。

5）干燥。采用压缩空气除去试件表面的水分或用吹风机吹干。特别注意不通孔部位不要有水点。为避免吹去缺陷中的渗透液，压缩空气压力不能太大，喷嘴与工件的距离应保持在 30cm 左右。试件在烘箱中干燥，最长时间不得超过 10min，最高温度不得超过 80℃。

6）显像。送进喷粉柜中喷洒显像粉，显像时间为 10min。

7）观察。将试件送进暗室，在紫外灯下观察缺陷痕迹，紫外灯距离试件表面 40cm 处的照度不能低于 80μW/cm^2。

8）记录。将试件的缺陷痕迹记录下来，画出示意图，记录缺陷的大小及位置。

9）后处理。实验完成后，必须将试件缺陷中的渗透液、显像粉等清洗干净，以免腐蚀试件表面。

【实验报告要求】

渗透检测报告见表 7-11。

表 7-11　渗透检测报告

试件名称		试件材料牌号	
检测方法		灵敏度等级	
检测标准		验收标准	
检测设备		黑光灯强度	
程序	处理方法	检测温度	检测时间
预处理	汽油清洗	室温 25℃	—
干燥	吹风机吹干	60～65℃	—
渗透	荧光渗透液浸泡	室温 25℃	10～40min
滴落		室温 25℃	5～10min
预水洗	手工清洗	室温 25℃	—
乳化	—	—	—
去除	手工清洗	室温 25℃	
干燥	热空气	60～65℃	15min
显像	干粉显像	室温 25℃	15～40min
记录			
后处理	水清洗	—	—
试件草图			
检测结果			
检测人员		检测日期	

【实验思考题】

1. 影响渗透检测灵敏度的主要因素是什么？
2. 简述后乳化型渗透检测方法的工艺流程、适应范围和优缺点。
3. 简述溶剂去除型渗透检测方法的工艺流程、适应范围和优缺点。
4. 简述渗透检测的常见缺陷及其显示特点。
5. 渗透检测记录和报告应包括哪些基本内容？

7.12　着色法渗透检测

渗透检测是检测非多孔材料表面开口缺陷的一种无损检测方法。它具有以下优点：

1）不受被检零件形状、大小、组织结构、化学成分和缺陷方位的限制。

2）操作简单，可以不需要特别复杂的检测设备。

3）缺陷显示直观，灵敏度高，一次操作能检测出各种方向的缺陷。

渗透检测按渗透液中含染料不同可分为两大类：荧光渗透检测和着色渗透检测。荧光渗透检测是使用含荧光物质的渗透液，在波长为3300～3900Å（$1Å=10^{-10}$m）的紫外线照射下发出黄绿色荧光，从而显示缺陷图像的检测方法。观测时必须在暗室里进行，紫外灯是必不可少的设备。着色渗透检测渗透液中含有红色（或其他颜色）染料，在自然光下便可观察缺陷的有色图像，不需要荧光渗透检测的暗室和紫外灯设备。

【实验目的】

1）了解并熟悉着色法检测的工序和正确操作方法。

2）提高判断缺陷的能力。

3）了解着色法与荧光法的区别。

【实验设备与器材】

1）着色渗透液喷罐一套。

2）刷子。

3）纸或布。

4）时钟、温度计。

【实验原理】

着色法渗透检测工艺流程如图7-16所示。

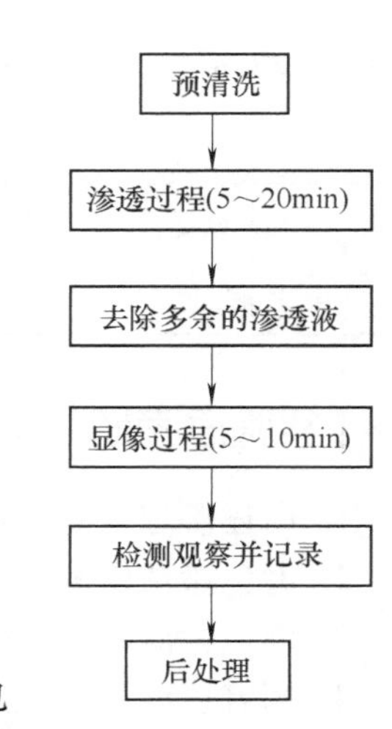

图7-16　着色法渗透检测工艺流程框图

【实验方法与步骤】

1）预清洗。可采用着色渗透剂中的清洗剂或其他溶剂清洗，也可以采用蒸汽清洗，但洗后必须充分干燥。对于焊缝，可以用铁刷或压缩空气将焊缝、焊药、氧化皮等脏物清除干净，然后再用清洗剂洗去表面的油污，并用压缩空气吹干。

2）渗透。可根据试件的数量、尺寸，采用喷雾器、刷子等将渗透液涂在试件表面上。渗透温度一般为15～40℃，时间为5～20min，温度低时，可延长渗透时间。

3）去除。试件表面比较光滑时，用布或纸沾着色探伤剂的清洗液，顺着一个方向擦去试件表面的多余渗透液；试件表面粗糙时，用清洗液轻轻地喷射后擦掉。在使用水洗型渗透液时，清洗时水压应为1.5～2.0kgf/cm^2，或者用40℃以下的温水清洗。

4）显像。将摇匀的显像液喷洒在试件表面上，形成薄薄的一层。使用喷罐时，要充分摇晃均匀，在距试件20～30cm处喷洒。显像时间可为渗透时间的一半，或为10min。

5）检测观察。要在足够强的可见光下进行观察，并记录缺陷形状、大小、位置，画出示意图。

6）后处理。检查完毕后，将试件表面的显像液清洗干净，可以使用刷子将显像液刷掉。

【实验报告要求】

渗透检测报告见表7-12。

表7-12　渗透检测报告

试件名称		试件材料牌号	
检测方法		检测部位	
检测标准		验收标准	
检测设备		灵敏度等级	
渗透剂		清洗剂	
显像剂		黑光灯强度	
记录			
试件草图			
检测结果			
检测人员		检测日期	

【实验思考题】

1. 简述渗透检测的优点和局限性。
2. 着色渗透检测和荧光渗透检测的最大区别是什么？各有什么优缺点？
3. 渗透检测时，最容易漏检的表面缺陷是什么？
4. 用着色渗透检测过的试件通常不用荧光渗透检测进行复检，为什么？
5. 清除污染物有哪几种方法？各种方法应注意哪些事项？
6. 施加渗透液的基本要求是什么？有哪几种施加方法？各适应什么情况？
7. 干燥时应如何控制时间和温度？

8. 显像剂的选择原则是什么？对显像剂白色粉末的颗粒有何要求？
9. 在可见光范围内，颜色亮度相同时，哪种颜色最容易被发现？
10. 为什么干式显像较湿式显像能得到较高的分辨率？

7.13 乳化剂化学性能实验

乳化剂是去除剂中的重要材料。渗透检测中的乳化剂用于不溶于水的渗透液，使渗透液便于用水清洗。自乳化型渗透液自身含有乳化剂，可以直接用水清洗；后乳化型渗透液自身不含乳化剂，需要有专门的乳化剂加入工序以后，才能用水清洗。

乳化剂的综合性能指标有：

1）乳化效果好，便于清洗。

2）抗污染能力强。特别是受少量的水或渗透液污染时，其乳化性能不降低。

3）粘度和溶度适中，乳化时间合理。

4）稳定性好，在储存或保管中不受温度的影响。

5）对被检工件表面不产生腐蚀，工件不变色。

6）对人体无害、无毒。

7）要求闪点高、挥发性高。

8）颜色与渗透液有明显区别。

9）凝胶作用强。

10）废液及污水的处理简便。

【实验目的】

1）了解乳化剂的作用。

2）掌握乳化剂性能的测试方法。

【实验设备与器材】

1）未使用过的标准乳化剂和标准荧光液。

2）使用过的乳化剂。

3）紫外灯。

4）钢块两块。

【实验方法与步骤】

1）用表面吹砂的钢块进行实验。一块钢块涂以50%新的未使用过的标准乳化剂和50%标准荧光液的混合液，另一块钢块涂以75%使用过的乳化剂和25%标准荧光液的混合液。

2）与水平面呈75°角斜置5min。

3）在相同条件下清洗钢块上的混合液。

4）在紫外灯下观察检测。如果两钢块底色相似，则乳化剂可以使用；如果相差悬殊，则应更换乳化剂。

【实验数据分析与处理】

相关实验数据见表7-13。

表7-13　实验数据

次数及结果	50%新的未使用过的标准乳化剂和50%标准荧光液的混合液	75%使用过的乳化剂和25%标准荧光液的混合液
第一次		
第二次		

7.14　显像剂性能实验

显像剂是渗透检测中的关键材料，它在渗透检测中的主要作用有：

1）通过毛细管作用将缺陷中的渗透液吸附到工件表面上，形成缺陷的显示图像。

2）将缺陷的显示图像在被检工件上扩展放大，使得缺陷可清晰地用肉眼观察到。

3）显像剂提供与缺陷显示有较大的反差背景，起到提高检测灵敏度的作用。

【实验目的】

1）了解显像剂的作用。

2）掌握显像剂性能的测试方法。

【实验原理】

1. 显像剂的物理性能

1）干粉显像剂。显像剂粉末应干燥、松散，颗粒细微均匀，对工件表面有较强的吸附力。

干粉显像剂颗粒度为1~3μm，密度小于0.075g/cm^3。

2）水悬浮型显像剂。水悬浮型显像剂是将干粉显像剂按一定的比例加入水中配制而成的。为改善水悬浮型显像剂的性能，一般还应添加下列试剂：

分散剂：它可防止沉淀和结块，使显像剂具有良好的悬浮性能。

润湿剂：它可改善显像剂与工件表面的润湿能力，保证在工件表面形成均匀的薄膜。

限制剂：它可防止缺陷显示无限制地扩散，保证显示的分辨率和显示轮廓清晰。

防锈剂：它可降低显像剂对工件表面的腐蚀，但如长时间残留在铝、镁合金上，则会引起腐蚀麻点。

2. 显像剂的化学性能

1）无毒性。

2）腐蚀性。

3）温度的稳定性。

4）抗污染性。

【实验方法与步骤】

1）干粉显像剂。保证干燥，经常用烘箱烘烤；保证显像剂的颗粒细微均匀，干燥松散。若有凝结成块，则应报废。

2）水悬浮型显像剂。水悬浮型显像剂是由干粉显像剂按一定比例加入水配制而成的。一般是每升水加入30～100g的显像剂粉末。加入的显像剂粉末不能太多，多了会造成显像剂薄膜太厚，遮盖显示；也不能太少，太少则不能形成均匀的显像剂薄膜。

3）溶剂悬浮型湿式显像剂。将显像剂粉末加在挥发性的溶剂中配制而成。该显像剂又称速干式显像剂，以使用状态提供。常用的有机溶剂有丙酮、苯及二甲苯等。

7.15 着色渗透液的颜色强度实验

着色渗透液一般不校验颜色强度，仅在着色渗透液受到别的溶剂（如清洗液或煤油等）稀释时才进行测量。如果使用中的着色渗透液强度等于或小于标准着色渗透液强度的80%，则应报废。

【实验目的】

1）了解着色渗透液的性能。

2）掌握测量着色渗透液颜色强度的实验方法。

【实验设备与器材】

1）100mL量筒。

2）强度计。

3）煤油。

4）着色渗透液。

5）比色管。

【实验方法与步骤】

1）用100mL的量筒取10mL着色渗透液，再加入90mL无色煤油，使之完全混合。

2）取10mL混合液，再与90mL煤油混合，得到第二次稀释的着色渗透液。

3）用新的未使用过的标准着色渗透液重复步骤1)、2)。

4）用比色管比较相应的颜色强度。如果使用中的着色渗透液颜色与标准着色渗透液有明显差别，则应进一步测量使用中着色渗透液实际含着色渗透液的体积百分数。

5）分别将5mL、7mL、8mL、9mL几种标准着色渗透液用煤油稀释到100mL；然后各取10mL稀释液，再各加90mL煤油，取得第二次稀释液。

6）将稀释的10mL使用过的着色渗透液与6mL、7mL、8mL、9mL的几种标准着色渗透液的稀释液比较，达到两种颜色强度差不大为止。最接近标准着色渗透液颜色的体积百分数，就是被测着色渗透液的近似体积百分数。例如，与7mL的标准稀释液相近似，则被测着色渗透液的颜色强度为标准着色渗透液的70%。如果使用中着色渗透液的着色强度等于或小于标准着色渗透液颜色强度的80%，则此渗透液应报废。

【实验数据分析与处理】

相关实验数据见表7-14。

表7-14 实验数据

	6mL	7mL	8mL	9mL
第一次稀释液				
第二次稀释液				
比较结果				

第 8 章　激光全息无损检测

激光全息技术是 20 世纪 60 年代初兴起的一门技术。它发展很快，已在生产和科研的许多领域中广泛应用。尤其是近年来，激光全息技术与其他学科技术的综合运用，展现了它巨大的应用前景。

激光全息无损检测（Laser holography in Nondestructive Testing）作为一种全新的信号记录和显示方法，与传统的照相技术有着完全不同的概念。激光技术在无损检测领域的应用始于 20 世纪 70 年代初期，由于激光本身所具有的独特性能及特征，使其在无损检测领域的应用不断扩展，并逐渐形成了激光全息、激光超声等无损检测新技术。这些技术由于在现代无损检测方面具有特殊功能而成为无损检测领域的新成员。

激光全息技术是激光技术在无损检测方面用得最早、最多的方式。激光全息无损检测约占激光全息技术使用量的 25%。其检测的基础原理是通过对被测物体施加载荷，应用有缺陷部位的形变量与其他部位不同的特点，通过加载前后所形成的全息图像的叠加来反映被检构件内部是否存在缺陷。

8.1　激光干涉测长实验

【实验目的】

1）掌握激光干涉测长原理及光路系统。

2）了解干涉条纹信号的处理方法。

【实验设备与器材】

1）迈克尔逊干涉测长光路。

2）He-Ne 激光器。

3）光电接收器。

4）计数器或信号处理显示板。

【实验原理】

1. 激光干涉测长公式

激光干涉测长系统主要由光源、干涉光路、干涉条纹接收与处理单元组成。由光波干涉理论可知，当两束单色光振动方向相同，频率相同、相位差恒定时，在空间某一点就会发生干涉，产生干涉条纹。其干涉光发光强度的计算公式为

$$I = I_1 + I_2 + 2\sqrt{I_1 I_2}\cos\Delta\varphi \tag{8-1}$$

相邻两条纹中心之间的距离称为条纹宽度。当波长一点时，条纹宽度与两束光的夹角 θ

成正比，即 $e=\lambda/\theta$，θ 越小，条纹宽度 e 越大。图 8-1 所示是典型的迈克尔逊干涉测长光路。为获得良好的干涉场，光源采用 He-Ne 激光器。由于激光具有良好的方向性、高亮度、单色性及时间和空间的相干性，其最大相干长度可达几十公里（$\Delta L_{max}=\lambda^2/\Delta\lambda$）。光路中 He-Ne 激光器输出的光经分光器 B 分成 a、b 两束光。经 M_1 平面反射镜原路返回的光 a' 经分光器 B 透射到 P 点接收器上；另一路透射光 b 经 M_2 动平面反射镜原路返回，再经分光器 B 反射到 P 点接收器上。在 P 点 a'、b' 两束光相互干涉，当两平面镜有一定的夹角时，形成等厚直线条纹。若起始时双光束程差为零，则动镜 M_2 沿光轴方向移动 L 距离时，两束光产生的程差为 $2L$。有亮条纹条件为 $2L=K\lambda$（K 为干涉条纹级次，也叫做条纹数），由此得到 $L=K\lambda/2$，即动镜每移动半个波长，光电接收器上的条纹移动一条。为了提高测量的分辨率，常在干涉光路或信号处理电路中采用倍频（细分）技术，即在测程相同时使移动的条纹数增加若干倍，或每移动一个干涉条纹记若干个数，此时干涉测长公式为

$$L=N\frac{\lambda}{2mn} \tag{8-2}$$

式中，m 为光路倍频数；n 为电路倍频数；N 为脉冲数。

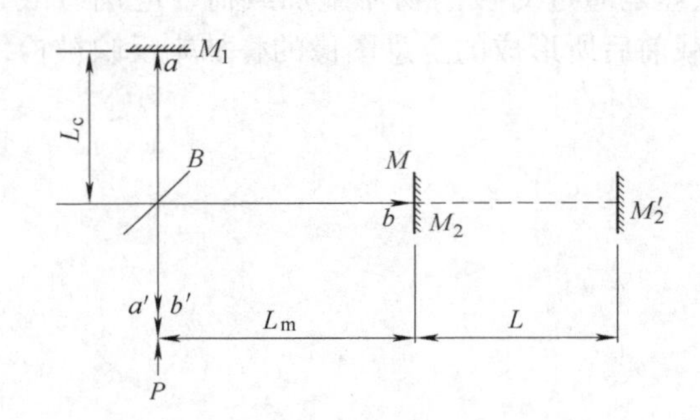

图 8-1　迈克尔逊干涉测长光路

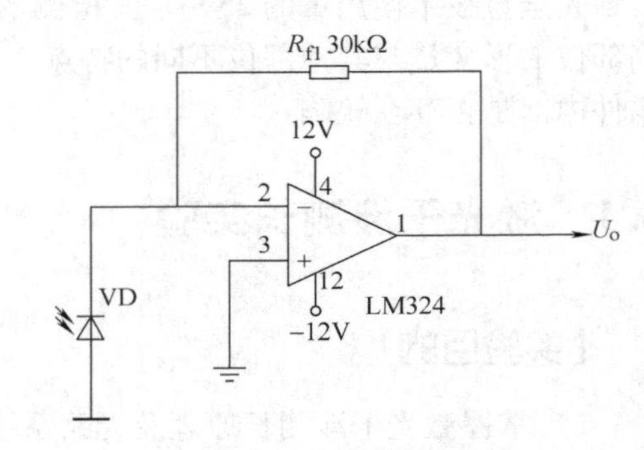

图 8-2　光敏二极管接收电路

2. 激光干涉条纹信号处理

激光干涉条纹信号类似于正弦波信号，实际测长中，为了消除机械导轨运行中带来的抖动、空行程或正反行程对测量的影响，光电接收必须采用两路信号接收，以判断正、反向的测量。图 8-2 所示为光敏二极管接收电路，图 8-3 所示为信号处理电路框图。

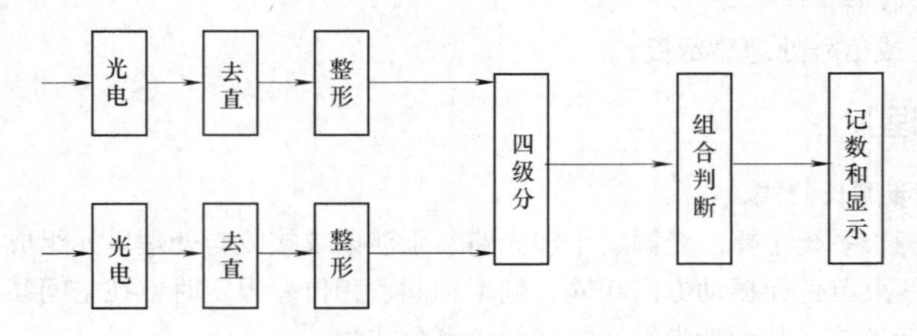

图 8-3　信号处理电路框图

光电接收电路采用 3DU51C 光敏晶体管和 OP07 组成 I/V 转换，LM324 组成取直放大电路。A、B 两路信号通过机械法移相形成 90°相位差信号。两路信号经 7414 施密特反相器，

整形成方波信号，该信号经74123单稳态触发器形成窄脉冲信号，再经组合逻辑判断和7454的四细分电路，最后输出CP+、CP-两种信号，分别送计数器或微处理器。当A超前B90°时，CP+输出四细分脉冲，CP-无信号输出，反之亦然。最后将脉冲数求和乘以当量数，得到长度量。图8-4所示为四细分判向电路。

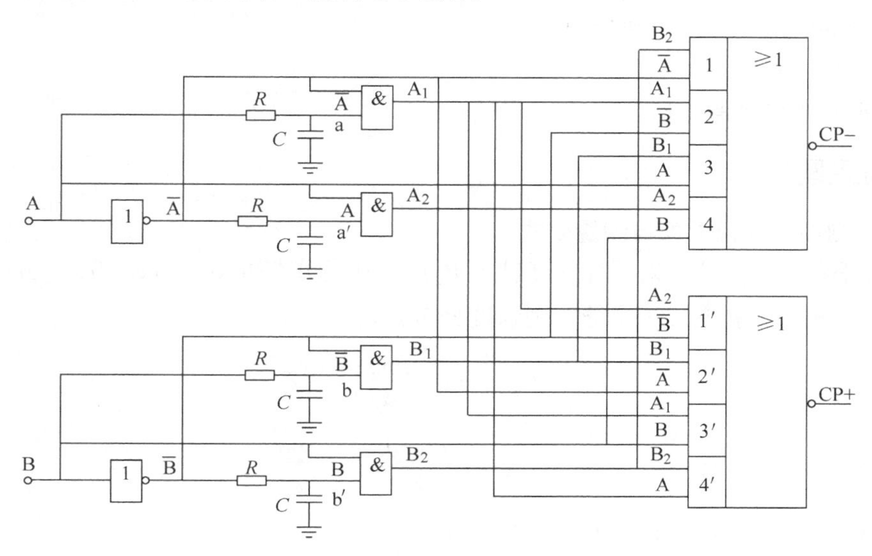

图8-4　干涉条纹四细分判向电路

【实验方法与步骤】

1）调节两个反射镜，获得理想的干涉条纹信号。

2）接收电路信号调节，调整接收器的位置，以获得最佳信号。

3）测量信号显示值与位移值之间的关系，并进行重复性测试。

4）结果与光栅尺对比，并进行误差分析。

【实验思考题】

1. 实际应用的干涉测长光路中使用的准直镜和棱镜分别起什么作用?
2. 光源为什么要稳频?
3. 光源变化对单频激光测长有什么影响?
4. 阐述光波干涉在定位、直线度测量等方面的应用技术。

8.2　激光衍射测细丝直径及定位实验

【实验目的】

1）掌握激光衍射测细丝直径原理及测量光路。

2）了解衍射信号的接收与处理。

3）了解激光边缘衍射定位技术。

【实验设备与器材】

1）激光衍射光路。

2）He-Ne 激光器。

3）扫描光学电动导轨、细丝。

4）信号接收电路。

5）可调焦半导体激光器。

【实验原理】

1. 衍射测细丝直径原理与测量公式

根据夫琅和费矩形孔衍射图样在光轴上 P_0 点的强度分布可知，当 $\beta=0$，y 方向的宽度 b 远大于 a 时，矩形孔就变成了单缝，则强度分布公式为

$$I_{(x,o)}=I_0\left(\frac{\sin\alpha}{\alpha}\right)^2 \tag{8-3}$$

$$\alpha=\frac{(ka\tan\theta_{\mathrm{x}})}{2}$$

当 $\alpha=0$ 时，对应点 P_0 有极大值，即 $I=I_0$。

当 $\alpha=\pm\pi$、$\pm 2\pi$、…、$\pm K\pi$ 时，P_0 点有极小值，即 $I=0$。

即满足暗点（零强度点）条件是

$$\alpha=\frac{(ka\tan\theta_{\mathrm{x}})}{2}=K\pi \quad (K=\pm 1,\pm 2\cdots)$$

因为 $$k=\frac{2\pi}{\lambda}$$

所以 $$a\tan\theta_{\mathrm{x}}=K\lambda$$

式中，a 为衍射狭缝；θ_{x} 为衍射角；K 为衍射级次。

图 8-5 所示为单缝衍射光路。根据巴俾涅互补屏原理，除去几何像点外，两个互补的衍射屏分别在像平面上产生的图样完全相同，即 $\widetilde{E}_1=-\widetilde{E}_2$，$I_1=I_2$。因此，缝的衍射与细丝的衍射完全一样，由图中几何关系可得 $\tan\theta_{\mathrm{x}}=x_K/L$。这样，细丝直径的测量公式为

$$d=\frac{LK\lambda}{x_K} \tag{8-4}$$

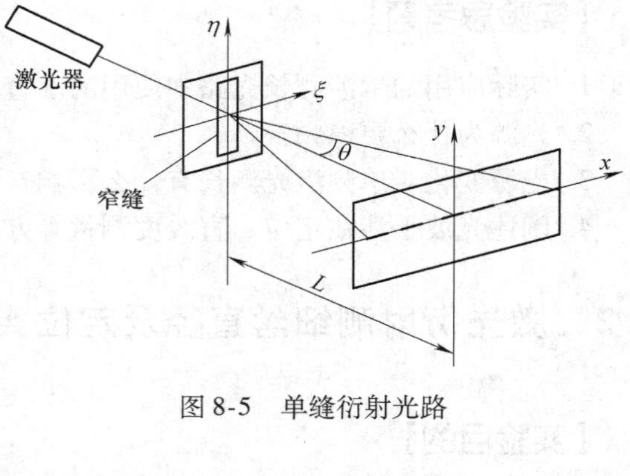

图 8-5 单缝衍射光路

当 L、λ 一定时，测得第 K 级的 x_K 值，就可以求得细丝的直径 d。根据衍射理论，当 d 变小时，衍射条纹将向对称中心亮点两边扩展，条纹间距扩大，衍射图样的暗点为等距分布。因此，可以测量 $2x_K$ 值，取平均值，消除测量误差，提高测量精度。

2. 衍射信号接收处理电路

根据细丝直径的衍射测量公式，已知 λ 是激光波长，且有一定的精度，只要确定衍射距离 L 和对应的 x_K 值，即可以求得 d 值。L 值较大，进行精确测定有一定困难，经分析由光路的几何关系可以通过增量法精确得到 L 的值。即

$$L = \frac{\Delta L x_{K_2}}{x_{K_2} - x_{K_1}} \tag{8-5}$$

式中，ΔL 为衍射距离的改变量；x_{K_1}、x_{K_2} 分别为 ΔL 改变前后测得 K 级暗点衍射图样的中心距离。

该方法将大距离的测量转化成小距离的测量。步进电动机驱动的电动扫描导轨测量位移的公式是

$$x = \frac{\alpha t N}{360°} \tag{8-6}$$

式中，α 是步距角；t 是丝杠螺距；N 是脉冲数。

当 $\alpha = 0.9°$，$t = 1\text{mm}$，$x = 2.0823N\mu\text{m}$，脉冲当量是 $2.0823\mu\text{m}$。

图 8-6 所示为细丝衍射的接收处理系统。

衍射图样信号采用带光阑的硅光电池接收，如图 8-7 所示。信号经光电转换、放大，由 A/D 数据采集，微处理器根据测量级次采集、比较、判断识别暗点，产生控制计数器的开、关。在开关门期间内，步进电动机带动探头扫描衍射图样，同时内部计数器累积驱动脉冲数，最后用计数脉冲乘以当量数即得被测细丝直径。测量也可采用数字万用表测放大电路的输出，以极小值点识别衍射图样的位置，从精密导轨上读取 x_K 值（分辨率为 $10\mu\text{m}$）。

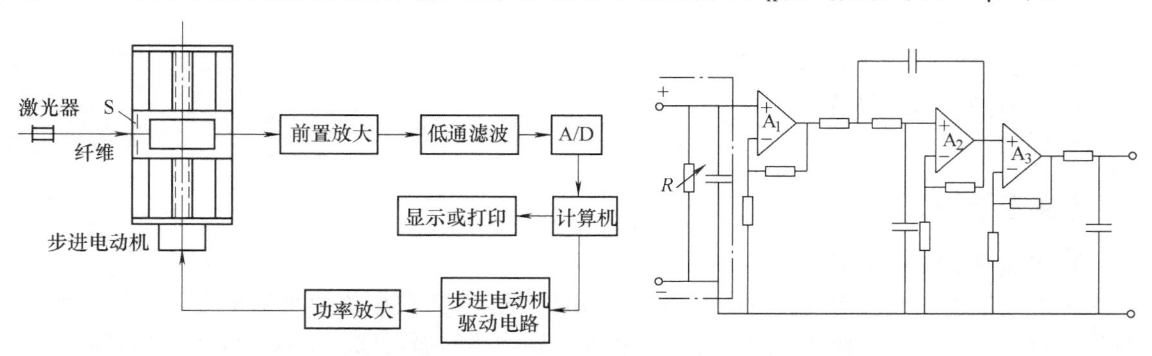

图 8-6　细丝衍射的接收处理系统　　　　图 8-7　光电接收电路

3. 激光边缘衍射定位应用技术

对于衍射图样的识别或工件直径的测量，实质是长度测量和两个边缘点的定位问题。长度测量由步进电动机的驱动脉冲数实现，两个端点的定位可根据激光半焦斑衍射定位理论精确识别。采用可调焦半导体激光器，将光束焦点对准工件的径向位置，光电接收器识别边缘信号。当采集到半焦斑对应的信号时，产生开、关门信号，微处理器将计数脉冲乘以当量，即为工件直径。也可由指示仪表识别边缘点。

【实验方法与步骤】

1）调整衍射光路，获得理想衍射图样。

2）采用增量法反复测量，确定衍射距离 L。
3）利用扫描导轨和接收电路进行 x_K 值的测量。
4）测量结果与其他方法相比较，分析误差。

【实验思考题】

1. 影响衍射法细丝直径测量精度的因素有哪些？应如何改善？
2. 接收衍射图样的光电器件应怎样选择？
3. x_K 值的测量方法有哪些？
4. 如何实现材料的应变测量？

8.3 激光全息干涉无损检测

【实验目的】

1）掌握激光全息干涉原理。
2）掌握全息干涉计量的实时全息干涉法和二次曝光法。
3）了解采用激光全息干涉法发现材料缺陷的无损检测。

【实验设备与器材】

1）大功率 He-Ne 激光器。
2）全息照相光路。
3）模拟试件悬臂梁加载装置。
4）底片实时处理装置。
5）暗室。

【实验原理】

1. 全息干涉的基本原理

光的波动性表明，物体发射的光波具有振幅（强度）和相位信息两个主要特征，如果物体不存在，但能得到物体反射的光波，就能得到物体的逼真像。全息干涉是利用光波的干涉和衍射原理，将物体反射的光波与一参考光波相干涉，以干涉条纹的形式记录在感光介质上，在一定再现光的条件下，由衍射光的作用形成原物体的三维像，即全息像。

全息像和普通像不同。普通像借助于透镜成像，只记录了物体的发光强度的分布，是平面像；而全息像不仅记录了物体的发光强度的分布，还记录了物体相位的空间分布，所以可以再现物体的三维像。全息照相是两步成像，即记录与再现。它最本质的性质是在记录和再现时引入了一参考光波，将对感光材料不敏感的相位信息转换成强度信息，从而实现了物体的三维成像。图 8-8 所示是激光全息干涉实验光路。

2. 激光全息干涉技术的理论分析方法

（1）全息照相　设在全息图平面上物光、参考光、再现照明光的复振幅表达式分别为

$$\widetilde{E}_0(X,Y)=O_0(X,Y)\exp[i\varphi_0(X,Y)] \quad (8\text{-}7)$$

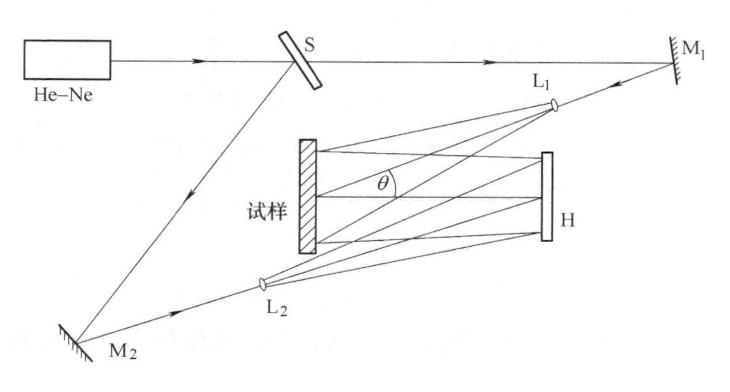

图 8-8　激光全息干涉实验光路

$$\widetilde{E}_R(X,Y)=R_0(X,Y)\exp[i\varphi_R(X,Y)] \tag{8-8}$$

$$\widetilde{E}_C(X,Y)=C_0(X,Y)\exp[i\varphi_C(X,Y)] \tag{8-9}$$

式中，φ_0、φ_R、φ_C分别是三束光的相位分布。

根据光波干涉原理，两束光叠加的发光强度为

$$I=O_0^2+R_0^2+2O_0R_0\cos(\varphi_0-\varphi_\pi) \tag{8-10}$$

记录时，如采用卤化银作为记录介质，则全息图的振幅透射率为

$$\tau_H=(\beta_0+\beta_t O_0^2)+\beta_t R_0^2+2\beta_t O_0R_0\cos(\varphi_0-\varphi_\pi) \tag{8-11}$$

式中，$\beta_0+\beta_t O_0^2$ 为照明光方向的直射光；$\beta_t R_0^2$ 为再现原始物光波；$2\beta_t O_0R_0\cos(\varphi_0-\varphi_\pi)$ 为原物光波的共轭光波。

全息照相的特点是一次曝光，记录后可拿下进行显影、定影处理，然后放回原处，打开参考光再现，即可观测到再现虚像。

图 8-9 所示是全息照相在 X、Y 平面上记录、再现的光波位置分布。

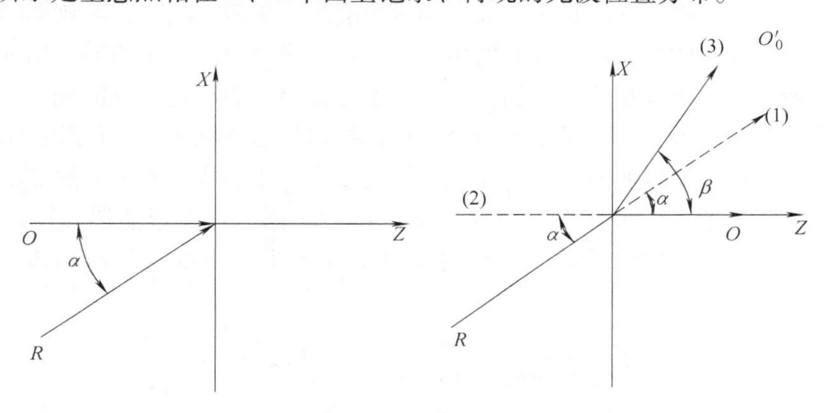

图 8-9　全息照相的记录与再现

（2）全息干涉的二次曝光法　全息干涉计量方法中二次曝光方法是建立在全息照相基础上的，光路完全相同。不同的是，在记录过程中对一张全息底片进行两次曝光，一次记录初始物光波面，另一次记录物光波变化后的物光波面。当再次照明时，可再现出两个物光波面，即在物体的虚像上叠加由于物体状态变化后引起的干涉条纹。

设原初始物光波为 $\widetilde{E}_0$，参考光波为 $\widetilde{E}_R$，变化后物光波为

$$\widetilde{E}_0' = O_0'\exp\{i[\varphi_0(X,Y)+\Delta\varphi_0(X,Y)]\} \tag{8-12}$$

再现时，只考虑与原始光波有关的复振幅（推导方式与上述相同），即

$$\widetilde{E}_A = t_1 O_0 R_0^2\exp(i\varphi_0) + t_2 O_0' R_0^2\exp[i(\varphi_0+\Delta\varphi_0)] \tag{8-13}$$

干涉强度为

$$I_A = \widetilde{E}_A\widetilde{E}_A^* = \cos[\Delta\varphi_0(X,Y)] + I_0 \tag{8-14}$$

式（8-14）与普通双光束干涉强度分布相同，干涉条纹的形状完全取决于物体状态的变化。

（3）实时全息干涉法　实时全息干涉也是建立在全息照相基础上的，光路完全相同。不同的是，实时法全息底片不能取下进行显影、定影处理。因为，实时法底片仅记录了一张物体标准波面全息图，然后用被测物光波与参考光波同时照射这张全息图，由此再现的标准波面与被测物光波面全息图再次相干涉。若初始波面位置发生变化（底片没有精确复位），则相对被测物光波面就没有了参考基础，就无法形成干涉。

设参考光波、初始物光波、被测物光波已知，在线性记录条件下，当全息底片显影、定影后，将被测物光波与参考光波一同照射到全息底片上，观测全息图的变化。当只考虑初始物光波与被测物光波时，其计算公式为

$$\widetilde{E}_A = \beta' t O_0 {R_0}^2\exp[i(\varphi_0+\pi)] + C_0'\exp[i(\varphi_0+\Delta\varphi_0)] \tag{8-15}$$

干涉强度为

$$I_A = \beta' t^2 {O_0}^2 {R_0}^4 + C^2 O_0' + 2\beta' O_0 O_0' {R_0}^2\cos(\Delta\varphi_0 - \pi) \tag{8-16}$$

显然，合成的发光强度具有双光束特点，按余弦规律变化。

3. 激光全息干涉无损检测

激光全息干涉计量以激光波长为标尺，测量精度高，灵敏度高。它对物体的两个状态的变化进行测量，当物体的两个状态没有发生变化时，两张全息图完全相同，相互干涉后，仍然是物体的虚像，没有干涉条纹。当物体状态发生变化时，引起物光反射光点的变化，两幅图产生了光程差，光程差又引起了干涉条纹。通过物体状态变化大小、位置、引起干涉条纹的疏密及形状的变化，可以实时监测物体或材料的受力、受热等因素引起的变形，也可根据干涉条纹的级数定量地计算出变形（位移）的大小。根据试件变形的连续性，可由条纹的不规则形状，判断出物体的内部缺陷。实时全息底片上干涉条纹级数与物体变形（位移）的关系是

$$d = \frac{(2n-1)\lambda}{2(\cos\theta_1 + \cos\theta_2)} \quad (n=1,2,3\cdots) \tag{8-17}$$

式中，d 是变形量；θ_1、θ_2 分别是物光与参考光的入射角。

式（8-17）是暗条纹的计算公式。根据条纹的连续性，可以确定各点条纹级数，零级条纹处的位移为零，即为亮条纹处。

【实验方法与步骤】

1）进行全息照相光路调节，使两束光夹角、光路、发光强度比合适。

2）进行全息照相的记录、再现。

3）进行二次曝光法、实时全息干涉法的实验，获取一张理想的全息图。

【实验思考题】

1. 获得最佳对比度的全息图，应采取哪些措施？
2. 再现实物光路中插入偏振片，为什么会提高图像对比度？
3. 全息照相、二次曝光法、实时全息干涉法各有什么特点？
4. 简述激光全息干涉无损检测的方法、特点。

8.4　光导纤维衰减系数的测定

【实验目的】

1）观察光导纤维的传光现象。

2）了解光波通过媒质后发光强度衰减的规律，并测定光导纤维的衰减系数。

【实验设备与器材】

1）He-Ne 激光器。

2）短焦距透镜。

3）光导纤维束两根。

4）功率计。

5）光阑、支架、有机玻璃棒。

【实验原理】

光导纤维是一种利用全反射原理，使光线和图像能够沿着弯曲路径从一端传送到另一端的光学组件。光导纤维的结构如图 8-10 所示，每根纤维的直径为几微米到几十微米。光导纤维分为内外两层，内层是高折射率的玻璃纤维芯，外层是低折射率的玻璃或塑料等。内层材料和外层材料之间形成良好的光学界面。这样，当光线以入射角 i_0 投射到光导纤维的端面上，经折射进入光导纤维后，将以角度 i 入射到芯料和外层材料之间的界面上。只要入射角 i_0 选择适当，总可使 i 大于临界角 i_0，这样，入射的光线将在界面上发生全反射。

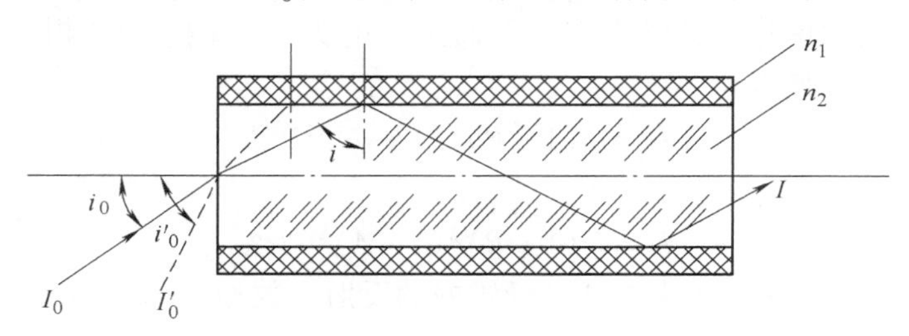

图 8-10　光导纤维的结构

如果光导纤维是均匀的圆柱状细丝，则全反射的光线将以同样的角度入射到对面的界面上，并发生第二次全发射；依次类推，光线就能够在光导纤维内连续发生若干次（次数决定于纤维的长度、直径和入射角的大小）全反射后，从一端传送到另一端，且以与入射角相同的角度 i_0射出光导纤维。

光导纤维很细，质地柔软。由许多相同的光导纤维组成的光导纤维束具有可弯曲、传送过程光能损失小、数值孔径大、分辨率高、结构简单、使用方便等特点，广泛应用于电子光学、高速摄影、医疗器械、科学实验和工业生产等方面。

在实际应用中，由于下述原因，使得光通过光导纤维后，发光强度要发生一定的衰减：

1）端面的反射损失。当入射光从空气入射到光导纤维端面上时，不管入射角多大，总有一部分被反射，入射角不同，被反射的发光强度也不同。入射角越小，端面的反射损失就越小。设端面的发光强度反射率为 R（i_0），则考虑两端面的反射损失后，光导纤维所传送的发光强度比 $t_1 = [1 - R(i_0)]^2$。

2）界面的全反射损失。设 $\alpha(i)$ 为光导纤维芯料与外层材料界面上的全反射率。在理想情况下，$\alpha(i) = 1$，这时，反射是完全的，不存在全反射损失。但由于外层材料的吸收，界面不是理想的光学接触，衍射作用和边界波的穿透等影响使得 $\alpha(i)$ 小于1。显然，光束在纤维内反射次数越多，全反射损失也越大。如令 $A(i)$ 表示全反射损失率，则 $\alpha(i) = 1 - A(i)$。如果光束从光导纤维一端传送到另一端经过的全反射次数为 n，则考虑界面全反射损失后，光导纤维传送的发光强度比 $t_2 = [1 - A(i)]^n$，它与光波波长及纤维排列的空间特性有关。

以上仅对某一特定方向的入射光线而言。如果入射光线有一定的角分布，则关系将是很复杂的。但从大量事实可知，可以根据不同条件作近似处理。

3）光导纤维芯料的吸收和散射损失。任何物质对光都有一定的吸收和散射作用，其大小可用衰减系数表示。设 β 为光导纤维芯料的衰减系数（如果芯料质地纯洁无杂质，忽略其散射损失，β 就是芯料的吸收系数），L 为光导纤维的长度，则考虑到芯料的吸收和散射后，通过光导纤维透射的发光强度比 $t_3 = \mathrm{e}^{-\beta L}$。

综合考虑上述三种主要因素所造成的光能损失，则当发光强度为 I_0 的入射光束经过长度为 L 的光导纤维后，透射光发光强度可近似表示为

$$I = I_0 t_1 t_2 t_3 = I_0 (1 - R)^2 (1 - A)^{n_e - \beta L} \tag{8-18}$$

为了简便，式（8-18）省略了 i、i_0的符号。

为了通过测定透射光发光强度而测定衰减系数 β，必须设法消除端面反射和全反射损失的影响。为此，让同样角分布的激光束分别通过长度为 L_1 和 L_2 的两根材料相同的光束纤维，测出其透射光发光强度为

$$I_1 = I_0 (1 - R)^2 (1 - A)^{n_e - \beta L_1} \tag{8-19}$$

和

$$I_2 = I_0 (1 - R)^2 (1 - A)^{n'_e - \beta L_2} \tag{8-20}$$

如果 L_1 和 L_2 相差不多，光束在两根纤维中的反射次数相近，则 $n \approx n'$。于是式（8-19）除以式（8-20）可得

$$\frac{I_1}{I_2} = \mathrm{e}^{-\beta(L_1 - L_2)} = \mathrm{e}^{-\beta \Delta L} \tag{8-21}$$

式中，$\Delta L = L_1 - L_2$ 为两根光导纤维的长度差，两边取自然对数，即得光导纤维的衰减系数为

$$\beta = \frac{\ln I_1 - \ln I_2}{\Delta L} \tag{8-22}$$

实际应用中，常以下式表示光导纤维的衰减系数。即

$$\beta' = \frac{10\lg I_2 / I_1}{\Delta L} \tag{8-23}$$

不难看出 β 和 β' 的关系是

$$\beta = \frac{\beta'}{10\lg e} = \frac{\beta'}{4.3429}$$

因为 $\ln b = \lg b / \lg e$，而 $\lg e = 0.4329$。如果长度 L（ΔL）以米（m）为单位，则 β' 的单位为 dB/m。

【实验方法与步骤】

1. 观察光导纤维的传光现象

用透光的有机玻璃棒弯成一定几何形状的导光棒，并将两端面磨平、抛光，让 He-Ne 激光光束以不大的角度从一端面射入。由于光线在有机玻璃棒内发生全反射和散射，因此可以清楚地看到光在弯曲玻璃棒内的传播轨迹，这和光导纤维的传光作用是一致的。

2. 测定光导纤维的衰减系数 β

1）如图 8-11 所示连接各光学元件，点亮激光器约 30min，让激光光束经短焦距透镜以不大的入射角照射到固定光阑后面长度为 L_1 的光导纤维的端面上，用功率计测定其透射光发光强度 I_1 并记录。

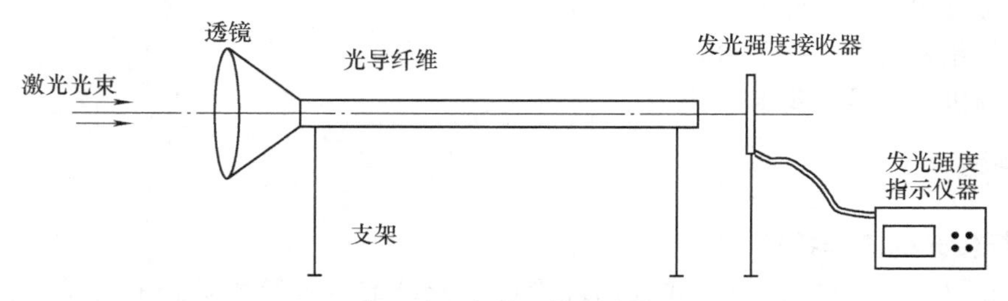

图 8-11　光学元件连接图

2）保持激光管、透镜和光阑的相对位置不变，换以另一长度 L_2 的光导纤维进行相同的测量，测定其透射光发光强度 I_2，将 I_1、I_2 的测定值代入式（8-23），计算出衰减系数 β'。

3. 注意事项

1）长度不同的两根光导纤维必须从同一纤维束上截取，以保证其内部结构的特性完全一样。

2）两根光导纤维的进光端面和出光端面必须具有相近的物理状态，以确保两次测试中端面反射的影响相同。

3）在测定 I_1、I_2 过程中，应尽可能地使激光器的输出功率保持不变。

4）功率计必须尽量靠近光导纤维的出光端面，以免引起较大测量误差。

【实验思考题】

1. 光导纤维能传光、传像的主要依据是什么?

2. 光导纤维在传光过程中，哪些因素会导致发光强度衰减?

3. 如何测定光导纤维的衰减系数？测量中应注意什么问题?

4. 测量中，两根长度不同的光导纤维为什么必须从同一纤维束上截取？如果不这样做，结果将怎样?

5. 测透射光发光强度时，功率计为什么必须尽量靠近光导纤维的出光端面?

6. 试讨论用有机玻璃棒和光导纤维传光实际效果的异同。

8.5 光纤、光谱测试系统演示实验

【实验目的】

1） 掌握光纤传感器的检测原理。

2） 了解光纤传感器的波长调节、扫描技术。

3） 了解光纤传感器温度检测系统。

【实验设备与器材】

1） 单芯光纤传感器。

2） 光谱分析系统。

3） 光源（电弧发生器）。

4） X-Y 精密电动扫描平台。

5） 计算机、信号采集卡。

【实验原理】

1. 光纤传光的工作特性

根据光纤基本理论中的光线和波动理论可知光纤的基本特性数值孔径 NA 和归一化频率 γ。

(1) 光纤的数值孔径 NA　由纤芯折射分布，光纤分为均匀光纤（阶跃型）、非均匀光纤（梯度型）。它们对子午光线的传播服从全反射定律和折射定律。当入射角 $\theta_0 < \theta_{0c}$（最大临界角）时，光线在光纤中发生全反射；当入射角 $\theta_0 > \theta_{0c}$时，光线在光纤中不发生全反射，且 NA 满足以下关系：

阶跃型
$$NA = n_0 \sin\theta_c = \sqrt{n_1^2 - n_2^2} \tag{8-24}$$

梯度型
$$NA' = n_0 \sin\theta_{0c} = \sqrt{n^2(0) - n^2(r)} \tag{8-25}$$

非均匀光纤中光纤内折射光线的轨迹是一条连续光滑的周期曲线，所以光纤内子午线的传播轨迹为正弦波，且不同入射角的子午光线在光纤中传播的光程均相等。这种光纤称为自聚焦光纤，它具有透镜聚焦的作用，它的色散模式为零，有良好的传像特性。图 8-12 所示

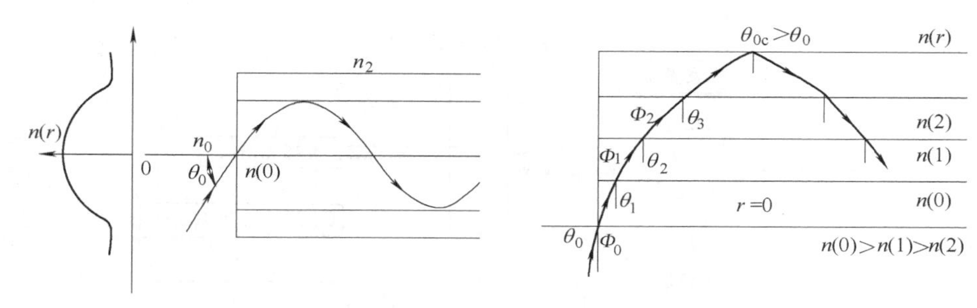

图 8-12　非均匀光纤的折射率分布及传播特性

为非均匀光纤的折射率分布及传播特性。

（2）光纤的归一化频率 γ　光纤的归一化频率是根据波动理论推导出的确定光纤传输特性的参数。它与光纤维的芯直径 a、数值孔径 NA 的关系是

$$\gamma = \frac{2n}{\lambda} a (n_1^2 - n_2^2)^{1/2} = \frac{2\pi}{\lambda} aNA = \frac{2\pi}{\lambda} an_1 \sqrt{2\Delta} \tag{8-26}$$

式中，Δ 为相对折射率，$\Delta = (n_1^2 - n_2^2)/2n_1^2$。

根据分析，单模光纤的条件是：

阶跃型光纤　　$\gamma < 2.405$

梯度型光纤　　$\gamma < 3.58$

由式（8-26）可得出以下结论：

1）数值孔径 NA 增大，γ 增大，光纤模式增大，单模光纤只能有小的 NA。

2）光纤纤芯直径 a 增大，γ 增大，光纤模式增大，单模光纤只能有小的 a。

3）相对折射率 Δ 增大，γ 增大，光纤模式增大，要使光纤模式减小，需使 a 减小。

单模光纤中光波沿 Z 方向传播时，可分解成两个正交分量，两个偏振模式，即双折射，其大小称为双折射率。对高双折射率光纤，光纤的偏振方向主要取决于光纤的双折射率，外界扰动影响极小。这种光纤称为保偏光纤。

（3）光纤传感器的检测原理　光纤传感器检测原理是根据光在光纤中传播时，由外界被测参数引起光的发光强度、波长、频率、相位、偏振态等特性发生变化，从而实现对被测量的检测，它可以是位移、振动、温度、速度等参数。光的五种状态变化可构成以上五种检测原理，即调制原理。其传感器的检测技术称为解调技术。

2. 光纤传感器的电弧温度检测系统

电弧温度场分布检测系统如图 8-13 所示。系统由电弧发生器（光源）、单芯光纤传感器、X-Y 精密电动扫描平台、光栅光谱仪、线阵 CCD 采集卡、步进电动机驱动装置、计算机等单元组成。

系统采用光纤波长解调技术，使被测光信号经光纤传感器、光栅光谱仪、线阵 CCD、计算机，实现特征谱线的分离。根据光纤结构易弯曲点接收特性，采用光纤扫描技术，与 X-Y 精密电动扫描平台合成，构成伺服扫描光电探测器，以获得电弧场二维的图像信息。

检测系统工作过程如下：

在计算机控制下，首先通过串行口控制外部，X-Y 扫描探测器处于初始状态，对电弧

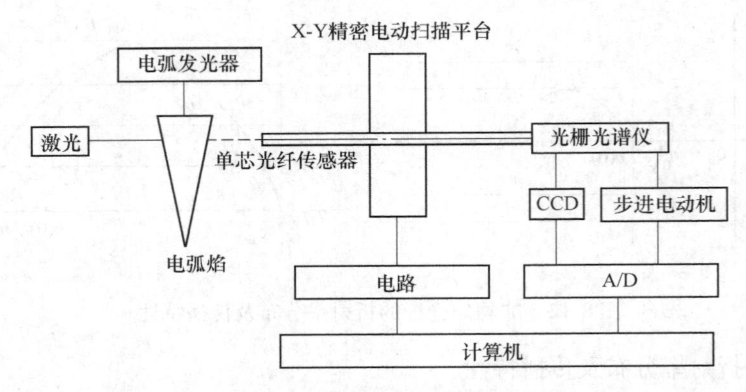

图 8-13　电弧温度场分布检测系统

（或其他光源）场某一断面的一点进行信号的图像采集，控制光谱仪的旋转平面光栅在300～900nm 范围内进行谱线的自动采集，信号经线阵 CCD 接收器、图像采集卡后，计算机将在屏幕上一帧一帧实时地自动显示特征谱线的强度值，同时可以储存及处理数据。然后对某一层进行扫描测量，获取该层不同位置特征谱线的能量强度值，将数据存盘，进行分析和处理。根据理论计算公式，求取对应点空间电弧温度场分布（参考有关文献）。

【实验方法与步骤】

1）调试好电弧发生器或待测光源与光纤探头的位置。
2）检查各部分连线，进入系统的初始状态。
3）光纤波长调制演示实验。
4）光纤扫描、信号自动采集实验。

【实验思考题】

1. 光纤传感器的结构对电弧信号的接收有什么影响？
2. 如何利用光纤传感器实现管道内部缺陷、裂纹的无损检测？此光纤传感器有什么特点？
3. 光纤传感器的特点有哪些？

8.6　PSD 三角法测量

【实验目的】

1）掌握 PSD 光电位置敏感器件的工作原理。
2）了解 PSD 在光学三角法测量中的应用技术。

【实验设备与器材】

1）半导体调焦激光器。
2）PSD 接收器。

3）三角法测量光路。

4）信号处理电路。

5）微处理器或指示仪表。

【实验原理】

1. PSD 工作原理

PSD 是光电位置敏感器件，分为一维和二维器件。图 8-14 所示为 PSD 结构图，其中大光敏面的光敏二极管表面 P 层是感光面，两边各有输出电极，底层是公共电极，接反向偏置电压，中间层是 1 层。PSD 的工作原理为横向光电效应。当一束光入射到 PSD 的 M 点时，除产生结光生电动势外，还将在结平行的方向上产生横向电动势，产生的电荷量与入射光发光强度成正比，于是在两极可得到与光电压对应的光电流。M 点决定于 AM 段电阻所占的比例，当有光照，无外加偏压时，A、B 为面电极与衬底公共电极相当于短路，可测出短路电流。设 AM 段电阻为 R_1，BM 段电阻为 R_2，R 为 R_1 与 R_2 并联阻值。I_0 为总电流，则 I_1 和 I_2 分别为

$$I_1 = I_0\frac{R}{R_1} \tag{8-27}$$

$$I_2 = I_0\frac{R}{R_2} \tag{8-28}$$

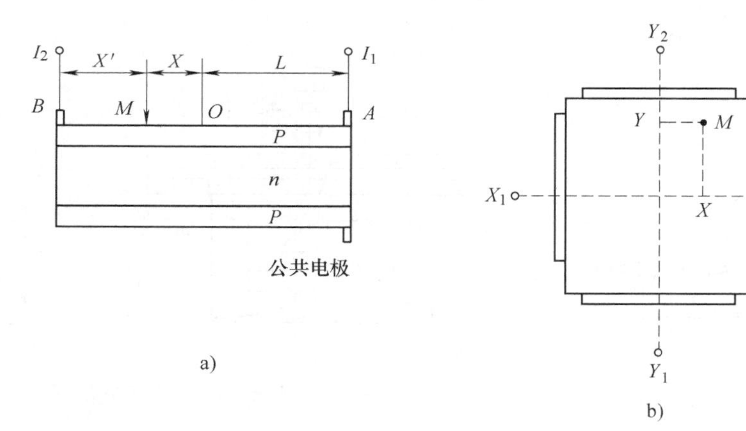

图 8-14　PSD 结构示意图

a）一维 PSD　b）二维 PSD

假设 PSD 光敏面的表面电阻层具有理想的均匀特性，则表面电阻层的阻值和长度成正比，则

$$\frac{I_1}{I_0} = \frac{R}{R_1} = \frac{2L}{2L - X'} \tag{8-29}$$

$$\frac{I_2}{I_0} = \frac{R}{R_2} = \frac{2L}{X'} \tag{8-30}$$

$$X' = \frac{2LI_1}{I_1 + I_2} \tag{8-31}$$

$$X = L - X' = L - \frac{2LI_1}{I_1 + I_2} = L\frac{I_2 - I_1}{I_1 + I_2} \tag{8-32}$$

式中，$I_2 - I_1$ 与 $I_1 + I_2$ 成线性关系，表达了光点的位置关系，它与发光强度无关，只取决于器件的结构和入射光点的位置，从而抑制发光强度变化对检测结果的影响。

2. 光学三角法测距

应用 PSD 进行物体位置尺寸的测量时，应运用光学三角法测距的原理。图 8-15 所示为三角测距光路结构。光源发出的光经过发射透镜 L_1 聚焦在待测物表面上，部分发射光（散射光）由接收透镜 L_2 成像到一维 PSD 上。若透镜 L_1 和 L_2 的中心距为 b，透镜 L_2 的焦距为 f，当 PSD 表面光点距中心距离为 X 时，根据 $\triangle PAB$ 和 $\triangle BCD'$ 相似可得

$$D = b\frac{f}{X}$$

将 X 代入该式，然后两边微分，即得物体尺寸的变化为

$$\Delta D = bf\frac{\Delta X}{X^2}$$

测量结果的分辨率与传感器的结构尺寸及被测距离有关。

3. PSD 的应用技术

PSD 光电位置敏感器件广泛应用于目标识别、液位尺寸测量、加工工件尺寸变化测量、振动测量以及钢轨磨耗测量（图 8-16）等方面。PSD 实用的接收电路如图 8-17 所示，输出信号接微处理器或指示仪表。

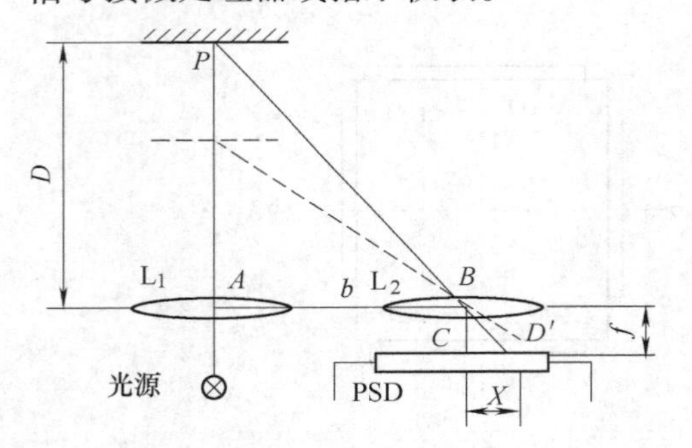

图 8-15　光学三角法测距

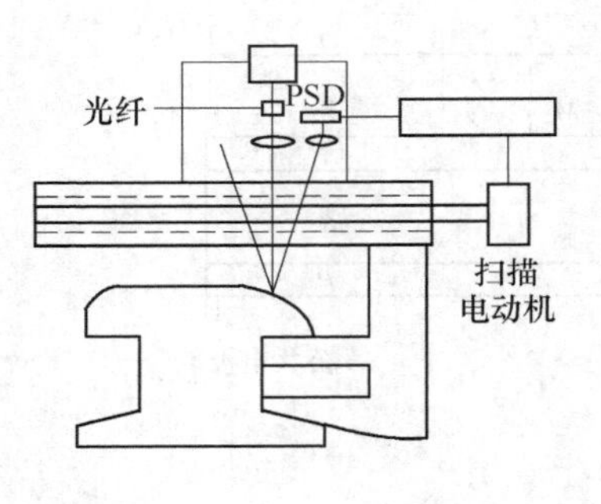

图 8-16　钢轨磨耗测量

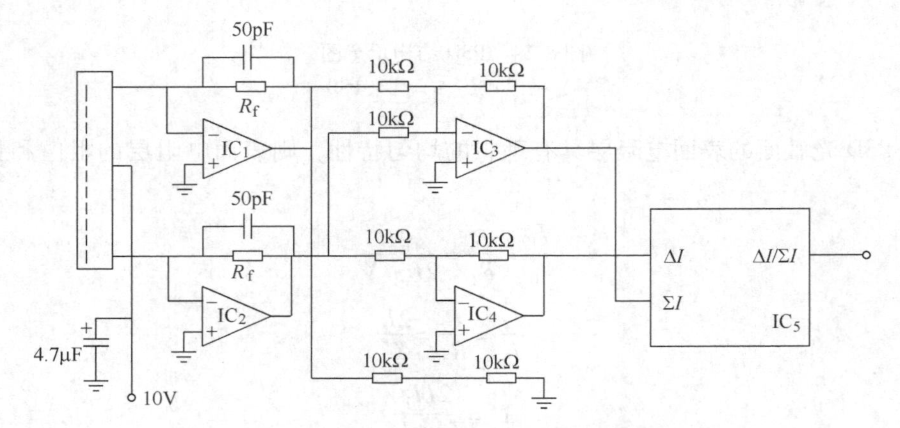

图 8-17　一维 PSD 信号处理电路框图

【实验方法与步骤】

1）调节测试光路，观测 PSD 上光点与两路信号输出之间的关系。
2）信号处理电路调零。
3）移动被测物体距离进行位移检测。
4）分析结果和误差。

【实验思考题】

1. PSD 上发光强度的变化对测量精度有什么影响？
2. 如何提高 PSD 的信号分辨率？
3. PSD 的其他应用技术有哪些？

8.7 激光全息干涉应力腐蚀裂纹扩展 CCD 监测系统演示实验

【实验目的】

1）掌握 CCD 图像接收系统的组成及工作原理。
2）了解图像处理技术。

【实验设备与器材】

1）全息干涉实时光路系统。
2）He-Ne 激光器。
3）CCD 摄像机。
4）图像采集卡。
5）计算机、复制机。
6）监控器。

【实验原理】

1. CCD 监测系统组成

应力腐蚀是工程机械设备发生损坏事故的实例之一，其中高强度钢应力腐蚀尤为敏感。在航空领域，在役飞机的铰接件和结构件经长期的雨水侵蚀，在应力腐蚀下而遭破坏的事故时有发生。应力腐蚀的研究方法有两种：化学反应和断裂力学方法。断裂力学方法主要是研究在腐蚀媒质和应力共同作用下基体内裂纹萌生和扩展、断裂的过程。由于腐蚀断裂发生的过程时慢时快，用其他方法很难捕捉到。随着激光、CCD 图像接收技术的发展，采用激光全息干涉计量技术、CCD 图像接收、计算机图像处理技术相结合，可实现实时的非接触检测。该方法测量灵敏度、分辨率高，对试件表面粗糙度、几何形状要求低，干涉条纹显示直观。系统由激光全息干涉光路、矩形模拟三点弯曲试件、预制裂纹、悬臂梁加载架、底片处理装置、CCD 图像接收器、图像采集卡、复制机、计算机等组成。图 8-18 所示为 CCD 图像监控系统结构图。

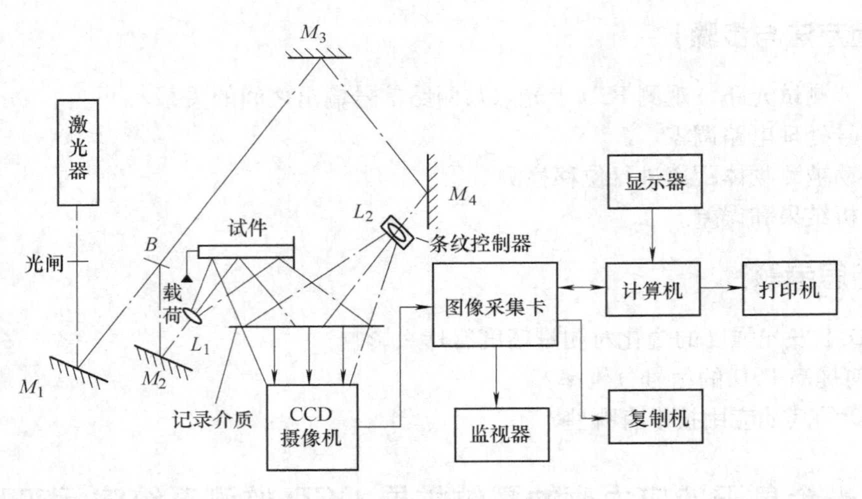

图 8-18　CCD 图像监控系统结构图

2. CCD 图像接收与处理系统的工作原理

CCD 应力腐蚀监控系统由两部分组成，即光路部分和电路部分。光路部分采用激光全息干涉计量技术将试件在应力腐蚀下裂纹的应变状态的干涉图像显示出来。电路部分由 CCD 光路图像接收器件将光信号转换成电信号，通过计算机实现对信号的采集、监控、存储、处理、特征分析等。

（1）CCD 图像接收器　系统采用的是 1802B CCD 黑白射线机。摄像机内部由面阵电荷耦合器件、行场驱动电路、预处理电路三部分组成。光信号经 CCD 芯片转换成离散信号，再经预处理电路，在驱动脉冲的控制下输出一帧帧图像视频信号，供给图像采集卡。CCD 接收面为 7.95mm×8.45mm，单元尺寸为 15.6μm×10μm，像元数为 795H×596，工作频率为 15.625kHz，灵敏度为 0.02Lux，光谱范围为可见光范围，扫描线为 625 线/场。CCD 器件工作过程主要是实现电荷的存储—转移—传输。它具有体积小、功耗低、工作电压低、分辨率高、灵敏度高、图像的实时传输等特点。

（2）图像采集卡　图像采集卡是计算机与被测信号之间实现自动检测与控制的输入接口。采集卡由预处理电路、控制电路、同步电路、A/D、D/A 及帧存体等组成。A/D 采用高速模数转换芯片，将模拟信号转换成数字信号。帧存体是高速的 SRAM 随机存储器，为双帧 512×512×8。由于图像数据量大，系统采用外存的方式，计算机可随机访问帧体。D/A转换器实现图像的数/模转换，以供给监示器。图像采集卡在计算机控制下实现信号的自动采集。

（3）图像处理　图像处理是为图像的特征分析做出预处理，通过计算机内的函数库，调用不同的属性算法实现不同的处理功能。全息干涉条纹图像处理主要包括轮廓提取、图像增强、噪声平滑、滤波、锐化、边缘检测、二值化、细化等，最后形成类似于等高线图。然后根据要求对处理后的细化图进行特征分析。处理全息干涉条纹图像时，由于材料裂纹受应力腐蚀后产生应力（应变）变化，会引起干涉条纹的密度、形状、方向以及裂纹图像变化速率的改变。特征提取就是从这些曲线中获取应变的大小、方向、变化速率，以及空间三维图形。图 8-19 所示为原始图和图像处理细化图。

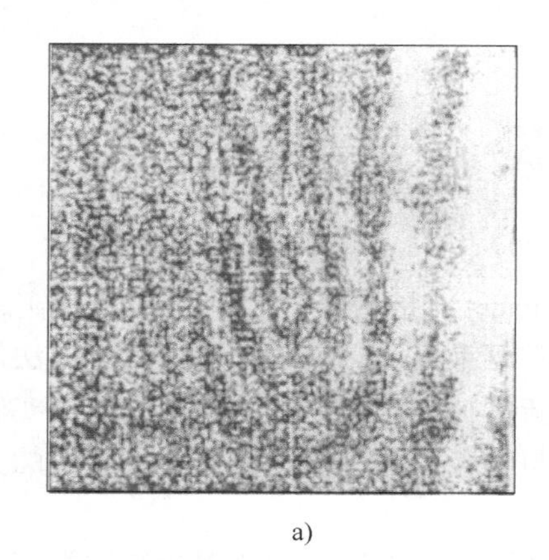

a)

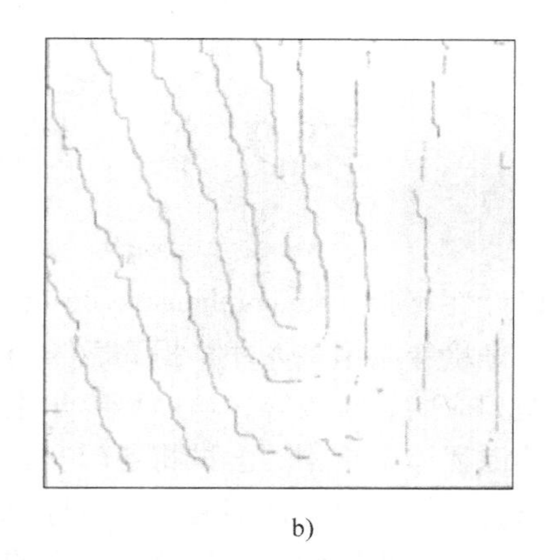

b)

图8-19　图像处理

a）原始图　b）图像处理细化图

3. 监测系统

图8-18所示是CCD图像接收系统。该系统软件经二次开发，采用VC编程，在Windows 2003系统下，实现计算机对激光全息干涉实时法图像进行自动监测。光信号经摄像机接收后输入预处理电路中，经A/D转换后，进入帧存储器。信号一路经逻辑电路转换成视频信号送至显示器，另一路经计算机以磁盘文档形式储存，以及时获取特征图像，同时系统配有复制机，可随时输出影像以便保存。

【实验方法与步骤】

1）调节全息干涉光路。制作实时法全息干涉图。

2）开启CCD接收系统，调节射线机（距离、光圈），在监视器上获得清晰图像。

3）机械加载，同时观测干涉条纹的变化。

4）手动、自动采集图像并存盘。

5）图像处理、特性分析。

【实验思考题】

1. 简述图像处理系统的组成及工作原理。
2. 干涉图的特征分析应如何进行？
3. 利用该系统如何实现材料的缺陷检测？

第9章　综合设计性实验

综合设计性实验（Comprehensive design experiment）是培养学生创新精神和实践能力的重要环节，是培养应用型人才、提高教学质量的重要手段。它需要合适的教学方法最有效地使学生掌握相应的教学内容，从而培养学生的创新精神和实践能力。综合设计性实验力求打破传统实验课程体系结构，尝试将各门实验重组与融合，通过实验仪器与实验目的交叉组合的教学方法实现综合设计性实验教学目标。

综合性实验是指实验内容涉及本课程的综合知识或与本课程相关课程知识的实验；设计性实验是指给定实验目的、要求和提供实验条件，由学生自行设计实验方案并加以实现的实验。

综合设计性实验作为高校本科人才培养的一个重要环节，应着重于学生综合运用知识与技能的培养，培养学生独立分析与解决问题的能力。评价过程应是检查学生综合应用知识和动手能力的一种教学方法。对学生的开放性实验和设计性实验进行评价，其目的是检验学生对基础知识和技能的掌握程度，有利于提高学生的综合素质，培养其科研兴趣。由于学生通过实验得到的数据有实用价值，从而激发了学生的积极性和责任心。他们将所学专业知识应用于实际，经过认真操作实践后，其基本技能将得到很大提高，加深对知识的理解。

通过实验可以考察学生对实验结果的分析、归纳、整理能力。在学生已经取得实验结果后，如何运用已学过的知识对实验结果进行正确合理的资料采集、整理、分析和归纳，也是其综合能力的体现。也可以检验学生引用相关文献的能力。学生在设计性实验及开放性实验过程中是否引用合适的文献，可以体现学生吸纳新鲜知识的能力，并评判学生实验结论的产生。得出正确、合理的实验结论，是学生综合能力的体现，它可以反映出学生所学知识的许多方面和融会贯通的能力。

开展综合设计性实验，建立以学生为中心、由教师加以引导的综合性实验教学模式，是高等学校近年来改革实验教学的尝试。在实验设计的实施过程中，当学生遇到问题时，首先要求他们自行解决。学生可以及时查阅资料、工具书和网络信息等，教师只起到宏观引导的作用。这种以学生为主的自我训练体系，能充分调动学生主动学习的积极性。学生通过综合设计性实验，充分发挥各自的思维与想象能力，在学习过程中受到了创新意识与能动的启发与培养。在此过程中，掌握一些较为复杂的实验方法，正确使用一些复杂的精密仪器设备，准确地采集实验数据，这些都增强了学生对实验数据和结果的逻辑分析能力及作出正确合理结论的能力。学生主动获取知识的同时，其创新意识、实验操作能力、观察能力、推理和综合分析能力都得到了明显提高，逐渐养成了严谨的科学态度。

9.1　压力容器无损检测

锅炉压力容器是锅炉与压力容器的全称，它们同属于特种设备，在生产和生活中占有很重要的位置。锅炉是利用燃料或其他能源的热能把水加热成为热水或蒸汽的机械设备。锅炉包括锅和炉两大部分。锅的原义是指在火上加热的盛水容器，炉是指燃烧燃料的场所。工业生产中将具有特定工艺功能并承受一定压力的设备称为压力容器。储运容器、反应容器、换热容器和分离容器均属压力容器。

压力容器需要进行无损检测，这是为了检查焊逢内部的缺陷和保证使用年限。本实验根据此规定，对压力容器进行全面的无损检测。

【实验目的】

1）了解压力容器安全工程的重要性，熟悉压力容器的工作状态，了解在役容器定期检测的基本程序和要求。

2）掌握有关行业标准，编写相关技术的检测工艺，进行无损检测工程师训练。

3）掌握压力容器定期检测常用的无损检测方法，提高对缺陷进行评判的技能。

【实验设备与器材】

1. 射线检测

1）便携式X射线机。

2）Fe金属丝像质计一套。

3）黑度计。

4）铅增感屏和胶片若干。

5）显影液、定影液。

6）观片灯。

2. 超声检测

1）超声波探伤仪。

2）斜探头。

3）试块若干。

4）L-AN46全损耗系统用油耦合剂。

3. 磁粉检测

1）磁粉探伤仪。

2）交流磁轭机。

3）A型标准试片。

4）磁悬液。

【实验原理】

对压力容器进行定期检测，需要根据相关标准和容器的具体情况提出压力容器检测规程（方案）。检测规程通常是一个总体上的方案，多为一系列原则上的条款，而确定检测方法的实施细则，需设计编写各种检测方法的检测工艺单。检测工艺单可指导检测人员进行具体操作，规范检测技术条件。

1. 空气压缩罐（图9-1）

空气压缩罐定期检测的NDT规范的设计编写内容涉及：

1）空气压缩罐的材质、形状、尺寸、承载能力、热处理状态、表面状况、使用年限、需检测的部位、检测的要求等。

2）需要采用的检测方法，如射线、超声、磁粉检测，各种方法适用的范围、比例、灵敏度要求和相应的验收标准。

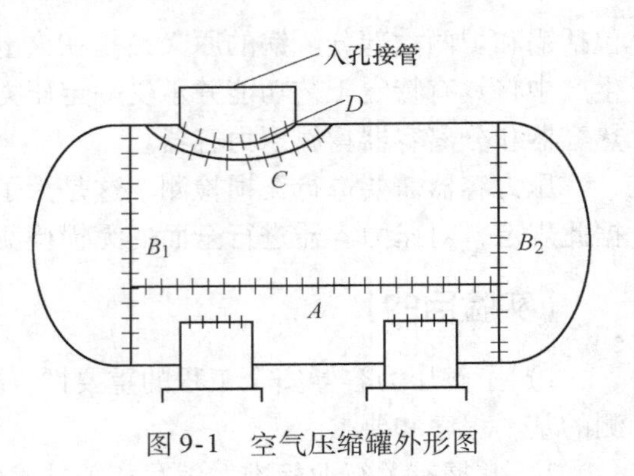

图 9-1　空气压缩罐外形图

2. 射线检测工艺单

射线检测工艺单包含检验试件所涉及射线检测方法的各项内容、概况。

1）设备条件：检验设备、器材、暗室等硬件条件。

2）技术要求：透射方式（双壁单影），技术参数（管电压、管电流、焦距、曝光量等），胶片的黑度、灵敏度要求。

3）验收标准等级。

3. 超声检测工艺单

超声检测工艺单包含检验试件所涉及超声检测方法的各项内容、概况。

1）设备条件：检验设备、探头、试块等硬件条件。

2）技术要求：采用横波反射方式，探头 K 值以及声程定标，距离-波幅曲线的制作，缺陷的定位、定量等。

3）验收标准等级。

4. 磁粉检测工艺单

磁粉检测工艺单包含检验试件所涉及磁粉检测方法的各项内容、概况。

1）设备条件：检验设备、试块试片、磁悬液、紫外灯和暗室等硬件条件。

2）技术要求：连续法、扫查速度。

3）检测比例及验收标准等。

【实验方法与步骤】

1）按工艺单进行磁粉检测（参考磁粉检测实验），记录实验结果并进行缺陷分析，得出结论。

2）按工艺单进行超声检测（参考超声检测实验），记录实验结果并进行缺陷分析，得出结论。

3）按工艺单进行射线检测（参考射线检测实验），记录实验结果并进行缺陷分析，得出结论。

4）综合各种检测方法实验结果，对该容器的安全状况进行评价。

【实验报告要求】

1）提交空气压缩气罐定期检测的 NDT 规范。

2）提交射线检测、超声检测、磁粉检测的工艺单（表 9-1 ~ 表 9-3）

3）提交射线检测、超声检测、磁粉检测的探伤报告，要求对进行缺陷定量、定位、定性分析。

4）提交容器安全状况评价报告。

表 9-1　射线检测工艺单

工程名称				工程编号	
工件名称		工件编号			
工件材质		检测比例		检测时机	
焊接方法		坡口形式		质量等级	
执行标准		验收等级			
源种类		设备型号		焦点尺寸	
胶片型号		增感屏		屏蔽方式	
显影液配方		冲洗方式		定影时间	
显影温度		显影时间		底片黑度	
工艺参数	焊缝类别				
	规格				
	透照方式				
	透照黑度				
	最小焦距/mm				
	有效长度/mm				
	像质计型号				
	像质指数				
	拍片张数				
	胶片尺寸				
	管电压/源能量				
	曝光条件				
	搭接标记				
说明	1）工艺单是通用工艺和专用工艺的具体表现。操作人员应严格按工艺单要求进行操作。 2）X 射线的曝光时间应根据所用 X 光机上的曝光表来选取。 3）γ 射线的曝光时间应依据源强表来确定。 4）本工艺单未规定事项，按射线通用工艺或专用工艺执行。 5）像质计放置于胶片侧面时应加 F 标志。				

示意图：

编制人：　　　　年　月　日	审核人：　　　　年　月　日

表 9-2　特种设备磁粉检测工艺单　　　　编号：

产品名称		材料牌号		规格尺寸	
热处理状态		检测部位		被检表面要求	
检测时机		检测设备		标准试片（块）	
检测方法		光线及检测环境		缺陷磁痕记录方式	
磁化方法		电流种类磁化规范		磁粉、载液及磁悬液浓度	
磁悬液施加方法		检测方法标准		质量验收等级	

（续）

磁粉检测质量评级要求	见 JB/T 4730.4—2005					
磁化方法示意图	磁化方法附加说明			计算过程、操作等说明		
编制（Ⅱ人员）	MT Ⅱ级（或Ⅲ）级 年 月 日	审核（责任师）	NDT 责任工程师 年 月 日	审批	单位技术负责人 年 月 日	

表 9-3 特种设备磁粉检测操作要求及主要工艺参数 编号：

工序号	工序名称		操作要求及主要工艺参数				
1	预处理						
2	磁化	设备选择					
		磁化方法					
		磁化规范					
		磁化次数					
		试片校核					
3	施加磁悬液方式						
4	磁痕观察与记录	光线					
		检测环境					
		辅助观察器材					
		磁痕记录内容					
		磁痕记录方式					
		超标缺陷处理					
5	缺陷评级						
6	退磁						
7	后处理						
8	复验						
9	检测报告						
编制	MT Ⅱ级（或Ⅲ级） 年 月 日		审核	NDT 责任工程师 年 月 日	审批	单位技术负责人 年 月 日	

【实验思考题】

1. 检测锅炉压力容器焊缝常用哪些磁化方法？
2. 在役维修时，磁粉检测的特点是什么？

9.2 T 型角焊缝超声检测操作

【实验目的】

掌握 T 型角焊缝超声探伤的方法（直探头和斜探头综合）、程序要求等基本操作技能

（参照 JB/T 4730.3—2005 相关内容）。

【实验设备与器材】

1）超声波探伤仪（数字机）。
2）斜探头、直探头。
3）CSK—ⅠA 型试块、CSK—ⅢA 型试块。
4）ϕ2mm 平底孔系列试块。
5）T 型焊板。
6）耦合剂（L-AN46 全损耗系统用油）。

【实验方法与步骤】

1）根据 T 型焊板的板厚以及 JB/T 4730.3—2005 相关规定，选择直探头型号及探伤位置。

2）根据 T 型焊板的板厚以及 JB/T 4730.3—2005 相关规定，选择斜探头型号及探伤位置。

3）根据 T 型焊板的板厚以及 JB/T 4730.3—2005 相关规定，确定直探头的探伤灵敏度。

4）根据 T 型焊板的板厚以及 JB/T 4730.3—2005 相关规定，选择斜探头的探伤灵敏度。

5）根据 JB/T 4730.3—2005 相关规定，进行直探头的探伤操作，确定缺陷，对缺陷进行定位、定量。

6）根据 JB/T 4730.3—2005 相关规定，进行斜探头的探伤操作，确定缺陷，对缺陷进行定位、定量。

7）写出相应的探伤报告（表 9-4、表 9-5）。

表 9-4　T 型角焊缝超声检测工艺单

工程名称				工程编号	
工件名称				工件编号	
执行标准				验收等级	
材质		焊接方法		坡口形式	
检测比例		表面状态		检测时机	
设备型号		水平线性		垂直线性	
试块				耦合剂	
工艺参数	检测部位				
	工件规格				
	探头				
	探头规格				
	检测方法				
	检测面				
	探头移动区				
	扫查方式				

（续）

工艺参数	扫查速度			
	补偿			
	判废线			
	定量线			
	评定线			
说明	1）工艺单是通用工艺和专用工艺的具体体现。操作人员应严格按工艺单要求进行操作。 2）本工艺单未规定事项，按超声波通用工艺或专用工艺执行。			

示意图：	
编制人：　　　　年　月　日	审核人：　　　　年　月　日

表 9-5　T 型角焊缝超声检测报告

试板材质			板厚/mm			试件编号				
仪器型号			探头型号			对比试块				
耦合剂			耦合补偿			探伤比例				
探伤标准			灵敏度			验收级别				
缺陷编号	始点位置 S_1 /mm	终点位置 S_2 /mm	缺陷指示长度 S_2-S_1 /mm	缺陷波幅最大时					评定级别	备　注
				最大波幅位置 S_3/mm	缺陷深度 H/mm	偏离焊缝中心 q/mm	缺陷波幅值 A_{max}/dB	缺陷所在区域		
1										
2										
3										
4										
5										
6										
7										
8										
示意图：										
结论										
探伤员						日期				

8）将直探头检测结果与斜探头检测结果进行比较分析。

9.3　缺陷影像观察与等级评定

射线照相最终得到的是具有一定黑度的可视信息，只有经过一段时间的观察与评定才能作出正确的分析与判断，这取决于评片人员的知识、经验、技术水平和责任心。本实验有助于提高评片人员对缺陷的定性、定量和定级的准确度和分析能力，从而减少误判的可能性。

【实验目的】

1）掌握定性评片技术。

2）掌握定级（定量）评片技术。

【实验设备与器材】

1）观片灯一台。
2）美国 ASTM 焊缝 X 射线照相标准片若干。
3）焊缝射线照相典型缺陷图谱一册。
4）美国杜邦公司缺陷图谱一册。
5）其他参考图谱或实际缺陷底片若干。
6）定级缺陷模拟片若干。
7）JB/T 4730—2005、GB/T 5677—2007 各一套。
8）钢直尺与计算器。

【实验方法与步骤】

1. 定性评片

在教师指导下，观察标准底片或图谱集中各类缺陷的特征，初步具备判断各类典型缺陷的能力。

2. 定级评片

依据 JB/T 4730—2005，用“计点法”、“计长法”、“综合评定法”对模拟缺陷底片进行质量定级，并填写检测报告（表 9-6）。

表 9-6　射线评片报告

序号	底片编号	工件厚度/mm	焊接方法		施焊位置					焊接形式			底片质量		缺陷评定				备注
			手工焊	自动焊	平	立	横	仰	全	单面	双面	单面垫板	底片标记	应识别型号	定性	定量（毫米或点）	定位	评级	
1																			
2																			
3																			
4																			
5																			
6																			
7																			
8																			
9																			
10																			

示意图：

结论			
评片人		时间	

【实验报告要求】

按射线检测报告要求，填写每张定级模拟底片的检测报告。

参 考 文 献

[1] 任吉林，林俊明．电磁无损检测［M］．北京：科学出版社，2008.
[2] 龚勇清，易江林．大学物理实验［M］．北京：科学出版社，2007.
[3] 屠耀元．射线检测工艺学［M］．北京：航空工业出版社，1989.
[4] 强天鹏．射线检测［M］．北京：中国劳动社会保障出版社，1989.
[5] 郑世才．射线检测［M］．北京：机械工业出版社，2004.
[6] 史亦韦．超声检测［M］．北京：机械工业出版社，2004.
[7] 叶代平．磁粉检测［M］．北京：机械工业出版社，2004.
[8] 徐可北．涡流检测［M］．北京：机械工业出版社，2004.
[9] 林猷文．渗透检测［M］．北京：机械工业出版社，2004.
[10] 民航无损检测人员培训教材．航空器射线检测［M］．北京：中国民航出版社，2009.
[11] 民航无损检测人员培训教材．航空器超声检测［M］．北京：中国民航出版社，2009.
[12] 民航无损检测人员培训教材．航空器涡流检测［M］．北京：中国民航出版社，2009.
[13] 民航无损检测人员培训教材．航空器磁粉检测［M］．北京：中国民航出版社，2009.
[14] 民航无损检测人员培训教材．航空器渗透检测［M］．北京：中国民航出版社，2009.
[15] 杨世雄．涡流检测［M］．沈阳：辽宁教育音像出版社，1998.
[16] 全国考委会表面专业组．磁粉探伤［M］．北京：中国锅炉压力容器安全杂志社，1999.

《无损检测实验》

唐继红　主编

读者信息反馈表

尊敬的老师：

您好！感谢您多年来对机械工业出版社的支持和厚爱！为了进一步提高我社教材的出版质量，更好地为我国高等教育发展服务，欢迎您对我社的教材多提宝贵意见和建议。另外，如果您在教学中选用了本书，欢迎您对本书提出修改建议和意见。

机械工业出版社教材服务网网址：http://www.cmpedu.com

一、基本信息

姓名：________　性别：________　职称：________　职务：________________________

邮编：________　地址：____

任教课程：____________　电话：______—____________　（H）____________（O）

电子邮件：____　手机：____________

二、您对本书的意见和建议

（欢迎您指出本书的疏误之处）

三、您对我们的其他意见和建议

请与我们联系：

100037　机械工业出版社·高等教育分社　刘小慧　收

Tel：010-8837 9712，88379715，6899 4030（Fax）

E-mail：lxh9592@126.com